高职高专"十二五"规划教材

钢材精整检验与处理

黄聪玲　端　强　编著

李　萍　审

U0342179

北　京

冶金工业出版社

2012

内 容 提 要

本书以钢材精整工序工作任务为导向，介绍了矫直机、平整机、冷床、剪切机、锯机、卷取设备及其操作，钢材质量检验操作，钢材缺陷处理操作，以及精整工序等其他操作。在阐述理论知识的基础上，着重于各工序的实际操作，增强了教材的实用性。

本书可作为职业技术学院材料成型与控制技术（轧钢）专业教材，也可作为企业技术人员和企业精整工、钢材检验工、热处理工等的培训教材或自学教材。

图书在版编目（CIP）数据

钢材精整检验与处理/黄聪玲，端强编著 . —北京：冶金工业出版社，2012.2

高职高专"十二五"规划教材

ISBN 978-7-5024-5819-5

Ⅰ.①钢… Ⅱ.①黄… ②端… Ⅲ.①钢材—精整—检验—高等职业教育—教材 ②钢材—精整—处理—高等职业教育—教材 Ⅳ.①TG142

中国版本图书馆 CIP 数据核字（2012）第 008018 号

出 版 人 曹胜利

地 址 北京北河沿大街嵩祝院北巷 39 号，邮编 100009

电 话 （010）64027926 电子信箱 yjcbs@ cnmip. com. cn

责任编辑 马文欢 美术编辑 李 新 版式设计 葛新霞

责任校对 王永欣 责任印制 张祺鑫

ISBN 978-7-5024-5819-5

北京兴华印刷厂印刷；冶金工业出版社出版发行；各地新华书店经销

2012 年 2 月第 1 版，2012 年 2 月第 1 次印刷

787mm×1092mm 1/16；15.5 印张；373 千字；236 页

34. 00 元

冶金工业出版社投稿电话：（010）64027932 投稿信箱 **tougao@cnmip. com. cn**

冶金工业出版社发行部 电话：（010）64044283 传真：（010）64027893

冶金书店 地址：北京东四西大街 46 号（100010） 电话：（010）65289081（兼传真）

（本书如有印装质量问题，本社发行部负责退换）

前　言

根据"以就业为导向，以能力为本位"的高等职业教育质量方针，本书以钢铁企业的轧钢生产岗位群为目标，依据材料成型与控制技术（轧钢）专业毕业生就业工作岗位（原料工、加热工、轧钢工、精整工、钢材检验工、热处理工等）和轧钢生产的特定生产组织形式，"以任务为驱动"设置学习情景，是基于以工作过程为导向编写的教程。编排上以能力形成为目标，以能力训练为主要内容，内容顺序的设置既符合生产工序要求，又符合学生认知规律。

本书在编写中充分体现"以能力为本位、以行为为导向"的思想，以知识点和能力点为主线，以"案例式"、"任务式"问题为中心，在知识点上贴近工程实际，内容体现"新知识、新技术、新工艺、新方法"。突出实操性、应用性、示范性等特点，将理论知识、核心技能、综合素质的要求有机地结合起来并充分贯彻到教材全部内容当中，充分体现培养学生职业素质的高等职业教育的教材特点。本书既适用于职业技术院校材料成型与控制技术（轧钢）专业学生学习，也适用于企业技术人员和企业精整工、钢材检验工、热处理工等工种培训。

本书由安徽冶金科技职业学院黄聪玲、端强编著，并聘请了马鞍山钢铁股份有限公司质量检测中心李萍对教材进行审定。在编写过程中我们参考了大量文献，同时也得到了有关单位同仁的大力支持，在此一并表示衷心的感谢。

由于我们的知识水平、时间精力和所掌握的资料所限，书中难免有不妥之处，恳请广大读者提出宝贵意见，我们将及时进行补充和修正。

编　者
2011 年 10 月

目　录

绪　　论

0.1　钢材产品

根据钢材断面形状的特征，钢材产品可分为板带钢、型钢、钢管和特殊类型钢材等四大类。

（1）板带钢。板带钢是一种宽度与厚度比值（B/H 值）很大的扁平断面钢材，作为成品钢材用于国防建设、国民经济各部门及日常生活。

（2）型钢。型钢常用于机械制造、建筑和结构件等方面。型钢品种繁多，按断面形状可分为简单断面型钢（方钢、圆钢、扁钢、角钢等）和复杂断面型钢（槽钢、工字钢、钢轨等）；按其用途又可分为常用型钢（方钢、圆钢、H 型钢、角钢、槽钢、工字钢等）和特殊用途型钢（钢轨、钢桩、球扁钢、窗框钢等）。

（3）钢管。钢管是全长为中空断面且长度与周长之比值较大的钢材。钢管按用途分为管道用管、锅炉用管、地质钻探管、化工用管、轴承用管、注射针管等。

（4）特殊类型钢材。特殊类型钢材包括周期断面型材、车轮与轮箍及用轧制方法生产的齿轮、钢球、螺钉和丝杆等产品。

0.2　钢材产品加工

钢材主要的加工方式有轧制、锻造、挤压和拉拔。90%的钢材是轧制而成。

轧制是在旋转的轧辊之间改变金属形状和尺寸的压力加工方法，是最主要的钢材生产方法，具有生产效率高、品种多、质量好、生产过程易控制等优点。按轧制温度不同，轧制可分为热轧与冷轧。金属在再结晶温度以上的轧制称为热轧，而在再结晶温度以下的轧制则称为冷轧。热轧常用来生产板材、型材和管材，冷轧主要用来生产薄板材、带材等。

钢材轧制也称轧钢。轧钢工艺过程一般包括原料（钢锭或钢坯）清理、加热、轧制、轧后冷却及精整等工序。轧钢的原料是钢锭或钢坯，轧制加热前必须对原料表面的缺陷进行清理，清理方法有火焰、风铲、喷砂清理、砂轮研磨以及车削剥皮等方法。轧前需要加热（一般为 1100~1300℃），使之成为塑性好的奥氏体状态，然后进行轧制（热轧）。轧制是轧钢生产的中心环节。热轧终轧温度一般为 800~900℃。轧后可采用缓冷、空冷和通风或喷水等冷却方式。轧后的钢材还需进行精整处理。

0.3　钢材精整

精整是轧钢生产工艺过程中最后一个也是比较复杂的一个工序，对产品的质量起着最终的保证作用。精整工序通常包括：剪切、矫直、表面加工、热处理、检查分级、成品质量检验、打印记和包装等。由于产品的技术要求不同，精整工序的内容也有很大差别。精整工序通常包含以下内容：

（1）钢材冷却。一般热轧后的轧件尚有 $800 \sim 900℃$ 的温度，从此温度下冷却到常温，钢材经历着相变和再结晶的过程，另外断面不对称的钢材在冷却过程中还会因断面收缩不同而产生弯曲，控制冷却过程不仅可以使产品得到良好的形状，而且可以得到合乎要求的内部组织与性能。实际上，钢材轧后冷却的过程，也是利用轧后余热进行热处理的过程。因此可以利用控制冷却速度、过冷度，对奥氏体转化的温度及转化后的组织产生影响，从而得到相应的组织和性能。

控制冷却过程实际上是控制冷却速度的过程。在一般情况下，许多钢材可以采用轧后自然冷却或喷水冷却的方法。但某些塑性和导热性较差的钢种，在冷却过程中容易产生冷却裂纹，如高碳钢、高铬钢和高速钢等钢种就很容易产生冷却裂纹，对这些钢种可以采用缓冷的办法；而有的钢种例如轴承钢则要防止其冷却后形成网状碳化物和晶粒粗大，可采用喷水、喷雾或吹风等强制冷却的方法；而有些钢如钢轨，为防止产生白点也要采用缓冷。设计时应根据钢种特点，对钢材的性能要求和不同的规格正确地选择冷却制度。

（2）钢材的切断和卷取。将钢材切断成定尺长度或卷取成卷、成盘，其目的是便于钢材的运输和用户的使用。切断可用锯机或剪机来完成，视轧件的断面形状而定，卷取则用卷取机完成。卷取比切断有较多的优点，如减少切头损失，增加金属收得率、轧件长度不受设备之间距离的限制等。这就为增加坯料重量，提高轧机产量提供了条件，而且成卷运输也远较条状供货更为方便。所以现代化的轧钢车间生产的钢材适用于卷取的都尽量采用成卷供应的方式，卷取断面主要受卷取机能力大小的限制。

（3）钢材的矫直。钢材在冷却过程中会因运输过程中发生碰撞或因断面不对称冷却后收缩不同而产生弯曲，因而矫直的目的在于使钢材平直，便于用户使用。根据不同种类的钢材，矫直在不同的矫直设备上进行。除钢板生产的某些情况以外，大多数需要矫直的钢材都是在冷状态下进行的。

（4）其他精整工序。除上述的几种工序外，钢材的精整内容还包括成品的热处理、表面精加工和各种涂层以及成品检验等，主要视产品的技术要求而定。

从整个轧钢生产过程来看，精整工序是一个繁杂的生产过程，往往是占地面积大、劳动定员多、劳动条件差，在设计过程中又常常为人们所忽视，因而精整工段常常成为整个轧钢车间的薄弱环节。许多实际例子告诉人们，精整工序组织不当，会严重影响生产和车间的今后发展。因此，在设计时对产品精整内容的选择和车间精整工序的安排应给予充分的注意和重视，特别要注意解决精整工序的机械化和自动化问题，以提高精整工序生产技术水平和改善工人的劳动条件。

0.4　钢材检验

冶金工厂生产各种钢材，出厂时都要按照相应的标准及技术文件的规定进行各项检验（试验）。冶金产品检验是冶金工业发展的基础，它体现了冶金工业技术水平和冶金产品的质量。通过对钢材产品和半成品的质量检验，可以发现钢材质量缺陷，查明产生缺陷的原因，指导各生产环节（部门）制定相应措施将其消除或防止，同时也尽可能杜绝将有缺陷的不合格钢材供应给用户。

检验工序必须作为生产流程中的一个重要工序。

0.4.1　检验标准

衡量冶金产品质量需要有一个共同遵循的准则，这就是技术标准。有了技术标准之后，还必须采用保证产品所需的各种检验方法所规定的标准，这就是方法标准，它是评价和检验产品质量高低的技术依据。

我国已初步形成符合我国国情、具有一定水平和一定规模的冶金产品标准体系。到目前为止，我国已建立了各种检验方法标准 600 多个，基本满足了目前冶金产品生产和使用的需要。

钢材的检验方法标准包括化学成分分析、宏观检验、金相检验、力学性能检验、工艺性能检验、物理性能检验、化学性能检验、无损检验以及热处理检验方法标准等。每种检验方法标准又可分为几个到几十个不同的试验方法。每个试验方法都有相应的国家标准或冶金行业标准，有的试验方法还有企业标准。

0.4.2　检验项目

钢材产品品种不同，要求检验的项目也不同，检验项目从几项到十几项不等，对每一种钢材产品必须按相应技术条件规定的检验项目逐一进行认真的检验，每个检验项目必须一丝不苟地执行检验标准。每一检验项目都有一定的检验指标。例如，拉伸试验通常包含四个指标，即抗拉强度、屈服点或规定非比例伸长应力、断后伸长率和断面收缩率。

下面对各种检验项目和指标作一简单介绍。

（1）化学成分。每一个钢种都有一定的化学成分，化学成分是钢中各种化学元素的含量百分比（质量分数）。保证钢的化学成分是对钢材的最基本要求，只有进行化学成分分析，才能确定某号钢的化学成分是否符合标准。

（2）宏观检验。宏观检验是用肉眼或不大于 10 倍的放大镜检查金属表面或断面以确定其宏观组织缺陷的方法。宏观检验也称低倍组织检验，其检验方法很多，包括酸浸试验、硫印试验、断口检验和塔形车削发纹检验等。

（3）金相组织检验。这是借助金相显微镜来检验钢中的内部组织及其缺陷的方法。金相检验包括奥氏体晶粒度的测定、钢中非金属夹杂物的检验、脱碳层深度的检验以及钢中化学成分偏析的检验等。其中，钢中化学成分偏析的检验项目又包括亚共析钢带状组织、工具钢碳化物不均匀性、球化组织和网状碳化物、带状碳化物及碳化物液析等。

（4）硬度。硬度是衡量金属材料软硬程度的指标，是金属材料抵抗局部塑性变形的能力。根据试验方法的不同，硬度可分为布氏硬度、洛氏硬度、维氏硬度、肖氏硬度和显微硬度等几种，这些硬度试验方法适用的范围也不同。最常用的有布氏硬度试验法和洛氏硬度试验法两种。

（5）拉伸试验。强度指标与塑性指标都是通过材料试样的拉伸试验而测得的，拉伸试验的数据是工程设计和机械制造零部件设计中选用材料的主要依据。

（6）冲击试验。冲击试验可以测得材料的冲击吸收功。所谓冲击吸收功，就是规定形状和尺寸的试样在一次冲击作用下折断所吸收的功。材料的冲击吸收功愈大，其抵抗冲击的能力愈高。根据试验温度，通常将冲击吸收功分为高温冲击吸收功、低温冲击吸收功和常温冲击吸收功三种。

（7）工艺性能试验。工艺性能是指零件制造过程中各种冷热加工工艺对材料性能的要求。工艺性能试验包括钢的淬透性试验、焊接性能试验、切削加工性能试验、耐磨性试验、金属弯曲试验、金属顶锻试验、金属杯突试验、金属（板材）反复弯曲试验、金属线材反复弯曲试验以及金属管工艺性能试验等。

（8）物理性能检验。物理性能检验是采用不同的试验方法对钢的电性能、热性能和磁性能等进行检验。特殊用途的钢都要进行上述一项或几项物理性能检验，例如硅钢应进行电磁性能检验。

（9）化学性能试验。化学性能是指某些特定用途和特殊性能的钢在使用过程中抗化学介质作用的能力。化学性能试验包括大气腐蚀试验、晶间腐蚀试验、抗氧化性能试验以及全浸腐蚀和间浸腐蚀试验等。

（10）无损检验。无损检验也称无损探伤。它是在不破坏构件尺寸及结构完整性的前提下，探查其内部缺陷并判断其种类、大小、形状及存在的部位的一种检验方法。生产场所广泛使用的无损检验法有超声波探伤和磁力探伤，此外还有射线探伤。

（11）规格尺寸检验。成品钢材都有规格尺寸要求。生产的钢材实际尺寸很难（也不可能）与名义尺寸完全相符，必然存在一定公差。但钢材的公差必须在标准所规定的公差范围之内。

（12）表面缺陷检验。这是检验钢材表面及其皮下缺陷。钢材表面检验内容是检验表面裂纹、耳子、折叠、重皮和结疤等表面缺陷。

（13）包装和标志。在钢材出厂时，要检查钢材包装是否符合规定，是否具有规定的标志。钢材包装的形式是根据钢材品种、形状、规格、尺寸、精度、防锈蚀要求及包装类型而确定的。为区别不同的厂标、钢号、批（炉）号、规格（或型号）、重量和质量等级而采用一定的方法加以标志。钢材标志可采用涂色、打印、挂牌、粘贴标签和置卡片等方法。

0.5 钢材防护

0.5.1 腐蚀

钢材表面与周围介质发生作用而引起破坏的现象称作腐蚀（锈蚀）。钢材腐蚀的现象普遍存在，如在大气中生锈，特别是当环境中有各种侵蚀性介质或湿度较大时，情况就更为严重。腐蚀不仅使钢材有效截面积均匀减小，还会产生局部锈坑，引起应力集中；腐蚀会显著降低钢的强度、塑性、韧性等力学性能。

根据钢材与环境介质的作用原理，腐蚀可分为化学腐蚀和电化学腐蚀。

（1）化学腐蚀。化学腐蚀指钢材与周围介质（如氧气、二氧化碳、二氧化硫和水等）直接发生化学作用，生成疏松的氧化物而引起的腐蚀。在干燥环境中化学腐蚀的速度缓慢，但在干湿交替的情况下腐蚀速度大大加快。

（2）电化学腐蚀。钢材由不同的晶体组织构成，并含有杂质，由于这些成分的电极电位不同，在有电解质溶液（如水）存在时，水是弱电解质溶液，而溶有 CO_2 的水则成为有效的电解质溶液，从而加速电化学腐蚀过程。钢材在大气中的腐蚀，实际上是化学腐蚀和电化学腐蚀共同作用所致，但以电化学腐蚀为主。

0.5.2 防腐

钢材的腐蚀既有内因（材质），又有外因（环境介质的作用），因此要防止或减少钢材的腐蚀可以从改变钢材本身的易腐蚀性、隔离环境中的侵蚀性介质或改变钢材表面的电化学过程三方面入手。

（1）采用耐候钢。耐候钢即耐大气腐蚀钢。耐候钢是在碳素钢和低合金钢中加入少量的铜、铬、镍、钼等合金元素而制成的。这种钢在大气作用下，能在表面形成一种致密的防腐保护层，起到耐腐蚀作用，同时保持钢材具有良好的焊接性能。耐候钢的强度级别与常用碳素钢和低合金钢一致，技术指标也相近，但其耐腐蚀能力却高出数倍。

（2）金属覆盖。用耐腐蚀性好的金属，以电镀或喷镀的方法覆盖在钢材的表面，提高钢材的耐腐蚀能力。常用的方法有：镀锌（如白铁皮）、镀锡（如马口铁）、镀铜和镀铬等。金属覆盖根据防腐的作用原理可分为阴极覆盖和阳极覆盖。

（3）非金属覆盖。在钢材表面用非金属材料作为保护膜，与环境介质隔离，以避免或减缓腐蚀，如喷涂涂料、搪瓷和塑料等。

0.6 钢材产品标准

钢材的产品标准是生产单位和使用单位在交货和收货时的技术依据，也是生产单位制定工艺和判定产品的主要依据。国家有关部门根据产品使用上的技术要求和生产部门可能达到的技术水平，制定了产品标准。按照制定的权限与使用范围的不同，产品标准可以分为国家标准（GB）、冶金行业标准（YB）、企业标准（QB）、地方标准和国际标准等，其中主要产品标准为国家标准。

国家标准主要由五方面内容组成：

（1）品种（规格）标准。该标准主要是规定钢材的断面形状和尺寸精度方面的要求。它包括钢材几何形状、尺寸及允许偏差、截面面积和理论质量等。有特殊要求的在其相应的标准中单独规定。

（2）性能标准（技术条件）。该标准规定各钢种的化学成分、力学性能、工艺性能、表面质量要求、组织结构以及其他特殊要求。

（3）试验标准。该标准规定取样部位、试样形状和尺寸、试验条件及试验方法。

（4）交货标准。该标准对不同钢种及品种的钢材，规定交货状态，如热轧状态交货、退火状态交货、经热处理及酸洗交货等。冷加工交货状态分特软、软、半软、低硬、硬等几种类型。另外，该标准还规定钢材交货时的包装和标志（涂色和打印）方法以及质量的证明书等。

（5）特殊条件。对于某些合金钢和特殊钢材还规定了特殊的性能和组织结构等附加要求，以及特殊的成品试验要求等。

国家标准中所规定的技术要求并不是一成不变的，它随着生产设备和生产工艺的改进、生产技术水平的提高以及使用部门对产品质量新的补充要求而被定期修改和提高。

0.7 精整工序新技术应用

0.7.1 型钢生产精整工艺技术和设备的发展

（1）大型钢材精整设备。锯切设备是切断异型钢材的主要设备，为提高生产能力，提高锯切速度使之达 200~300mm/s，并以 600mm/s 的速度迅速返回机构；锯片可以快速更换，提高作业率，采用自动定尺切断，保证长度尺寸精度；采用步进式冷床，避免轧件划伤和弯曲；为了矫直多品种、多规格的产品广泛采用悬臂可变间距式辊式矫直机，矫直辊的水平、垂直方向的位置都可自动调整，从而提高矫直质量；还有自动打印机、检查操作的自动化设备、自动堆垛装置及捆扎机。

（2）中小型型材长尺冷却、矫直工艺技术。为适应轧机高速轧制和轧制大坯料，提高钢材外形质量，对棒材采用飞剪剪切成长倍尺（冷床 120m 左右）或成卷生产。冷剪切或冷锯切成定尺，提高了定尺率、成材率，同时避免了传统定尺矫直的头尾部位的弯曲。

（3）精整工序机械化、自动化。棒材、异型材自动计根数，自动打捆。异型材机械化码垛，呈方形、矩形打捆。按需可打大捆、小捆，也可自动进行标记、挂牌、过磅记录等。

（4）在线检测钢材内部和外部缺陷技术。采用涡流或超声波探伤仪，在线自动识别钢材外部和内部缺陷，按缺陷存在的位置、长度自动进行喷色标记并显示记录。

0.7.2　钢板

0.7.2.1　薄钢板

（1）全液压助卷辊卷取机。近年来，热轧带钢的钢种不断增加，产品规格中厚规格的比例也在不断增大。同时，用户对热轧带钢质量要求也越来越严格。这样，对卷取机的生产能力和卷取质量也不断提出越来越高的要求。这些都是卷取设备选型时所必须考虑的。

目前，全液压三助卷辊式万能卷取机是最能满足上述各项要求的机型，是卷取机的发展方向。这种卷取机的三个助卷辊具有步控功能，即带钢在卷取时，当带钢头部到助卷辊时，助卷辊跳起，躲过带头，这样可避免带钢卷取过程中的压痕。步控的关键是跟踪带头的可靠性和准确性。该系统是通过配置激光检测器来实现带钢头尾的跟踪记忆的。同时，助卷辊具有位置和压力调节功能，助卷辊可在任何位置准确定位，能实现自动压尾控制，卷筒应选用四块扇形体多支点斜楔式卷筒，并具有二级胀缩功能。卷取机的入口导板应选用能进行宽度控制的液压驱动的侧导板，在侧导板入口处应配有立辊。夹送辊应具备张力调整功能。这样的卷取设备才能保证在恒张力下卷取带钢，才能解决来料蛇形影响卷形、带头压痕等问题，从而提高带钢卷取质量。

全液压自动跳跃控制卷取机具有如下特点：1）自动跳跃控制；2）助卷辊的最佳配置；3）双级胀缩式卷筒；4）驱动电机的分离机构；5）曲柄式切头飞剪。

（2）曲柄式飞剪。随着进精轧机组中间带坯厚度的增厚，曲柄式飞剪成为优先考虑的剪切设备。曲柄式飞剪的优点是：垂直剪切，切口断面比较整齐，刃缝调节简单，用电气机械调整，不需停机随时可调，所有传动部件都安装合理，因此磨损少，也不会改变刃缝等。缺点是设备结构复杂，维护和修理工作量大，需要在线更换剪刃等。

（3）热轧宽带钢切头飞剪切头最佳化。宝钢热连轧厂采用的是切头最佳化系统 CMMS-200。这个系统有两台安装在粗轧机组出口辊道上方测量室内的二极管扫描摄像机，每个摄像机摄取一部分图像，由计算机将两部分画面组合起来。其目的就是检测带坯头部和尾部的形状、检测带坯的宽度和带坯与轧制中心线的偏差，由此组成切头形状检测装置。还有一台安装在切头形状检测装置前面的精密光电仪（型号为 MSII），此光电仪与切头形状检测装置构成一个检查已知长度的测量基准，以作为测量行程的记录器。另有一台安装在切头飞剪前的精密光电仪（型号为 MSII），此光电仪用于启动飞剪。采用此系统时切损约为 0.3% ~ 0.5%。

比利时的卡兰厂、英国钢铁公司所属热轧厂采用与 CMMS-200 类似的一种非接触式检测器及最佳化控制系统。该系统配有两个固态线性 CCD 摄像系统，设置在飞剪的入口处。一个摄像系统用来确定带坯位置，另一个系统确定最佳剪切位置。每个摄像机都配有一个 16 位微机来计算位置和开头数据，很好地解决了水和氧化铁皮的影响问题。还有一台微机用来监控摄像机的曝光。该系统为全数字化系统。采用该系统后切损为 0.2%。

（4）新型厚板轧机都配有新型冷床，即圆盘辊式冷床或步进式冷床。圆盘辊式冷床是由若干根用电动机单独传动的轴组成的，每根轴上又固定有一定数量的直径 700mm 左右的大轮盘，相邻轴上的轮盘是交错布置的。大轮盘下面有支承托轮以保证冷床的平面性。钢板靠大轮盘的主动转动前进。在查理诺伊、日丹诺夫、塔兰托、斯肯索普等厚板厂都建有这种冷床。

0.7.2.2 中厚钢板

目前，剪切机的发展趋势是高速化，双边剪切次数已提高到 32 次/min，剪切机上配有剪刃调整、快速换刀刃等机构，并设有激光对线和计算机自动控制，而定尺剪已高达 24 次/min。因此，一套现代化双机架中厚板轧机只需与一条现代化剪切线相匹配，年剪切钢板能力已达到 100 ~ 200 万吨。钢板厚度超过 40 ~ 50mm 时，需用火焰切割钢板头尾及边部，一般采用半自动小车式切割机在作业线外进行。为了切割不锈钢厚板，可设置等离子或氧熔剂等切割机。

目前，中厚板厂的打字和喷字都在作业线上进行，并由计算机控制换字和操作，打字和喷字非常清楚，位置也很准确，不会出现一点差错，计算机还将打字存档备查。打字和喷字标记越来越被重视起来，这是国际市场竞争的需要，也是生产高质量钢板最起码的需要。

0.7.3 管材精整设备

近年来切管机有了较大改进。它采用了合金刀具，大大提高了切削速度，生产效率明显得到提高，并且可完成倒棱（内外倒坡口），因此，广泛用于大口径钢管的生产。小口径薄壁管一般采用砂轮锯。钢管的喷印、测长、称重，目前均实现自动化，并可进行机械化打包。

情景1 矫直机及其操作

学习目标：

1. 知识目标

   （1）掌握轧件矫直过程中的基本概念和两种矫直方案；

   （2）了解矫直机的技术参数、功能和结构；

   （3）了解拉伸弯曲矫直机的原理和结构。

2. 能力目标

   掌握矫直机在生产过程中的基本操作。

轧件在轧制、冷却和运输过程中，由于变形不均匀或冷却不均匀等多种因素会产生形状缺陷。如板材和带材会产生纵向弯曲（波浪形）、横向弯曲、边缘浪形和镰刀弯；钢轨、型钢和钢管常出现弯曲；某些型钢（如工字钢、H型钢等）的断面会产生翼缘内并、外扩和扭转。为了获得平直的板材和具有正确几何形状的钢材，轧件需要进行矫直。因此，矫直设备——矫直机是轧钢生产中的重要机械设备，也广泛用于以轧材作原料的各种制造企业（如造船厂等）。

矫直机的结构形式较多，矫直方式也不大相同，按其用途和工作原理可以分为压力矫直机、辊式矫直机、管棒材矫直机、拉伸矫直机、拉伸弯曲矫直机和扭转矫直机等几种类型。表1-1列出了矫直机的基本类型。

（1）压力矫直机。轧件在活动压头和两个固定支点间，利用一次反弯方法进行矫直。这种矫直机用来矫直大型钢梁、钢轨和大直径（大于 $\phi200 \sim 300mm$）钢管或用作辊式矫直机的补充矫直。压力矫直机有立式（见表1-1a）和卧式（见表1-1b）两种。

（2）板带材和型钢用的辊式矫直机。辊式矫直机是压力矫直机的发展。在辊式矫直机上轧件通过交错排列的转动着的辊子，利用多次反复弯曲而得到矫直。辊式矫直机生产率高且易于实现机械化，在型钢车间和板带材车间得到广泛应用。

辊式矫直机的类型很多，在表1-1中列出了几种主要的类型（c～h）。c是上排每个工作辊可单独调整的矫直机，这种调整方式比较灵活，但由于结构配置上的原因，它主要用于辊数较少、辊距较大的型钢矫直；d是上排工作辊成排平行调整的矫直机，通常出入口的两个上工作辊（也称导向辊）做成可以单独调整的，以便于轧件的导入和改善矫直质量，这种矫直机广泛应用于矫直4～12mm以上的中厚板；e是上排工作辊可以成排倾斜调整的矫直机，这种调整方式使轧件的弯曲变形逐渐减小，符合轧件矫直的要求，它广泛应用于矫直4mm以下的薄板；f是上排工作辊可以局部倾斜调整（也称翼倾调整）的矫直机，这种调整方式可增加轧件大变形弯曲次数，用来矫直薄板。

（3）管材、棒材矫直机。管、棒材矫直的原理也是利用多次反复弯曲轧件使其矫直。表 1-1g 是斜辊式矫直机，这种矫直机的工作辊具有类似双曲线的空间曲线形状。两排工作辊轴线互相交叉，管材在矫直时边旋转边前进，从而获得对轴线对称的形状。表 1-1h 是"313"型辊式矫直机。这种矫直机设备重量轻，易于调整和检修，用于矫直管、棒材时，效果好。表 1-1i 是偏心轴式矫直机，用于矫直薄壁钢管。

（4）拉伸矫直机。拉伸矫直机也称张力矫直机（见表 1-1 中 k），主要用于矫直厚度小于 0.6mm 的薄板和有色金属板材。表 1-1 中 l 为拉伸弯曲矫直机，用于对板带材平直度要求更为严格的生产，也用于带钢酸洗工序之前的机械破鳞。

表 1-1　矫直机的基本类型

名　称	工作简图	用途	名　称	工作简图	用途
压力矫直机	a 立式 轧件	矫直大型钢梁和钢管	辊式矫直机	f 上辊局部倾斜调整	矫直薄板
压力矫直机	b 卧式 压头升降齿条机构 动压头	矫直大型钢梁和钢管	管材、棒材用矫直机	g 一般斜辊式	矫直管和圆棒材
辊式矫直机	c 上辊单独调整	矫直型钢和钢管	管材、棒材用矫直机	h〈313〉型	矫直管材
辊式矫直机	d 上辊整体平行调整	矫直中厚板	管材、棒材用矫直机	i 偏心轴式 偏心辊心棒	矫直薄壁管
辊式矫直机	e 上辊整体倾斜调整	矫直薄、中板	张力矫直机（或机组）	j 夹钳式 夹持机构	矫直薄板
辊式矫直机	e 上辊整体倾斜调整	矫直薄、中板	张力矫直机（或机组）	k 连续拉伸机组	矫直有色金属板材
辊式矫直机	e 上辊整体倾斜调整	矫直薄、中板	拉伸弯曲矫直机组	l 拉伸弯曲矫直机组 弯曲辊　矫平辊	在联合机组中矫直带材

单元 1　矫直过程

1.1　矫直过程的基本概念

在压力矫直机、辊式矫直机及拉伸弯曲矫直机中，轧件是经过弹塑性反弯后矫直的。

1.1.1　轧件的弹塑性弯曲变形

轧件在外力矩的作用下弯曲变形时，中性层以上的各层纵向纤维产生拉伸变形，中性层以下的各层纵向纤维产生压缩变形（见图 1-1）。轧件中既有弹性变形层又有塑性变形层时的弯曲，称为弹塑性弯曲。

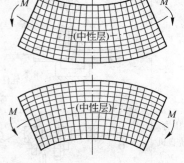

图 1-2 绘出了轧件在弹塑性弯曲阶段的几种变形状态。为了方便，在图中将应力与应变绘制在断面的两侧。

（1）弹性弯曲的极限状态。在外力矩作用下，轧件表面层应力达到了材料屈服极限 σ_s，应变为 ε_0，各层纤维都处于弹性变形状态。外力矩去除后，各层纵向纤维的应变将全部弹性恢复。

图 1-1　轧件弯曲变形示意图

（2）弹塑性弯曲状态。外力矩继续增大，部分纤维层产生塑性变形。外力矩越大，塑性变形区的深度也越大。外力矩去除后，纵向纤维的变形只能部分恢复，轧件中将产生残余应变和残余应力。

（3）全塑性弯曲状态。这是外力矩增大致使整个断面上各层纤维的应力都达到屈服极限时的状态。外力矩消除后，各层纤维的变形只能部分地弹性恢复。

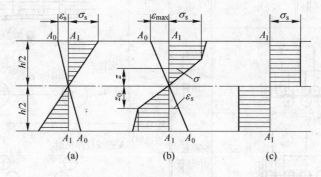

图 1-2　轧件在弹塑性弯曲阶段的几种变形状态
（a）弹性弯曲的极限状态；（b）弹塑性弯曲状态；（c）全塑性弯曲状态

由上可知：在弹塑性弯曲阶段，随着外力矩的增大，轧件可出现三种弯曲变形状态；轧件弹塑性弯曲变形过程由两个阶段组成：在外力矩作用下的弯曲阶段和外力矩去除后的弹性恢复阶段（轧件产生弹性恢复变形）。

1.1.2 轧件在弹塑性弯曲变形过程中的几种曲率

图 1-3 显示了轧件在矫直弯曲过程中几种曲率的变化。

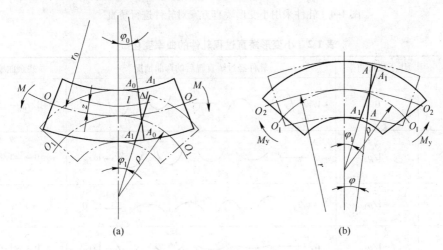

图 1-3 弹塑性弯曲时曲率的变化
(a) 弯曲阶段；(b) 弹复阶段

（1）原始曲率。轧件初始状态下的曲率为原始曲率，记作：$1/r_0$。r_0 是轧件的原始曲率半径。曲率的方向用正、负号表示。当轧件需反弯时，原始曲率的正、负号与反弯曲率的正、负号有关。与反弯曲率方向相同时符号相反；与反弯曲率方向相反时符号相同。$1/r_0 = 0$ 时，表示轧件原始状态是平直的。

（2）反弯曲率。在外力矩的作用下，轧件强制弯曲后的曲率称为反弯曲率，记作：$1/\rho$。在压力矫直机和辊式矫直机上，反弯曲率是通过矫直机的压头或辊子的压下来获得的。

（3）总变形曲率。它是轧件弯曲变形的曲率变化量，记作：$1/r_c$。该值等于原始曲率与反弯曲率的代数和，即 $1/r_c = 1/r_0 + 1/\rho$。使用该式时，应将曲率的正、负号代入。

（4）弹复曲率。弹复曲率 $1/\rho_y$ 是轧件弹复阶段的曲率变化量，记作：$1/\rho_y$。其数值取决于弹复力矩的大小。

（5）残余曲率。残余曲率是轧件弹复后的曲率，记作：$1/r$。如果轧件被矫直，则 $1/r = 0$；若轧件未被矫直，则在连续弯曲过程中，这一残余曲率将是下一次反弯时的原始曲率。残余曲率是反弯曲率与弹复曲率的代数差，即 $1/r = 1/\rho - 1/\rho_y$。显然，为使残余曲率为 0，则 $1/\rho = 1/\rho_y$。这是一次反弯矫直（压力矫直）时，选择反弯曲率的基本原则。

1.2 轧件的小变形反弯矫直过程

辊式矫直机辊数一般至少 5 个。对于某些薄板矫直机，矫直辊数目可达 23～39 个。

小变形反弯矫直过程是矫直机上每个辊子的压下量都可以单独调整的假想矫直方案。矫直机上各个辊子的反弯曲率的选择原则是：只消除轧件在前一辊上产生的最大残余曲率（即进入本辊时的最大原始曲率），使之变平（见图 1-4）。表 1-2 表示轧件采用该矫直方案时的矫直过程。

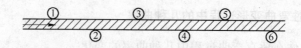

图 1-4　轧件采用小变形矫直方案对轧件进行矫直

表 1-2　小变形矫直过程轧件的曲率变化

辊　号	压下反弯曲率	轧件经过矫直辊后的弯曲情况	残余曲率
1	0	$+1/r_0$ 〜 $-1/r_0$	$+1/r_0$ 〜 $-1/r_0$
2	$-1/\rho_2$	0 〜 $-1/r_0$	0 〜 $-1/r_0$
3	$+1/\rho_3$	$+1/r_3$ 〜 0	$+1/r_3$ 〜 0
4	$-1/\rho_4$	0 〜 $-1/r_4$	0 〜 $-1/r_4$
5	$+1/\rho_5$	$+1/r_5$ 〜 0	$+1/r_5$ 〜 0
i	$\pm 1/\rho_i$	……	$\pm 1/r_i$ 〜 0

（1）第 1 号辊反弯曲率为 0，轧件通过后无变形，其残余曲率就是其原始曲率，为 $+1/r_0$ 〜 $-1/r_0$，作为第 2 号辊矫直前的原始曲率。

（2）第 2 号辊的反弯曲率为 $-1/\rho_2$，轧件的原始曲率为 $+1/r_0$ 〜 $-1/r_0$，根据上述反弯曲率选择原则，则带钢上曲率为 $+1/r_0$ 的部分被矫直，残余曲率为 0。

对于轧件曲率为 $-1/r_0$ 的部分会受到同向弯曲，弯曲变形很小，只有弹性变形，即 $-1/r_0$ 部分曲率增加至 $-1/\rho_2$，卸载后恢复，曲率 $-1/r_0$ 仍会保留。

对于轧件曲率为 0 的区域，经过 2 号辊后也被反弯至 $-1/\rho_2$，但其变形程度比曲率为 $+1/r_0$ 的部分要小，塑性变形层深度要浅，所以弹复之后，残余曲率介于 0 〜 $-1/r_0$ 之间。

那么，轧件的残余曲率就在 0 〜 $-1/r_0$ 之间变化，双向曲率变为单向曲率。

（3）第 3 号辊反弯曲率为 $+1/\rho_3$，而轧件的原始曲率为 0 〜 $-1/r_0$，会矫直轧件的最大曲率 $-1/r_0$ 处使其残余曲率变为 0，而曲率为 0 的部分被反向弯曲至 $+1/\rho_3$，并发生弹复，残余曲率为 $+1/r_3$，且 $1/r_3 < 1/\rho_3$。由于反弯变形程度的不一致，$1/r_3$ 也会小于 $1/r_0$。

轧件上其他部分亦被反弯，但经过弹复后轧件的残余曲率在 $+1/r_3$ 〜 0 之间，与经过 2 号辊之后的轧件的残余曲率相比减小。

（4）进入 4 号辊前，轧件的原始曲率为 0 〜 $+1/r_3$，反弯曲率为 $-1/\rho_4$，将曲率最大处矫直，而曲率为 0 的部分反向弯曲并弹复，残余曲率为 $-1/r_4$，由于上述相同的原因，$1/r_4$ 也会小于 $1/r_3$，残余曲率进一步减小。

（5）同样的道理，轧件通过 5 号辊后，残余曲率变为 $+1/r_5$ 〜 0，轧件的弯曲程度进一步被降低。

如果矫直辊的数量较多的话，可以使轧件的残余曲率降低至允许的范围之内，轧件被矫直。由上述矫直过程分析可以得到以下结论：

（1）由于进入矫直机的轧件原始曲率具有一定范围，在矫直的过程中不能得到完全平直的轧件，只是将轧件的残余曲率变化范围逐步降低，直至允许范围内。

（2）各个辊子下的反弯曲率是根据进入辊子的最大原始曲率确定的，此最大原始曲率在数值上等于上一辊轧件的最大残余曲率。由于残余曲率逐步减小，故反弯曲率也相应减小。因此，轧件在最初的几个矫直辊上，反弯曲率较大，轧件弯曲变形较为剧烈，可认为轧件是纯塑性变形；以后的矫直辊的反弯曲率逐步减小，可以认为是弹塑性变形；最后几个矫直辊处轧件的变形最小，可以认为是纯弹性变形。

1.3　轧件的大变形反弯矫直过程

该方案使具有不同原始曲率的轧件经过几次剧烈的反弯（大变形）以消除其原始曲率的不均匀度，形成单值曲率，然后按照矫直单值曲率轧件的方法加以矫直（见图1-5）。表1-3表示轧件采用该矫直方案时的矫直过程。

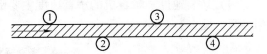

图1-5　轧件采用大变形矫直方案对轧件进行矫直

表1-3　大变形矫直过程轧件的曲率变化示意

辊　号	轧件经过矫直辊后的弯曲情况	说　明
1	∧ ∧ — ∪ ∪	1号辊咬入，无反弯曲率，残余曲率即原始曲率
2	∪ ∪ ∪ ∪ ∪	施加大反弯曲率，双向曲率变为单向曲率
3	⌒ ⌒ ⌒ ⌒ ⌒	残余曲率数值逐步减小，各部位的曲率之间差值减小
4	——— ——— ———	施加小的反弯曲率，残余曲率逼近0

对于有加工硬化材料的轧件，在采用大变形矫直方案时，由于材料硬化后的弹复曲率较大，故反复弯曲的次数应增多（增加辊数）或加大反弯曲率值。

采用大变形矫直方案，可以用较少的辊子获得较好的矫直质量。但对轧件的变形程度不应过分加大，以减小轧件内部的残余应力，改善产品质量，控制矫直机的能量消耗。

单元2　矫直工艺

矫直机的工艺制度主要是根据矫直钢板的钢种、规格、性能以及钢板的外形质量的要求来确定矫直工艺参数，如矫直温度、矫直道次、矫直压下量和矫直速度等。

（1）矫直温度。矫直后钢板温度过高，钢板到冷床上又会重新产生瓢曲和波浪。矫直温度过低，钢的屈服点上升，矫直效果不好，而且矫后钢板的表面残余应力高，降低了钢的性能，特别是冷弯性能。钢板一般在 $600 \sim 800 ℃$ 进行热矫，较薄的钢板温度可能降低至

500～550℃，较厚的钢板可能接近800℃。对于那些超厚钢板，矫直温度将达到900℃。

（2）矫直道次。矫直道次取决于每一道次的矫直效果，操作者要根据钢板外形情况、轧制周期、轧件长度和终轧温度等因素来确定矫直道次。

（3）矫直压下量。矫直压下量也称过矫量，它的大小直接影响钢板矫直弯曲变形的曲率值。压下量过小，曲率值满足不了矫直变形的要求，钢板的剩余曲率没有降到规定值以下，此时即使增加矫直道次也不能使钢板平直；若压下量太大，虽可减少矫直道次，但可能造成端部粘辊的事故。

矫直压下量主要取决于钢板的矫直温度，一般在1.0～5.0mm的范围内选取。对温度较低的钢板取较小值，对温度较高的钢板取较大值。此外，确定压下量时还要考虑板厚的影响，厚度较薄的钢板取大压下量，较厚者取小压下量。

（4）矫直速度。矫直机的矫直速度主要由生产率决定，应与轧机生产能力和前后工序相协调，见表1-4。

表1-4　各种矫直机的矫直速度

矫直机类型	轧 件 规 格	矫直速度 $v/m \cdot s^{-1}$
板材矫直机	$h = 0.5 \sim 4.0mm$	0.1～6.0，最高达7.0
	$h = 4.0 \sim 30mm$	冷矫时 0.1～0.3
		热矫时 0.4～1.35
型钢矫直机	大型（70kg/m 钢轨）	0.25～2.0
	中型（50kg/m 钢轨）	1.0～3.0，最高达8.0～10.0
	小型（100mm² 以下）	5.0 左右，最高达10.0

矫直机的矫直工艺与矫直机的类型和上排辊的调整方式有密切关系。

（1）上排工作辊单独调整的矫直机。在这种矫直机上，第2辊和第3辊按照大变形矫直法确定其压下量，将轧件剧烈弯曲，第4辊的压下量适当控制，使残余曲率值减小，后面各辊按小变形矫直法调整压下量，将轧件逐渐矫直。采用这种调整方式的一般是5～9辊式型钢矫直机。

（2）上排工作辊整体平行调整的矫直机。这种矫直机上除第1辊和最后1个辊子外，其余各辊的压下量是相同的，使轧件多次反复剧烈弯曲，形成单值残余曲率。最后一个辊能单独调整，将此单值残余曲率矫直。第1辊适当减小压下量，以便于轧件的咬入。采用这种调整方式的一般是7～11辊钢板矫直机，用以矫直中厚板。

（3）上排工作辊整体倾斜调整的矫直机。轧件在入口端的第2辊和第3辊上的反弯曲率最大，产生大变形，迅速消除轧件的原始曲率不均匀度。以后各辊的压下量按直线关系递减，在第 n_1 辊处，轧件的反弯曲率最小，只产生弹性弯曲变形。这种工作辊调整方式符合矫直过程的变形特点。

采用这种调整方式的是钢板矫直机。矫直薄板材时，一般是7～13辊；矫直极薄带时，则为17～29辊，且带有工作辊挠度调整装置，以矫直板材上的瓢曲及单、双边浪形等二、三维形状缺陷。

（4）上排工作辊局部（单侧或双侧）倾斜调整的矫直机。这种矫直机出口处或入口与出口处的局部上排辊可倾斜调整，上排其余各辊整体平行调整。这种调整方式集中了平行调整与倾斜调整矫直机的优点。对于双侧局部倾斜调整的矫直机，由于入口端局部倾斜调整便于轧件的咬入，可加大平行调整部分的辊子压下量，适合于矫直薄带材或薄板材。

单元 3　辊式矫直机结构与操作

3.1　辊式矫直机的参数

3.1.1　辊径与辊距

辊距是矫直机最基本的参数，辊径 D 与辊距 t 有一定的比例关系，见表 1-5，在辊距 t 确定后，按比例关系可确定辊径 D 并圆整至矫直机参数系列中的数值。

表 1-5　辊径 D 与辊距 t 的比例关系

矫直机类型	$\beta = D/t$	矫直机类型	$\beta = D/t$
薄板矫直机	$0.9 \sim 0.95$	厚板矫直机	$0.7 \sim 0.85$
中板矫直机	$0.85 \sim 0.9$	型钢矫直机	$0.75 \sim 0.9$

辊径 D 确定后，辊子的强度可按一般强度计算公式校核。

确定辊距 t 时，应该既考虑满足最小厚度轧件的矫直质量要求，又考虑满足矫直最大断面轧件时矫直辊的强度要求。为此，应分别计算最大允许辊距 t_{max} 和最小允许辊距 t_{min}。最后确定的辊距 t 应是 $t_{min} < t < t_{max}$（应尽量取小值），而且应圆整至矫直机参数系列中的相应数值。

最大辊距 t_{max} 确定的主要影响因素为轧件的矫直质量。如过大，则难以在轧件内部产生足够的塑性变形。确定原则：原来平直的具有最薄厚度的轧件，经矫直辊反弯后，其断面上的塑性层的变形高度不小于轧件厚度的 2/3。

一般地，当 $h_{min} < 4mm$ 时，校核条件：$t_{max} = 0.35 h_{min} E/\sigma_s$；当 $h_{min} > 4mm$ 时，t_{max} 值远远大于按照强度条件计算出的 t_{min} 值，所以应由强度条件得出的 t_{min} 确定。

最小允许辊距 t_{min} 的确定：一般辊距 t 越小，可能对轧件产生的反弯曲率 $1/\rho$ 越大，矫直质量越高。但 t 越小则产生较大的矫直力 P，所以应由矫直辊的强度条件确定最小允许辊距。对于板带矫直机，$t_{min} = 0.43 h_{max} (E/\sigma_s)^{0.5}$。

在满足 $t_{min} \leq t \leq t_{max}$ 的条件下，辊距 t 越小，则可能的矫直质量越高。

3.1.2　辊数

增加辊数即是增加轧件的反弯次数，这可以提高矫直质量，但也会增加轧件的加工硬化和矫直机的功率。为此，选择辊数 n 的原则是在保证矫直质量的前提下，使辊数尽量少。

一般板带产品的宽厚比 b/h 越大，则瓢曲和浪形的缺陷越严重，那么，t 应减小以增加轧件的弯曲变形；但 t 受 t_{min} 的限制，不能过分减小。因此，必须增加辊数，以改善矫直质量。对于薄板而言，其辊数一般为 11～29 辊。

辊式矫直机常用辊数见表 1-6。

表 1-6　辊式矫直机的辊数

矫直机类型	辊式钢板矫直机			辊式型钢矫直机	
轧件种类	钢板厚度/mm			中小型型钢	大型型钢
	0.25 ~ 1.5	1.5 ~ 6	>6		
辊数 n	19 ~ 29	11 ~ 17	7 ~ 9	11 ~ 13	7 ~ 9

3.1.3　辊身长度

辊身长度 L 与所矫直的轧件最大宽度 b_{max} 相关，通常：

$$L = b_{max} + a$$

当 $b_{max} < 200mm$ 时，$a = 50mm$；当 $b_{max} \geqslant 200mm$ 时，$a = 100 \sim 300mm$。

对于型钢矫直机，在确定辊身长度时，还应该考虑辊身上的孔型数量。

3.1.4　矫直辊的要求

矫直辊直接与轧件接触，为避免辊子过早磨损和保证矫直机可靠工作，对矫直机工作辊有下列要求：

（1）辊面应有很高的硬度。其硬度范围大致如表 1-7 所示。对装滚动轴承的工作辊和支承辊轴颈硬度也有一定要求，以避免过早磨损失效，见表 1-8。

表 1-7　矫直辊的辊面硬度

辊子类型 \ 矫直状态	辊面硬度 HRC	
	冷矫	热矫
工作辊	60 ~ 65	48 ~ 55
支承辊	55 ~ 60	40 ~ 45

表 1-8　矫直辊的轴颈硬度

轴承形式	轴颈硬度 HRC	轴承形式	轴颈硬度 HRC
不带内套的轴承	60 ~ 65	带内套的轴承	25 ~ 35

（2）有较高的加工精度。

（3）有较高的抗弯和抗扭强度。对某些需要湿矫的轧件，矫直辊还应具有耐蚀性。

对于矫直机工作辊的材料选取，情况如下：

1）冷矫时多采用 Cr-Mo-V 型的合金钢。当工作辊径 $D < 60mm$ 时，采用 60CrMoV；当 $D = 60 \sim 200mm$ 时，采用 90CrVMo；当 $D > 200mm$ 时，采用 9Cr。也有厂在 $D \leqslant 90mm$ 时，采用 59CrV4 等合金工具钢。

2）热矫时多采用 60SiMn2MoV 或 55Cr 等材料。

3）采用湿矫工艺时，矫直辊应考虑耐腐蚀性，其表面需镀铬，镀层厚度 0.1 ~ 0.2mm。

3.2　辊式矫直机的类型

辊式矫直机可分为板材矫直机和型材矫直机，板材矫直机更为常见。从用途上区分，辊式板材矫直机可分为厚板材矫直机与薄板、带材矫直机。

当辊式矫直机的辊径与辊身长度的比值很小时（如板带矫直机），为提高辊子的强度和刚度，大多设置支承辊。支承辊的布置形式，常见有以下几种：

（1）垂直布置。支承辊仅承受工作辊的垂直方向的弯曲。这种布置形式用于辊径与辊身长度之比值较大的矫直机，见图 1-6（a）。

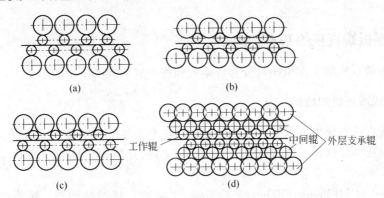

图 1-6　板材矫直机支承辊的布置形式

（a）垂直布置；（b）交错布置；（c）垂直和交错混合布置；（d）双层支承辊矫直机

（2）交错布置。支承辊承受工作辊的垂直方向和水平方向的弯曲，矫直过程中工作辊比较稳定。与垂直布置的相反，交错布置多用于工作辊辊径与辊身长度比值较小的矫直机，见图 1-6（b）。

（3）垂直和交错混合布置。下排支承辊采用垂直布置形式，见图 1-6（c）。此方案可减轻辊间氧化皮对辊面的磨损，从而有利于提高辊子寿命。这种布置形式多用于矫直带氧化铁皮的热轧钢板。

（4）双层支承辊。随着板材厚度的减小，矫直机工作辊辊径和辊距相应减小，支承辊直径受到限制，为加强支承作用和传动能力，增设大直径的外层支承辊并改为内层支承辊（中间辊）传动，见图 1-6（d）。

薄板矫直机有时设置多段支承辊，用以调整工作辊的挠度，消除板带的局部瓢曲或单、双边浪形。

3.3　辊式板材矫直机的功能

一般来说，辊式板材矫直机具有动态辊缝调整、矫直辊横向弯曲补偿、整体倾动、入出辊单独调整等功能。具有这些功能的矫直机在国内大型宽厚板生产企业已经得到广泛应用，可最大限度地消除可能出现的各种板形缺陷。

（1）根据板厚调整上辊装置的高度。上辊装置高度调整的作用是矫直辊位置整体发生改变，调整压下量。

（2）上辊系纵向倾动调整。上辊系纵向倾动调整使矫直辊的辊缝从入口到出口逐渐增大。

（3）上辊系沿矫直辊的宽度方向作横向倾动调整。上辊系沿矫直辊的宽度方向作横向倾动调整，以便钢板在板宽方向作不同的延伸（矫单边浪形钢板）。

（4）进出口辊的单独调节。进出口辊的单独调节，可根据板厚和钢板头部情况灵活调节。

（5）矫直辊横向弯曲。矫直辊横向弯曲，其主要作用是对钢板的双边浪和中间浪形进行矫直，对应的操作是矫直辊的正弯和负弯。

（6）过载保护。如果出现矫直辊辊缝设定有误，通过上辊系的快速打开对设备进行保护。通过装在液压油缸（矫直辊缝调整）上的压力传感器检测矫直负荷情况，防止设备过载工作。

3.4　辊式钢板矫直机的基本结构

辊式钢板矫直机的工作机座可分为台架式和牌坊式两大类。

3.4.1　台架式矫直机的结构

台架式矫直机机座由上台架、下台架和立柱三个主要部分组成。立柱同时也是压下螺丝。压下螺丝或螺母转动，可以调整上、下台架的相互位置，从而也调整了矫直辊的压下量。

图 1-7 是一台 11-260mm/300mm × 2300mm 中板矫直机的结构图。矫直机可矫直热状态下 10～25mm 厚的钢（热态屈服极限为 480～100MPa），矫直速度 0.45～1.35m/s。主电机为 130kW（直流），主减速比 8.82。

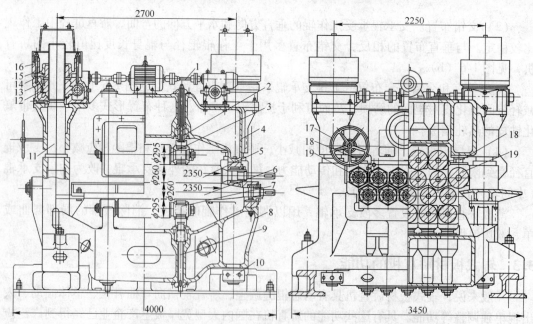

图 1-7　11-260mm/300mm × 2300mm 中板矫直机工作机座

1—压下传动装置；2，9—支承辊调节螺丝；3，7—上、下支承辊；4，8—上、下台架；5，6—上、下工作辊；
10—紧固螺母；11—立柱；12—压下螺母；13—内齿圈；14—平衡螺母；15—托盘；
16—平衡弹簧；17—手轮；18—压下螺丝；19—出、入口工作辊

这台矫直机的结构有如下特点：

（1）矫直机上排辊是整体平行调整的（出、入口工作辊可单独调整），因此，上台架 4 由一台双出轴电动机分别通过两级蜗轮减速机同时转动四个立柱上的压下螺母。压下装置中的四个立柱同时是压下螺丝，它们由螺母 10 固定在下台架 8 上。在调整压下时，立柱不动，压下螺母 12 和平衡螺母 14 随上台架一起移动。压下螺母同时也是压下减速机的蜗轮。为了消除压下螺母和螺丝之间的间隙，装设了同步弹簧平衡装置。在托盘 15 上的 24 个平衡弹簧 16 通过拉杆平衡整个上台架及上面机件的重量（过平衡）。压下螺母 12 与平衡螺母 14 由内齿圈 13 连接。托盘 15 通过平面轴承支托在平衡螺母上。这种装置可使平衡弹簧随着台架升降，在调整压下量时，弹簧 16 不产生附加变形。

（2）上支承辊由空心螺丝内的拉杆与上台架连接。每个支承辊都可由空心压下螺丝手动单独调整。下支承辊也可手动单独调整。

（3）每个工作辊内部都有轴向通孔，在热矫轧件时通水冷却。

在车间里，中厚板矫直机大多布置成单独的作业线，可以往复矫直钢板，以提高矫直质量。

冷矫钢板的台架式矫直机，其上台架大多是整体倾斜调整的。为此，它的压下机构都有两套驱动装置。

为了使上台架相对下台架能够倾斜调整，矫直机的立柱大多用圆螺母或销轴与下台架铰接。台架式矫直机的结构简单，但刚性较差。采用大弹簧平衡的台架式矫直机，在使用时上台架容易产生震动，为此，新设计的矫直机已采用液压缸平衡装置。

3.4.2　牌坊式矫直机的结构

矫直机的牌坊可以是开式的，也可以是闭式的。钢板矫直机大多采用牌坊式结构。

图 1-8 是横切机组中一台 11-90mm/100mm×1700mm 薄钢板矫直机的结构图。这台矫直机有三列 ϕ180mm×120mm 交叉布置的支承辊。矫直速度 1～3.4m/s，主电机 125kW，矫直钢板的厚度范围 0.5～2.5mm（σ_s≤450MPa）。

矫直机的工作机座包括机架本体、工作辊、支承辊、压下装置和摆动装置等部分。机架本体由左、右两个闭式牌坊架 1、4 和一个上横梁 2 组成。下工作辊 9 的轴承座通过球面垫块和斜面压板固定在机架底部，而上工作辊 8 的轴承座则固定在摆动横梁 6 上。摆动横梁 6 的两个端部与压下装置的移动滑座 5 弧面接触，且由弹簧平衡装置将横梁悬挂在牌坊架 1 和 4 上。这种结构形式使得摆动横梁 6 既能随移动滑座上下移动，又可相对于移动滑座 5 摆动，从而使上排辊既能整体平行调整，又可整体倾斜调整。在移动滑座 5 上，装有压下螺母 16。压下螺丝 17 在转动时，就可使滑座 5 带动摆动横梁 6 和上工作辊 8 上下移动。四个压下螺丝 17 是由一台电动机 3 通过减速装置驱动的。

上工作辊摆动装置由手轮 12、小齿轮 11、扇形齿轮 14、连杆 13、偏心轴 15 和摆动横梁 6 组成。偏心轴 15 支承在滑座 5 上，其偏心部分通过滑块 18 与摆动横梁 6 的凹槽侧面接触。扇形齿轮 14 固定在滑座 5 上，当转动手轮 12 使小齿轮 11 沿扇形齿轮 14 滚动时，连杆 13 和偏心轴 15 带动摆动横梁 6 沿弧面摆动。为适应横梁的摆动运动，平衡梁 20 通过轴承 21 来平衡摆动横梁 6 的重量。

支承辊是悬臂结构，装在支座 25 上。支承辊可由斜楔块 24 调整压下量。

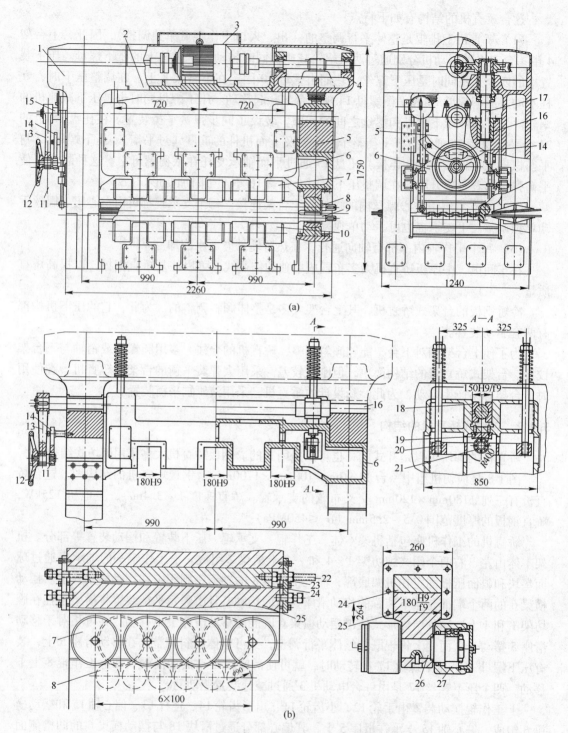

图 1-8　11-90mm/100mm×1700mm 薄钢板矫直机

（a）总图；（b）上工作辊摆动架和上支承辊结构

1，4—牌坊架；2—上横梁；3—电动机；5—凹弧面摆动滑座；6—凸弧面摆动横梁；7，10—支承辊；8，9—工作辊；
11—小齿轮；12—手轮；13—连杆；14—扇形齿轮；15—偏心轴；16—压下螺母；17—压下螺丝；18—滑块；
19—弧形导板；20—平衡梁；21—滚动轴承；22—螺栓；23—螺母；24—楔块；25—支座；26—悬臂轴；27—轴承

牌坊式工作机座的特点是强度和刚度较好，辊子的调整和拆装方便，故新设计的薄带矫直机常采用这种形式。它的缺点是结构较复杂，外形尺寸也较大。

3.5 辊式型钢矫直机

辊式型钢矫直机的用途是矫直各种规格的工字钢、角钢、槽钢和钢轨。型钢矫直机的辊子上加工了与被矫轧件断面相对应的孔型。为减少矫直辊消耗量，常采用组合式辊子（由心轴和可更换的辊圈组成）。按照辊子在机座中的配置方式，型钢矫直机有闭式和开式两大类。闭式型钢矫直机的轴承座装在辊子两侧，其最大优点是能承受较大的负荷。为减少更换轧件品种时的换辊次数，在同一根辊子心轴上常配置3~4组辊圈。闭式矫直机的主要缺点是换辊很不方便，一般在较熟练的情况下，换一次辊也需要6~8h。此外，这种结构使得操作人员很难观察轧件运行情况。目前，新设计的矫直机已很少采用闭式结构。开式矫直机的辊子在机架的一侧悬臂布置。它的主要特点是操作时易于观察，而又换辊方便。

与钢板矫直机相比，型钢矫直机的辊距和辊径都较大，因此不需要支承辊，但是，每个辊都需要有轴向调整装置，以对正孔型。上排辊（有的矫直机是下排辊）要求可以单独径向调整。

3.6 辊式矫直机的操作与调整

以下以某热轧宽厚板车间热矫直机为例介绍辊式矫直机的操作与调整。

3.6.1 热矫直机工艺参数

矫直力	25000kN
机架模量	10000kN/mm
矫直速度	60~180m/min
矫直厚度	(4.5)9~40mm
矫直宽度	1500~3250mm
矫直温度	550~900℃
最大开口度	200mm
矫直辊数量	上4下5
矫直辊直径	285（最小265）mm
矫直辊间距	300mm
正弯辊力	448 kN
负弯辊力	880 kN
换辊盒时间（手动操作除外）	约30min

3.6.2 开机前及班中设备状态的检查和监控

开机前及班中应对设备状态进行严格的检查和监控。

3.6.3 矫直机辊缝调零

在出现下列情况后均应对矫直机进行辊缝调零：矫直辊换辊后；存储在软件中的设定值丢失后；液压缸的位置或压力传感器进行调节后。

　　调零方法：上辊下降到以一块基准板为准的预设缝隙；基准板进入矫直机；上矫直辊以低速（1mm/s）与设备板接触，直到设定的小作用力（如 100t）被检测到；目测到上辊靠近基准板后，液压缸的位置就为辊缝值；基准板退出。

3.6.4　矫直岗位的操作

　　检查设备各部位确认正常，通知轧机具备矫直条件；正常矫直钢板温度为 600 ~ 800℃，低于 600℃可减少压下量低速矫直；进入矫直机的钢板表面不得有异物，有异物时必须清理；不允许前后两块钢板叠板或叠头钢板进入矫直机，氧气烧割过的等有问题钢板不得进入矫直机，镰刀弯大的钢板要矫直机前侧导板对正后才能进入矫直机；轧机跑规格板必须先确认厚度，相应调整设置后方可进行矫直；当钢板在矫直机中发生卡咬时，应立即停转主电机，主缸卸压后抬起上辊，处理好再工作；如果轧机出现异常的钢板（如板形波浪大、温度低等），操作工可采取调整矫直模式进行矫直，合理调整辊缝、左右倾斜、前后倾动、弯辊、出口边辊位置、矫直速度等来保证矫直的平稳性和矫直效果；矫直工要密切注意矫后的钢板的平直度以及钢板出矫直机时是否上翘下扣，如出现应及时对矫直机进行调整；矫直工应密切监控矫后钢板是否有麻面、麻点或压痕，一旦发现要快速进行调整或停机处理；矫直岗位应注意轧机来板情况，如果钢板在层流位置停止，应及时采取手动干预将板输出，防止钢板过冷；矫直厚度大于 40mm 以上厚钢板时，矫直不给压下量，辊缝应比钢板厚度大 4 ~ 5mm，如果从轧机过来的板不平度很差或冷却温度过低，矫直机辊缝可以控制更大一些，而后采取逐步减小辊缝进行矫直的原则，以防止矫直机过负荷；钢板冷矫时必须留意矫直机的状况，要注意板面的清扫，防止矫后麻面，厚度大于 25mm 的钢板原则上不得进行矫直。

3.6.5　换辊操作

3.6.5.1　换辊前的准备工作

　（1）准备好已调整的新上、下矫直辊座，并吊至矫直机旁；
　（2）断开旧的上、下辊座与机架之间的所有管线连接；
　（3）拔出连接下辊座与下受力架之间的销子；
　（4）检查并清除换辊滑架上的异物。

3.6.5.2　矫直辊的取出步骤

　（1）关闭并锁住主传动电机、辊子电机、矫直机冷却以及矫直机润滑（油-气润滑）；
　（2）在抽出矫直机辊座之前，必须断开与辊座相连接的所有冷却水、油-气润滑/干油管线；
　（3）将上辊辊座提升到其最高位置，并将上框架恢复到其零弯辊位置；
　（4）将入口和出口边辊调整到最低位置；
　（5）用矫直机下框架内设置的四个液压缸将下辊座顶起来，其上升高度约超出其操作高度；

（6）将下接轴支架提起来，使其与接轴头部接触（利用液压马达及千斤顶高度调节）；

（7）使中间轴托架液压缸收缩，以使中间梁下降到下接轴头部上，并将其锁定到位；

（8）用主液压缸以较低的压力使上辊座下降，直至其停放到下辊座上的手动插入的分隔梁上；

（9）使上接轴托架液压缸收缩，以使梁下降到上接轴头部上，并将其锁定到位；

（10）松开并使上辊座夹紧装置张开，以使上辊座从弯辊框架上松开；

（11）将上弯辊框架提起到规定的高度；

（12）手动拆除辊座锁定销，在辊座和辊座更换液压缸的连接销附近进行；

（13）使辊座更换液压缸完全伸出，以将辊组推出机架；

（14）手动将连接辊座的销移动到辊座更换液压缸；

（15）分别吊走旧的上、下辊座，把新的上、下辊座吊放在换辊滑架上，并放置好换辊垫板。

3.6.5.3　矫直辊的装辊步骤

调节下接轴托架梁的高度，以便接轴头部的中心线标高与工作辊的中心线标高一致，该调节随插入的辊组中支承辊辊径的变化而变化，辊径越小，接轴的位置就越低；其余步骤，则与辊座拆除步骤正好相反。

3.6.5.4　换辊以后、开矫之前的工作

（1）插入下辊座装置和下辊受力架之间的销子；

（2）取走换辊长置滑块与下辊座之间的销子，然后移走滑块；

（3）启动压下螺丝将上受力架降到开口度为 15mm，卸去平衡缸油压，使上受力架慢慢降到上辊座装置上，转动液压弹簧卡紧装置手柄，卸掉液压弹簧卡紧缸的压力油，使上辊座紧贴上受力架；

（4）平衡缸充压力油，使上辊座装置在平衡装置作用下跟随上受力架一同动作；

（5）连接上、下辊座与机架的所有管线；

（6）调整上、下矫直辊之间的平行，确定开口度为零位的准确位置，并使指示装置为零；

（7）开矫前应进行试运行。

单元 4　连续拉伸弯曲矫直机

连续拉伸弯曲矫直是使带材在拉伸和交替弯曲作用下产生塑性延伸变形，以矫正带材原有的板形缺陷。拉弯矫直机在现代化的板带材生产线中应用广泛，矫直效果好，残存应力小，所需的矫直张力小。该矫直机也常应用于带钢酸洗线，利用弯曲、拉伸变形使得来料表层氧化铁皮剥落或产生裂纹，以提高酸洗效果。

4.1　拉弯矫直机的工作原理

带材板形产生的实质是由于带材在宽度方向上具有不同的内应力，使之沿宽度方向上相邻的纵向纤维之间在长度方向上产生了很小的长度差，要想得到板形平整的板带材，只需在带材延伸方向上施加超过材料屈服极限的应力，使长、短纤维同时产生一定的塑性变形，在应力松弛后，延伸变长的纤维仍然保留，从而使带材内部纵向纤维间的长度和内应力趋于相同，且方向一致，即达到矫直的目的。

拉弯矫直机就是根据材料的弹塑性延伸理论对带材进行矫直的。其基本原理为：需矫直的带材在张力辊组施加的张力作用下连续通过上下交替布置的多组小直径的弯曲辊，在拉伸和弯曲的联合作用下沿长度方向产生塑性的纵向延伸，使带材各条纵向纤维的长度趋向于一致，从而减小带材内部纵向内应力分布的不均匀性，改善带材的平直度。

将轧件受纯弯曲与拉弯联合作用时的应力分布作比较，见图 1-9，可以知道：

（1）轧件断面上分布应力为拉伸应力与弯曲应力之叠加。

（2）轧件截面的中性层将不通过金属断面的质心，而是朝着带材弯曲曲率中心方向偏移。

（3）轧件在叠加的拉伸和弯曲应力作用下易产生弹塑性变形、塑性变形。

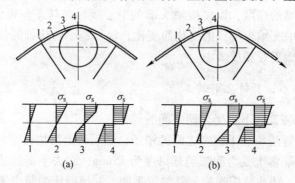

图 1-9　轧件受纯弯曲与拉弯联合作用时的应力分布
（a）纯弯曲时的应力分布；（b）拉伸、弯曲联合作用时的应力分布

4.2　拉弯矫直机的应用

4.2.1　拉弯矫直机的应用状况

拉弯矫直机应用于酸轧联合生产机组酸洗前破鳞，降低酸耗；用于镀锌机组后使镀层均匀；用于矫直辊式矫直机难以矫直的某些三维板形缺陷；用于消除屈服平台、阻止深加工的滑移线形成；适用范围广，用于各种厚度（最大 10mm）的带材精整线及各种金属材料。

拉弯矫直机主要由两部分组成：一部分是矫直单元；另一部分是张力辊组及其传动部分。矫直单元包括产生塑性延伸、消除板形缺陷的弯曲辊组和负弯曲辊组及矫直单元机架。

4.2.2　弯曲辊组

弯曲辊组是拉弯矫直机组的核心，它产生矫直带材所需的伸长率，见图 1-10。弯曲辊组至少要由三个弯曲辊组成，带材经过前两个弯曲辊时受到两次弯曲方向相反的弯曲，在弯曲应力和拉伸应力的综合作用下使带材整个厚度上产生塑性变形，第三个弯曲辊用于平衡两次弯曲后的残余弯曲。其原因在于带材在弯曲辊上弯曲所消耗的功与带材前后张力的差值有关，故带材在第二个弯曲辊上所受的外加张力要比第一个弯曲辊上大，导致带材在两个弯曲辊上受到的弯曲虽方向相反，但不完全相等，在产生延伸的同时还有残余

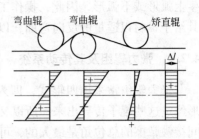

图1-10 拉弯矫直机的弯曲辊组

弯曲，因此需要用第三个弯曲辊（矫直辊）来消除。由此也使得弯曲辊的布置必须是使正、反弯曲交替出现，最后再配置一个用于消除残余弯曲的矫直辊。

弯曲辊的辊径与所矫直的材料的性能和厚度有关，小直径的弯曲辊具有较大的曲率半径，其给予带材的弯曲应力较大，所能达到的伸长率大，因此适合用于矫直强度较高、厚度较薄的带材。但采用小直径的弯曲辊也存在着一些缺点：首先，由于带材在弯曲辊上所受的弯曲应力大，这使得弯曲辊上所受的压力相应要大，加上辊径小，容易产生挠曲，必须采用刚性大、结构紧凑的重型机架。其次，要使带材在小直径弯曲辊上充分弯曲，必须使弯曲辊之间的距离近，这会给弯曲辊组的布置、换辊及检修等带来一定的困难。

在拉弯矫直机的结构确定过程中，必须根据所要矫直材料的性能和厚度范围，合理确定矫直辊数量和辊径，配备多重支承辊和刚度高的矫直单元机架，使之既能有效地矫直薄带材，又要有足够的刚度经受矫直厚带时的负荷。从目前国内使用的拉弯矫直机组来看，弯曲辊的数量以3辊、5辊为主，弯曲辊的辊径一般在 20~40mm 之间，配有多重支承辊（一般为6重）以提高刚度。也有的拉弯矫直机组采用类似多辊精密矫直机的结构作为弯曲单元，其辊径最小可达14mm，主要用于矫直极薄或强度很高的带材。

需要注意的是，从拉弯矫直的原理来看，只有在弯曲辊和张力辊之间的轴线都很精确地平行布置的条件下，才能使带材增加延伸，对原始板形缺陷进行矫直，否则将导致带材边缘出现波浪或扭曲。因此，弯曲辊组和矫直单元机架要确保有足够的刚度，在设备安装时必须精确找平，保证各辊之间的平行精度。同时，也要重视开卷侧带材的纠偏，在穿带时保证带材处在机列的中心线上。

4.2.3 板形缺陷的消除

带材在拉伸弯曲应力的交互作用下通过弯曲辊组，产生的塑性变形可有效地消除带材内部由于纵向纤维长度差造成的板形缺陷，但带材在强烈的反复弯曲变形过程中，不仅在厚度方向上受应力的作用，在宽度方向上也有应力的作用，使其宽度方向上会出现横向翘曲（弧形）。实践证明，带材在弯曲辊上的弯曲曲率越大，则其弯曲后出现的横向翘曲越明显。这说明如果采用直径较大的弯曲辊，可减少带材在弯曲矫直过程中横向翘曲的产生，同样，如果在弯曲矫直后使带材通过直径比弯曲辊大的辊子，并给予一定的反向弯曲，也能达到良好效果。弯曲辊直径太大将不利于带材延伸，会影响板形缺陷矫直的效果，因此，目前大部分拉弯矫直机都采用在弯曲辊组后部布置辊径较大的矫直辊的方式来消除横向弯曲。

在实际的生产操作中，随着弯曲辊压下量的变化，横向翘曲的方向也会发生变化，产

生上弧形或下弧形，因此，操作工应根据实际情况，通过合理地改变矫直辊的压下量，使其给予带材以适量的反向弯曲，以达到消除横向翘曲的目的。

4.2.4　张力辊组及其传动系统

张力辊组常采用四辊式，即入口和出口辊组各由四个张力辊组成。由于带材以"S"形经过这些辊子传导出来，所以又称四辊式 S 辊组。这种布置形式，使得带材与张力辊之间接触摩擦的总包角是最大的，可以使带材产生最大的制动力和拉力。为了使带材与辊面之间摩擦力增加，同时又不伤害带材表面，张力辊的辊面必须衬一层既耐磨又耐油的聚氨酯橡胶。

目前的拉弯矫直机基本上都是采用控制入、出口张力辊组的速度差来达到所需的伸长率。当入口张力辊组的速度为 v_1，出口张力辊组的速度为 v_2 时，则带材所获得的伸长率 $\varepsilon = (v_1 - v_2)/v_1$。这样，在生产操作中，只需根据工艺要求设定好入口张力辊组的速度并使其保持不变，通过改变出口张力辊组的速度就可获得矫直所需的伸长率。

由于消除带材板形缺陷所需的伸长率一般都在 1% 以内，因此，要想精确地控制伸长率，必须要有能保证前后张力辊组的速度差连续可调并保持伸长率恒定的传动系统。目前，张力辊组常用的传动系统主要有集中传动与单独传动两大类。

在张力辊组的集中传动方式中，前后张力辊组中的各个张力辊通过齿轮箱、行星齿轮差动机构由一台主传动电机集体驱动，并由差动调速装置产生带材矫直所需的伸长率。这种传动方式通过机械联锁方式恒定伸长率，具有电气系统相对简单、带材伸长率调节方便、能耗小、工作平稳性好等特点，但机械结构较复杂。目前应用较多的是 REDEX 差动系统：通过一台小功率的伸长率调节电机来驱动调节箱上的无级变速机构，随着变速机构速比的改变，在入口和出口张力辊组间产生相应的速度差，以达到调节伸长率的目的，并且所得到的伸长率与张力、转矩的变化无关。单独传动是指入口和出口张力辊组中每个张力辊都单独由直流电机或交流变频电机传动。这种传动方式，每个辊子作用的力矩大小可调，前后张力辊组的速度分别保持同步，伸长率的控制由电气传动系统通过调节前后张力辊组的速差来实现。其机械系统比较简单，可以较容易地控制各个张力辊的负荷均等，减少由于辊径差异和带材在张力辊间弹性变形不同所造成的辊间滑动。

思考与练习

1-1　说说轧件矫直过程中所涉及的曲率的含义。

1-2　轧件的矫直条件是什么？

1-3　说说两种矫直方案的含义。

1-4　矫直机的主要设备参数有哪些，工艺参数有哪些？

1-5　说说矫直机生产过程的基本操作。

1-6　拉伸弯曲矫直机的原理是什么？

情景 2　平整机及其操作

学习目标：

1. 知识目标
   （1）掌握平整工艺类型与内容；
   （2）了解平整机的结构。
2. 能力目标
   （1）掌握平整过程的基本操作；
   （2）掌握平整质量的控制内容。

平整轧制不同于冷轧，采用恒压力轧制，基本不改变板厚，侧重于达到带钢的伸长率，从而得到良好的板形和带钢表面质量。因此，平整过程的质量控制主要通过伸长率来实现，一般控制在3%以下。对于不同用途的带钢可采用不同的平整伸长率，对深冲用汽车薄板，要求屈服极限很低并消除屈服平台，一般认为最佳伸长率范围是0.8%~1.4%；对于镀锡板和包装材料，要求用一定的强化变形调整强度和硬度，则使用1%~3%的较大伸长率。

平整轧制的目的有：

（1）消除冷轧带钢退火后存在的屈服平台，改善冷轧带钢组织结构，调节冷轧带钢的力学性能。冷轧带钢经过再结晶退火后，虽然消除了加工硬化组织，但却使力学性能和加工性能变差，即应力-应变曲线有明显的上屈服极限，并在下屈服极限出现屈服平台。平整可提高上屈服极限、消除屈服平台，见图2-1。冷轧带钢平整伸长率增加，带钢又会出现加工硬化，使带钢屈服极限升高，所以，屈服极限随平整伸长率增加先减小，随后逐步增加。

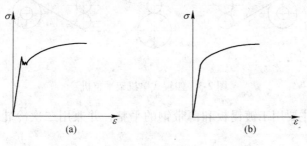

图 2-1　带钢平整前后的应力-应变曲线图
（a）平整前；（b）平整后

（2）改善冷轧带钢的平直度，使带钢表面获得需要的粗糙度和光泽。不论什么钢种、什么用途的钢板都要求平直，而退火酸洗后的带钢板形一般都不理想，需通过平整来修正。

（3）经退火酸洗后，带钢表面都失去了冷轧光泽，平整可以给带钢表面上光。

（4）双机架平整机可以实现较大的冷轧压下率，生产超薄的冷轧钢板。

单元 5 平整工艺与设备

5.1 平整类型

（1）按机架数分为单机架平整机、双机架平整机。单机架平整机在平整工序中使用最为广泛，能满足各种冷轧产品对力学性能和表面质量的要求；双机架平整机主要用来平整镀锡原板带钢，也兼做二次冷轧。

（2）按轧辊数分为二辊平整机、四辊平整机、六辊平整机。二辊平整机目前使用较少，以前多用于热镀锌机组中的光整机，也用于冷轧不锈钢的平整轧制，对于厚度较薄的带钢可采用多道次平整，用累计伸长率使产品达到规定要求，布置形式见图 2-2，性能见表 2-1。

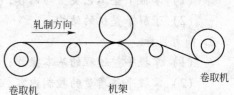

图 2-2 二辊平整机组布置

表 2-1 二辊单机架可逆式平整机的一般技术性能

带钢厚度 /mm	带钢宽度 /mm	钢卷内径 /mm	钢卷外径 /mm	钢卷卷重 /t	轧辊尺寸 /mm×mm	平整速度 /m·min⁻¹	轧制力 /kN	张力调整范围 /kN
0.1~3.0	600~1300	610	1520	16	780×1400	~200	10000	10~100

四辊平整机使用普遍，广泛用于各品种的冷轧产品的平整处理。其中，四辊式单机架平整机又是应用最为普遍的形式，如图 2-3 所示。典型的 1700mm 冷轧的平整机组就是这种形式。

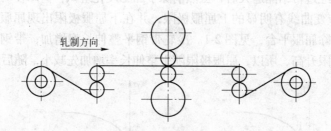

图 2-3 四辊式单机架平整机

双机架平整机主要用于镀锡板和薄带钢的平整，并兼用二次冷轧，其机组组成见图 2-4，性能见表 2-2。

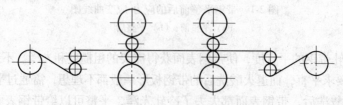

图 2-4 双机架平整机组

表 2-2 国内宽带钢双机架平整机组主要技术参数

机组名称		1700 平整机	1370 平整机	1420 平整机	1550 平整机
带钢规格	厚度/mm	0.15 ~ 0.8	0.17 ~ 1.0	0.18 ~ 0.55	0.3 ~ 1.6
	宽度/mm	550 ~ 1270	520 ~ 1020	730 ~ 1230	730 ~ 14300
钢卷规格	内径/mm	610/450	508/419	—	—
	外径/mm	2550/1850	1770 ~ 1180	—	—
钢卷重量(最大)/t		45/20	15		
轧辊直径	工作辊/mm	610 ~ 540	521	460 ~ 410	550 ~ 470
	中间辊/mm	—	—	490 ~ 440	—
	支承辊/mm	1420 ~ 1260	1245	1000 ~ 910	1400 ~ 1300
辊身长度/mm		1420	1372	1420	1220
工作辊轴承		四列锥形滚柱轴承	四列圆锥滚子轴承	四列圆锥滚子轴承	四列圆锥滚子轴承
中间辊轴承				四列圆锥滚子轴承	
支承辊轴承		油膜轴承		滚柱轴承	四列圆锥滚子轴承
最大轧制力/kN		15000	13600	12000	12750
最大平整速度/m·min⁻¹		1400/2000	1500	1060	1000
伸长率(最大)/%			3 ~ 5	2.5	3
平整方式		干平整		干平整	干平整
年生产能力/万吨		27.5	31.7		
备 注				在线平整	在线平整

六辊平整机使用在极薄带的平整及二次冷轧工序,由于其投资相对较高,使用不多。

(3) 按平整机设置位置分为离线平整轧制、在线平整轧制。离线平整轧制指平整机单独设置成生产线,带钢经开卷、轧制、卷取等操作完成平整工序,此方式较为普遍,生产也较为灵活;随着连续生产线的快速发展,平整机设置在连续线(以连续退火机组居多)上的也越来越多,具有投资低、操作人员少、金属成材率和生产效率高、产品质量好等优点。

(4) 按轧制方式分为干平整、湿平整。干平整是指平整时不使用轧制油剂,由于干式轧制时摩擦系数较大,需要较大的轧制力,但干平整时可得到较高的产品粗糙度,应用较为广泛;湿平整使用的轧制油剂是为在带钢和轧辊之间起轧制润滑,清除黏附于带钢表面和轧辊表面异物以及使带钢在平整轧制后保持防锈效果的一种化学制剂,一般轧制剂占 5% ~ 10%,其他为水。这两种平整工艺的比较见表 2-3。

表 2-3 干平整和湿平整的比较

项 目	湿 平 整	干 平 整
生产效率	高	低
单位带宽轧制力/kN·mm⁻¹	2 ~ 3	3 ~ 5
伸长率控制	大伸长率范围容易	小伸长率范围容易
粗糙度复制率/%	30 ~ 50	60 ~ 80
防锈效果	好	无
表面缺陷	少	容易产生
辊耗	低	较高
工作环境	干净	有粉尘

5.2　平整机主要设备组成

平整机入口段设备一般主要由入口步进梁、翻卷机、钢卷小车、带钢准备站、开卷机等组成。翻卷机将退火后的立卷翻为卧卷，由钢卷小车送至准备站，在此过程中要进行钢卷宽度和外径的测量。钢卷准备站用于将钢卷头部不合格的部分切除，为顺利开卷和穿带作准备，这是缩短辅助时间、提高生产能力的重要措施之一。

开卷机采用双锥头，以实现平行机组中心线上料，并具有对中功能；在机组传动侧设有尾卷收集装置，用于将带尾不合格的部分收集后外运，这对薄规格带钢顺利甩尾和减少轧辊损伤是十分必要的。

平整段由平整机机架本体、入口/出口 S 辊、测张辊及剪切机等组成。

为了保证平整生产的张力稳定和改善带钢质量，要求有尽可能大的带钢张力。但较大的开卷张力会使钢卷层间滑动而划伤表面，为此在机架前后设置入口/出口 S 辊，根据生产经验的不同选择 S 辊或转向辊方式操作。两种工作方式比较见表 2-4。

表 2-4　S 辊方式和转向辊方式的比较

传动方式	S 辊方式	转向辊方式
张力控制	分三段控制	单段控制
带钢表面	易避免开卷划伤	易出现划伤
平整过程	稳　定	不稳定
浪　形	小	大
变形控制	易实现张力和速度调整	难
穿带难易程度	厚 2.5mm 以下（1.5mm 以下最好）	厚 2.5mm 以下（0.7mm 以上可用）

在平整机入口和出口各设有一个浮动液压剪，分别于剪切尾卷、分卷及事故处理时使用。

平整机采用全液压压上装置，可实现带钢伸长率闭环，从而达到精确的伸长率要求。平整机工作辊使用滚动轴承，采用油-气润滑，并配有正负弯辊装置；支承辊选用带静压的油膜轴承。在上、下支承辊还设有轧辊在线清理装置，使支承辊能保持一个干净的辊面。为保持轧制线稳定，平整机上部设有斜楔调整装置，由液压缸快速调整；在轧机操作侧还配有换辊小车，以实现带钢在线换辊。

平整机具有干/湿两种平整方式。湿平整操作时，由设置在平整机入口的两排喷嘴，分别向带钢上下表面喷射湿平整剂，以达到高质量及清洁的带卷。在出口侧有压缩空气喷嘴，以吹净带钢表面残留的平整液，使之干燥并消除可能出现的表面斑迹。

出口段由卷取机、钢卷小车及钢卷运输装置等组成。卷取机卷取带卷后，由钢卷小车送至出口步进梁输送装置，并经称重、打捆后等待吊运。

平整机实际上就是允许采用小压下量的板带冷轧机，所需要的主电机功率要小一些，另外，为了改善平整效果，采用辊径稍大的轧辊以增大变形区的长度。也有的工厂用冷轧机作为平整机使用。

5.3　平整工艺过程

双机架和单机架平整机的工艺流程是相同的，只是双机架比单机架平整增加了一个机架。现简单介绍平整工艺流程。

经过退火工序后的钢卷由带立卷夹钳的行车吊至翻卷机上，带卷由立卷翻为卧卷，中心线与入口运卷车中心线重合，带头处于开卷位置。入口运卷车将带卷从翻卷机运送至入口鞍座，开卷机运卷车将带卷从入口鞍座运送到带卷准备站。

带卷准备站的转动辊转动带卷，带头定位后剪断捆带，带头沿开卷刀穿过夹送辊、矫直辊和切头剪，矫直带钢头部并剪切，以利于穿带。转动辊反转，带卷被卷回，带头压在转动辊下。开卷机运卷车将带卷运送到机前储卷鞍座或开卷机。

做好开卷机卷筒装卷前的准备：开卷机卷筒收缩，并对正平整轧制中心线，外伸支承缩回，压紧辊抬起，开卷刀缩回并降下。由开卷机运卷车从机前储卷鞍座将带卷抬起，从装卷操作位观察，带卷中心孔应和开卷机卷筒对正，将带卷装入开卷机卷筒，外伸支承伸出。

检查带卷和开卷机卷筒对中后，外伸支承就位，开卷机卷筒涨大卡住带卷，压紧辊压住带卷外圈以防止松卷。入口张力辊导板投入，入口张力辊缓冲辊闭合，防皱辊降下，液压剪升起，平整机打开，开卷机运卷小车降下并移走。开卷机反向点动直至带头到达开卷位置，开卷刀抬起并伸出到带头下。旋转开卷机和压紧辊，带头由开卷刀上表面，通过缩回的边缘导向系统，向前喂送带头到入口张力辊。带头穿过入口张力辊后，继续前进。

带头通过平整机后，平整机闭合，建立机组入口张力。压紧辊升起，开卷刀缩回并降下，入口张力辊导板脱出，入口张力辊缓冲辊打开，边缘导向系统投入，防皱辊升起。同时，出口防跳辊降下。

做好张力卷取机穿带前的准备：卸卷器推板缩回，皮带助卷器伸入裹住卷筒，折臂作必要的弯曲。出口张力辊导板投入，出口张力辊缓冲辊降下，张力卷取机卷筒膨胀，外伸支承伸入，降下在张力卷取机卷筒处的张力卷取机运卷车。向前喂送带头穿过出口张力辊，然后穿入张力卷取机，进入皮带助卷器。引导带头缠绕在张力卷取机卷筒上，缠绕了几圈卷紧后，出口防跳辊升起，建立机组出口张力，出口张力辊导板打开，出口张力辊缓冲辊升起，皮带助卷器打开并缩回。穿带结束。

随着机组的出口张力建立，测厚仪投入。安全防护装置关闭，平整机加速运行。操作人员根据实际情况，控制平整制速度、平整制力、张力及弯辊力，完成整个带卷的平整，及时切分带卷。在接近甩尾时，平整机自动降速停车，防皱辊降下，出口压紧辊压下，张力卷取机缓冲辊投入，平整机打开，撤销张力。平整轧制结束。

结合某冷轧厂的工艺，在实施平整过程中需要关注以下几个方面的制度和内容。

（1）上料工艺制度。上料工将待平整的钢卷吊入钢卷倾翻装置，需要对原料钢卷号、钢种、规格等钢卷信息进行核对。

（2）平整机穿带方式。1mm以上厚度的钢带不穿入张力辊，采用旁通方式；不大于1mm厚度的钢带需要穿入张力辊。为了使S辊穿带操作顺利，在S辊周围装有弧形导卫板、导板、穿带辊和矫弯导辊。

（3）平整机控制操作方式。

1）伸长率控制方式：张力和伸长率是被控制的，轧辊轧制力是"自由的"，获得材料所需的力学特性，将正确的伸长率百分比应用到带钢上。

2）轧制力控制方式：张力和轧辊轧制力是被控制的，伸长率是"自由的"，主要用于软等级的材料上以获得材料所需的表面特性，将正确的轧制力应用到轧辊组件上来传递恰当的粗糙度到带钢的表面上。

（4）轧辊使用。轧辊辊面硬度和凸度要求：工作辊辊面硬度为 HS94 ~ 100，深度为 28 ~ 31mm，支承辊辊面硬度为 HS69 ~ 75，深度为 35 ~ 45mm；轧件厚度在 0.7mm 以上时，工作辊为平辊，厚度在 0.7mm 以下时，工作辊有凸度。

工作辊在以下情况下需要更换：正常轧制一个周期时换辊（约 1400t），避免轧辊表层内的微裂纹扩展发生事故；有擦伤、划痕、掉肉现象时换辊；断带时换辊；轧制宽度由窄到宽（宽度跳跃大于 30mm）时换辊；轧制厚度由 0.7mm 以上到 0.7mm 以下或由 0.7mm 以下到 0.7mm 以上时换辊；轧辊粗糙度不能满足要求时换辊；当轧辊出现影响表面质量时换辊。

（5）伸长率（湿平整）控制。伸长率为 0.3% ~ 3.0%。

（6）张力调节原则。

1）开卷张力的调节：动作状态不稳，可适当增加开卷张力；来料有黏结时，可适当增加开卷张力；当来料松卷时，减少开卷张力；采用 S 辊方式时，可适当减小开卷张力。

2）卷取张力的调节：当带钢运行不稳时，可以适当增加张力。

（7）板形调整原则。中浪选择负弯辊方式，两边浪选择正弯辊方式，单边浪调整倾斜；操作侧有浪，调整向传动侧倾斜；反之，传动侧有浪，调整向操作侧倾斜。

单元 6　平整机的操作

平整机组在工序上设置在罩式退火炉之后，对退火后的带钢进行平整，使其具有良好的力学性能和表面质量。下面介绍某平整机的操作步骤。

6.1　上卷

6.1.1　上卷前的准备

上卷小车处于对中位，开卷机活动支承处于打开位置且卷筒处于缩径状态，入口钢卷开卷刀活动导板处于缩回位置，开卷机压辊处于打开位置。

6.1.2　上卷

上卷小车共有 4 个运动位置，1 号、2 号位设置鞍座为钢卷存放位，3 号位为对中位，4 号位为机组中心线及预开卷位置。吊车将卧卷放在 2 号、1 号卷位上，上卷小车升降缸从最小位自动上升托起钢卷后停止。钢卷外径测量装置的测量臂伸出测钢卷直径，测量完毕测量臂后退至极限位。电机启动，上卷小车从 2 号卷位向前行走至 3 号卷位（钢卷对中位置），上卷小车升降缸工作，将钢卷中心对正开卷机卷筒中心。上卷小车在此等待或开往 1 号卷位去取卷。上卷小车对中结束后向前进入开卷机位置，将钢卷套在卷筒上。卷筒胀径，压辊压下，钢卷小车下降返回至原位，一个卷的上卷结束，准备上下一个钢卷。

6.1.3 预开卷、切头

压辊处于抬起位置，钢卷开卷刀位于最大极限位，活动导板处于缩回位，切断剪处于最大开口度，上矫直辊处于上极限位，废料车处于接料位。

钢卷压紧辊缸动作使压辊压紧带材，钢卷开卷刀缸动作，人工控制使活动导板伸至合适位置。活动导板先伸出，固定导板后摆动人工控制至合适位置。启动开卷机。开卷刀将带材导入，当带头被送到下矫直辊的上表面时，矫直辊升降缸动作使上矫直辊压下。下矫直辊的液压马达启动，与开卷机同步向前输送带材。当带头通过切断剪一定长度后，停止送料。切断剪开始工作，剪切动作结束，液压油自动换向，废料头掉入废料斗内。开卷机、下矫直辊的传动同步转动向前送料过切断剪一定长度后，停止送料。切断剪缸无杆腔进油开始剪切，剪切动作结束，液压油自动换向，废料头掉入废料斗内。视带材情况可进行多次剪切，至将不符合平整要求的带材全部切掉。最终剪切动作完成时，至最大位置。开卷机、开头机同步反向转动。钢卷压紧辊缸动作使压辊摆起，钢卷开卷刀缩回，矫直辊的上辊抬起，当废料斗装满废料头后，行走缸动作，将废料车移到吊出位置。

6.2 穿带过程

6.2.1 穿带前的准备

手动控制入口钢卷开卷刀的刮板摆至合适位置使其能够掀起带材。带尾剪切机的剪刀开口度最大。入口张紧辊的上下压辊均处于打开的位置，入口的张紧辊在下极限位，防皱辊处于下极限位，入口导向台的活动导板在伸出位，平整机的润滑系统投入工作，根据工艺要求平整机的上下工作辊有一定的开口度，防跳辊处于下极限位，防缠导板的活动导板在缩回位，主传动装置的接轴托架在脱开位，横切剪剪刀开口度最大，开卷机、卷取机的制动器在打开位。出口导向台的摆动导板摆起、伸缩导板伸出。张力卷取机的卷筒胀径，张力卷取机的活动支承支在卷筒上，卷取机的推板在缩回位。助卷器在助卷位置并抱紧卷筒，如钢卷小车在卷筒下方时，小车的托头在最低位置，保护罩的安全门关闭。

6.2.2 穿带

机组控制开卷机、压紧辊、入口张紧辊、四辊平整机、卷取机以喂料速度同步转动。开卷刀将带钢头部刮起，开卷机、压辊同步将带钢沿导板向入口张紧辊输送。手动对中系统投入工作使带材对中。带钢穿过张紧辊继续向前送料，带头经过入口导向台手动对中后，以穿带速度进入平整机（此时辊缝已设定好或者辊缝打开。可以根据设定采取两种穿带方式之一）。开卷机、入口的张紧辊、平整机继续同步向前送料，带材穿过出口张紧辊经过出口导向台一直喂入由皮带助卷器包着的卷取机卷筒处，带材在卷取机卷筒上绕3～4圈后，机组穿带过程完成。皮带助卷器的抱紧辊抬起，皮带助卷器退回原位。开卷机的压紧辊摆开、入口张紧辊的上下压辊摆开，下张紧辊缩回最低位，入口钢卷开卷刀、入口导向台、出口导向台缩回下限，带钢防缠导板伸出，防皱辊、防跳辊上升至工作位置，根据带材厚度手动微调防皱辊与工作辊之间的包角。

6.3　轧制过程

6.3.1　平整轧制

按照工艺要求，干平整除尘系统或湿平整喷射系统、空气吹扫投入工作。液压压上控制系统、弯辊系统均按照设定值的需要投入工作。开卷机、入口的张紧辊、平整机、出口张紧辊、卷取机联合控制平整带钢。当机组建立张力，加速到所要求的平整速度且轧制压力达到恒定值时，平整机由恒位置控制改为恒压力控制，开始进行稳定平整轧制带材。

平整机组入口的带尾剪切机是用于切带尾的；平整机出口处的液压剪是事故剪，并在需要时将大卷分为小卷。当带材在开卷机卷筒上快到尾部时，机组减速甩尾，机组在喂料速度下平整带材直至减速停车。此时，干平整除尘系统或湿平整喷射系统、空气吹扫退出工作。

机架运行前的预调整工作应确认按钮"弯辊"是否接通，即机架的板形控制系统是否投入运行。涉及浪形调整应遵循以下原则：

（1）对于中间浪形调整，应适当减少正弯辊力，适当增加轧制压力。

（2）对于双边浪调整，应适当减少负弯辊力，适当减少卷取张力，但调整量不能超过张力设定值的20%。

（3）对于单边浪调整，应用调节轧辊倾斜的方法来克服——稍放传动侧辊缝改善传动侧单边浪，稍放操作侧辊缝改善操作侧单边浪。

（4）对于四分之一浪形的调整，可增加正弯值，同时减小卷取张力。对于单边四分之一浪形的调整：如离边部较近，则操作轧辊倾斜手柄稍抬有浪形的一侧辊缝，同时适当增大正弯值；如离带钢中心较近，则通知入口侧将带钢中心适当调整使浪形部分尽量靠近中间，操作轧辊倾斜手柄稍抬起浪形一侧的辊缝，同时适当增加负弯值。

如果来料成批出现某一纵向浪形，也可通过适当调节平整液流量或堵塞某一喷嘴来实现调整。

对于张力的调整，需要带钢在卷取机上卷取三圈以后，接通各段张力。带钢运行过程中的张力调节，调节量为设定值的15%以下。

（1）开卷张力的调节。当运行状态不稳时，可适当增加开卷张力；当来料有轻微黏结时，可适当增加开卷张力；当来料松卷时，可适当减少张力。

（2）入口 S 辊。当带钢运行不稳时，可适当增大 S 辊张力；当来料板形不良时，可适当增大 S 辊张力；当 S 辊与带钢打滑时，可以适当地降低 S 辊张力。

（3）卷取张力。当带钢运行不稳时，可以适当增加张力；当出现边浪时，可以适当地减小张力。

张力的接通及调整：开辊缝穿带或手动穿带时，当带钢进入机架并且建立轧制压力以后，手动接通开卷张力、入口 S 辊张力。带钢在卷取机上卷取以后，即调整 S 辊张力、开卷张力。带钢以穿带速度运行时立即调整开卷张力、S 辊张力（如通过张力辊）、卷取张力使之达到设定值。

6.3.2　带钢尾部分切、废卷芯的移出

机组卸张，入口张紧辊前的带尾剪切机动作剪切带尾。剪切完毕，机组重新启动，开

卷机电机反转将废带材卷绕在卷筒上，开卷机停车。上卷小车升降台上升，托住钢卷后停止。然后开卷机胀缩缸动作使卷筒缩径并反馈压力信号。上卷小车将钢卷托起运离开卷机至 3 号卷位。然后，钢卷由车间吊车吊走。也可以采用带尾过轧机平整工作方式，此时带尾在精整机组开头时处理。在机组负荷满足产量的前提下可以使用开头机处理废尾卷。

6.3.3　轧制带尾、卸卷和打捆

机组在喂料速度下平整带材直至减速停车之后，入口张紧辊的上下压辊缸动作，使压辊压紧带材。防皱辊、防跳辊下降，带钢防缠导板缩回。开卷机压辊压下，开卷机反转卷废带材的同时，入口张紧辊电机、四辊平整机电机、卷取机电机联合控制以喂料速度轧制带尾。同时卸卷小车升降缸动作以低压伸出，使托辊上升托住钢卷时停止。当卷取机卷筒将带材尾部卷到卷筒的下方时，整个机组停车。入口张紧辊上下压辊摆开。卷取机卷筒胀缩缸动作使卷筒缩径并反馈信号，缩径同时卸卷小车升降缸的工作压力由低压切换为高压。保护罩气缸动作，打开安全门，然后卷取机活动支承摆开，卷取机推板与卸卷小车同步卸卷。卸卷小车运行一段距离后停止，卸卷小车升降缸升起至极限位置。卸卷小车开始行走，行走到受卷鞍座位置时，卸卷小车停止行走。小车升降缸下降至极限位置，将钢卷放在受卷鞍座上。小车在鞍座下方等待接卷。

在受卷鞍座上采用人工手动打捆装置对钢卷进行打捆。由吊车将钢卷吊到存储库。

6.4　工作辊和支承辊的换辊

6.4.1　工作辊换辊前的准备

平整机停车，工作辊扁头停在换辊位置上（即上下位置），防皱辊下降至下极限，防跳辊下降至下极限，带钢防缠导板缩回极限位置，入口导向台在缩回位，卷帘门上升至上极限，人工拆卸管路。推上缸快速全部缩回，将支承辊、工作辊的车轮均落在换辊轨道上，上阶梯垫的液压缸动作使阶梯垫处于换辊位置，上支承辊随之上升至上极限位置。接轴托架夹紧工作辊轴头，工作辊挡板打开。下工作辊在换辊缸的推动下移出一定距离，上工作辊落下至换辊位置。卷帘门打开的同时，换辊大车等待位已有新工作辊并驶向机架。

6.4.2　工作辊换辊过程

推拉液压马达动作，与工作辊钩挂钩，将上下工作辊拉出机架。横移缸驱动横移车移动，使新辊对准机架，推拉车将新辊推入机架后停止。工作辊轴端挡板合上。根据新旧辊径差的补偿量使上阶梯垫移动，接轴托架打开，上支承辊和上工作辊升、降，使上工作辊下底面标高为 +1100mm。推上缸活塞杆伸出，使下工作辊顶在上工作辊上。人工接上油气管路。卷帘门关闭。天车吊走旧辊，将新辊吊来放在工作辊换辊车的预定位置上，准备下次更换工作辊。

6.4.3　支承辊换辊前的准备

一般来说，支承辊的换辊周期比工作辊要长。机架内工作辊按工作辊换辊程序已被拉

出时，轧辊清理装置的上、下磨头缩回最小位，人工拆除支承辊轴承座上的管路。在拉出工作辊的同时，人工拔出活动盖板定位销，将该定位销插入工作辊换辊车的销孔内。工作辊换辊车带着活动盖板退回原位。

6.4.4　支承辊换辊过程

支承辊换辊缸活塞杆伸出，使换辊钩与支承辊轴承座的钩子搭接。打开下支承辊的轴端挡板。换辊缸活塞杆缩回，将下支承辊拉出机架。天车将换辊支架放在下支承辊轴承座上，换辊缸活塞杆伸出，将下支承辊及换辊支架推入机架。上支承辊平衡缸活塞杆缩回，将上支承辊落在换辊支架上。上支承辊挡板打开，换辊缸活塞杆缩回，将支承辊拉出机架。天车吊走旧辊，将新上、下支承辊、换辊支架吊来放到换辊轨道上挂好钩。换辊缸活塞杆伸出，将支承辊推入机架内，上支承辊挡板合上，上支承辊平衡缸活塞杆伸出，将上支承辊顶到最高位置。换辊缸活塞杆缩回最小位置，用天车吊走换辊支架。换辊缸活塞杆伸出，将下支承辊推入机架内，下支承辊挡板合上。人工摘钩，换辊缸活塞杆缩回最小位置。工作辊换辊车开回到换辊位置，锁紧缸锁住大车，将工作辊装入机架。人工从换辊车上拔出活动盖板定位销，插入固定轨道上。人工装上支承辊的各润滑管路。

6.5　操作注意事项

操作过程中应注意：

（1）如果平整钢卷温度过高，平整后钢卷极易出现浪形、瓢曲等板形缺陷，并且还会加速平整后钢带的应变时效。因此，一般规定钢卷平整前温度应小于50℃，极深冲用途的钢带温度应小于40℃，普通用途的钢带温度应小于60℃。

（2）升速前操作人员一定要认真检查带钢表面质量，表面不允许有任何有手感的、影响美观的缺陷，尤其是辊印、边部粘连横纹、小鼓包等，也不允许有肉眼能看见的板面浪形缺陷。

（3）平整轧制后，应将工作辊抽出，用汽油或煤油擦洗工作辊、张力辊、转向辊表面，确保其表面光洁无污物。

单元 7　平整质量控制

对平整后的带钢表面的质量要求如下：

（1）表面无辊印、擦划伤等肉眼可见缺陷；

（2）表面无平整液残留、锈蚀及黄膜等斑迹；

（3）钢卷中间捆扎1~3道；

（4）钢带平后钢卷不允许有松卷、塌卷、破边等缺陷。

平整常见缺陷原因分析及控制措施见表2-5。

表 2-5　平整常见缺陷原因分析及控制措施

序号	缺陷名称	原 因 分 析	控 制 措 施
1	擦划伤	因松卷、未涨紧致内径松动而产生的擦伤；来料浪形过大或设备突起点而引起的断续或连续划伤；辊系的速度不同步	控制并处理平整原料质量（扁卷、松卷、内径破损）；对来料松卷要求减小张力、低速生产、避免开卷擦伤；检查与钢板接触辊辊面是否有突起点、带钢上下表面的设备位置是否正确；设备检查辊系是否同步
2	辊印	带钢跑偏、勒辊；在轧制中，脏物黏附在轧辊表面	装辊前仔细检查辊面，有伤辊不用；每卷检查钢板表面，有问题及时发现、处理；定期清洗机组，保持轧制现场清洁；按工艺规定检查、使用平整液系统
3	横向条纹	轧辊使用时间过长，超过换辊周期；轧制过程中产生振动；轧辊磨削精度不好	严格执行换辊制度；定期测量、调整轴承座与滑板间隙或更换滑板；提高磨辊质量
4	黄膜	平整液吹扫不净；系统杂质过多	加强检查系统吹风，保证吹风效果；冬季平整液加热、降低浓度；定期清洗平整液原液箱、混合箱、工作箱；停机 1h 后，再生产时必须无带钢吹风、喷液 5min
5	浪形	来料板形不良或板凸度不好；辊型配置不当；倾斜、弯辊的调整不当	控制来料板形和板凸度；根据轧制周期、原料情况合理配置辊凸度；出现中浪用负弯，出现边浪用正弯，当带钢跑偏或一边浪时，调整单侧倾斜
6	塔形	带钢板形有较大的蛇形；助卷器发生故障或破损，抱紧张力不合理；张力不稳；操作中弯辊、倾斜使用不当	严格控制板形，减少带钢蛇形；保证设备精度；合理操作
7	锈蚀	环境因素影响；湿平整液浓度低于工艺要求，平整液吹扫不净；中间产品存放时间过长	改善库区存放条件；加强湿平整系统点检，保证工艺要求；使中间产品的生产过程顺畅
8	卷轴印	卷取轴有突起，不圆；卷取张力大	保证卷轴表面无突起、凸棱；减小卷取张力
9	滑移线	平整力不足；退火温度过高而引起的晶粒粗大	采用适当的平整伸长率；冲压前进行矫直加工
10	运输损坏	吊具损伤；放置场硌伤；汽车运输损伤	减少钢卷吊运次数；平整后钢卷吊运必须加护圈；平整后放置场内应有防护垫，且保持清洁

单元 8　平整工艺发展的趋势

平整工艺经过几十年的发展，技术已日趋成熟，其发展具有如下趋势：

（1）新机型。近年来出现了 5MB（5 high mill with benders）五辊平整机，这是适合于板带材平整的新型平整机。与以往的四辊和六辊平整机不同，该平整机上、下部辊系呈非对称结构分布（上辊系三辊分布，下辊系二辊分布），实践表明这种平整机具有较强的板形控制能力和良好的板形控制效果。该机型由日立公司研制。

（2）高精度。平整机伸长率控制与张力、速度直接有关，在平整机前后设置张力仪和激光测速仪，带钢张力和速度能够直接测出，为提高伸长率的控制精度提供了保证，改变了以往带钢张力和速度间接测量计算出的状况。

（3）多功能。平整机组已不再是单一的平整工序。例如，比利时一公司投入了一条二辊平整机和张力矫直机联合的生产线，对小于 2.5mm 的板卷，在利用矫直机的同时，以 2% 的最大伸长率通过平整机进行加工；对于超过 2.5mm 的轧材，根据实际厚度通过平整机获得 0.5% ~ 1% 的延伸。生产后对带钢检测，平直度已控制在 ±4 ~ 6I 之间，可满足市场对高质量平整产品的需求。

思考与练习

2-1　平整的目的有哪些?

2-2　平整轧制有哪些类型?

2-3　试述一般平整机组的组成。

2-4　试述平整机轧制的操作过程。

2-5　试述如何进行平整质量的控制。

情景 3　冷却设备及其操作

学习目标：

1. 知识目标

　　（1）掌握一般冷却工艺操作原理；

　　（2）了解一般冷却工艺设备结构；

　　（3）掌握控制冷却的原理和方法；

　　（4）了解线棒材、型材、板带材和管材控制冷却设备结构。

2. 能力目标

　　（1）掌握一般冷却工艺操作方法；

　　（2）掌握线棒材、型钢、板带材和管材控制冷却的操作方法。

单元 9　冷却工艺概述

9.1　一般冷却工艺

9.1.1　一般冷却工艺基本理论与操作方法

热轧后的钢材温度有 800 ~ 900℃，冷却到常温，钢材有相变和再结晶的过程，同时还可能发生弯曲。因此，热轧后的钢材需要控制冷却速度和冷却温度。

对普通钢材可以采取较大的冷却速度，用空冷和水冷；对高碳钢、高铬钢和高速钢等因其很容易产生冷却裂纹，可以采用缓冷；对轴承钢为使金属组织细化，可以采用喷水、喷雾和吹风强冷；对有些钢材如钢轨，为防止产生白点也要采用缓冷的办法，在设计时应根据钢种的不同特点，采用不同的控制冷却的方法。

根据钢材的化学成分、断面尺寸、性能要求、轧机产量、冷却场地和设备条件等不同因素，所要求的冷却速度不同。有的钢材如高碳钢，在轧制终了时需要缓冷以消除白点。有的钢材在轧制终了时要求急冷（淬火），以改善钢材的内部组织。钢材经过不同的冷却速度或过冷度冷却到室温，会得到不同的组织和性能。所以冷却过程实质上是利用轧制余热的热处理过程。各种不同的冷却速度由不同的冷却方式来达到。碳素钢和低合金钢的冷却方式主要有空冷、水冷、堆冷、坑冷等。冷却方式选择不当，钢材的各种性能就达不到要求，并且会产生白点、裂纹缺陷，甚至成为废品。

9.1.1.1　"空冷"操作应注意的问题

轧制终了的钢材在大气中自然冷却称为"空冷"。当有足够的冷床面积并且钢材在空气中冷却不会由于热应力而产生裂纹和最终组织不是马氏体或半马氏体的钢种，均可采用。例如普碳钢、低合金结构钢、大部分碳素结构钢及奥氏体不锈钢等。对于空冷的钢材，冷却速度没有特殊要求。在高温时，钢材主要靠辐射散热，500~700℃以下则主要以对流方式散热。

建议钢材下冷床的温度如下：

（1）方圆钢（包括方扁钢、薄板坯）小于 250~300℃；

（2）型钢、轻轨小于 150~200℃；

（3）某些不对称断面异型钢材小于 150℃。

目前国内各厂下冷床温度普遍较高，有的达 600~700℃。根据实际情况，在有中间仓库的条件下，下冷床温度按方圆钢（或坯）小于或等于 500℃，型钢、轻轨小于或等于 400℃的条件进行操作也是可取的。这样在落堆、挂吊过程中不至于产生严重弯曲，且劳动条件不会过分恶劣。

9.1.1.2　水冷及其效果

在冷床或辊道上进行喷水、喷雾、浸水和使钢材通过涡流流动的冷却器等几种冷却方法称为水冷。其工艺特点是使钢材在一定时间内快速冷到某一温度后再自然冷却。

用水冷方法冷却钢材可起到三种作用：可以加速钢材冷却，提高冷床效率；可以使钢材的力学性能提高；另外还可以使轧件减少由于冷却不均产生的弯曲变形，减少矫直机的负荷。

有的厂曾试验用喷水方法使型钢断面各部分冷缩一致（见图 3-1），以求达到钢材的平直。试验证明，用这种方法时钢材喷水部位组织性能有所改善，而且由于钢材冷却后较平直，可免除矫直或使矫直机负荷减轻。

图 3-1　槽钢的喷水冷却

通常在下列情况下采用水冷：

（1）亚共析钢细化晶粒。如沸腾钢 A，喷水冷却可细化晶粒提高其力学性能，其强度指标可达到 A5 钢的水平。这样就可以使部分钢材用沸腾钢代替镇静钢，从而使金属消耗降低。

（2）过共析钢消除网状碳化物。例如碳素工具钢及某些合金钢，在缓慢冷却时将在这些钢中产生网状碳化物，热轧后直接在水中快速冷却，这种网状碳化物就不会形成。但是，这类钢在水冷时容易产生裂纹，所以钢材在水中变黑（冷至 700℃以下）时就将其取出，使之进行自动回火，以减小内应力。

9.1.1.3　堆冷及操作注意事项

将终轧后的钢材（坯）在空气中堆垛起来，使之缓慢冷却的方法称为堆冷。堆冷的目的是降低钢中的热应力与组织应力，防止裂纹的产生。堆冷的钢材（坯）在冷床上停留的时间不能过长，要及时打捆入垛。钢材（坯）堆冷时，应尽量做到两头整齐，不允许风吹雨淋，应让其自然冷却。拆堆时，堆中心温度不应大于 200℃。

9.1.1.4　缓冷及其操作

将热轧后的钢材或钢坯装入缓冷坑中进行冷却，称为缓冷。缓冷的目的是消除钢中白点和裂纹，或者使钢材获得良好的综合力学性能，即具有相当的强度及良好的塑性和韧性。缓冷钢材的入坑温度大于或等于650℃，出坑温度小于或等于150℃。规定缓冷时间的目的是为了控制冷却速度，应在操作上及设备上保证同时满足出坑温度及缓冷时间的要求。对于冷加工用的滚珠轴承钢材，为防止网状碳化物出现，轧后应喷雾快冷到650℃再进入缓冷坑缓冷。马氏体类钢及高速钢的缓冷坑应用热钢预热，钢材（坯）装入缓冷坑应上下垫红钢和用木炭或温度大于60℃的砂子填充其四周以保温。凡要求进行热处理的钢材，热轧切断后可不经缓冷直接"红装"热处理炉进行热处理。

9.1.2 一般冷却设备及其操作

轧钢车间生产的各种钢材，经轧钢机轧制后由热锯机（或剪切机）切成定尺长度，还需要冷却到常温，再进行矫直。轧制后的热轧件冷却时，由于连续生产，一般都是在缓慢的横向移动过程中逐渐冷却的。这种使轧件横向移动并冷却的设备，称为冷床。

冷床是轧钢生产中重要的辅助设备。冷床的作用在于将800℃以上的轧件冷却到150～100℃以下，同时使轧件按既定方向运行，在运输过程中应保证轧件不弯曲。由于轧制产品形状繁多、相差悬殊，轧钢车间的冷床形式是多种多样的。

目前国内用得较多的冷床有拉钢式、往复多爪推齿式、链式、推钢式和步进式齿条等几种形式。

按用途冷床可分为型钢、方坯、钢板、圆钢及钢管冷床，按冷床床面结构可分为固定床体及运动床体。

在大、中型轧钢车间中，冷床台架是固定不动的，通过带拨爪的绳式拉钢机、链式拖运机、齿条式推钢机以及曲柄连杆式推钢机，轧件在冷床上作横向移动。

在机械化程度较高的小型车间，为了能保证细长轧件在横移过程中不致产生弯曲、扭转或表面擦伤，可采用齿条式及摇摆式冷床。这两种冷床的主要特点是冷床台架能够作一定的运动，使轧件在冷床上横向移动。

（1）绳式拉钢机。绳式拉钢机（如图3-2所示）通常由6～8条钢绳组成。每条钢绳由卷筒1驱动，用张紧轮3张紧。每条钢绳上固定有拉钢小车2，小车上装有可绕轴转动的拨爪。这些拉钢小车排列在一条直线上。

当拉钢小车前进时，拨爪拖运轧件，沿着冷床台架的钢轨台面，由输入辊道10移到输出辊道11上时，拨爪尾部为拉钢小车车体内缘所阻。因此拨爪不能绕轴翻转。

小车后退时，拨爪碰到轧件，便逆时针翻转，拉钢小车从轧件下面通过。拉钢小车通过轧件后，拨爪由于自重的作用，又处于垂直位置。

拉钢式冷床的特点是利用单爪绳式或链式拉钢机，横向成批拖运轧件。这种拉钢机往往配备有潜行装置，以达到有选择性地拖运某一根（束）轧件的目的。潜行装置有两种形式：一种是杠杆式；另一种是滑块式。带潜行装置的拉钢式冷床的最大优点是冷床床面利用率可达60%，可以自由地储存轧件，机动性能较好。但是由于潜行装置结构上的问题，这种冷床具有一系列的缺点：杠杆式滑行装置虽然工作比较可靠，但大量的托梁、杠杆系统和平衡重锤，致使设备重量增大。此外，由于托梁在高温下工作，变形较大，磨损较快，使用寿命短，一年左右就需更换，一台冷床每次换掉的钢材达40t之多；由于传动系统置于冷床台架的下面，维修不便，检修时劳动强度大，且冷床不能喷水冷却。滑块式潜

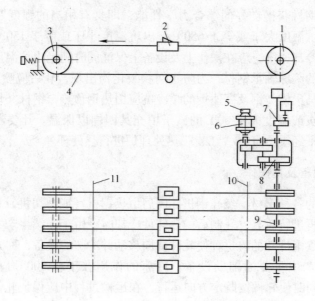

图 3-2　绳式拉钢机示意图

1—卷筒；2—拉钢小车；3—张紧轮；4—钢绳；5—制动器；6—电动机；

7，8—减速机；9—传动轴；10，11—输入、输出辊道中心线

行装置结构简单，设备重量轻，但操作麻烦。无论是由拉钢到潜行或由潜行到拉钢，拉钢小车都必须后退一定距离，然后再前进，至少操作两次，同时操作人员要注视远处拨爪与轧件的距离，给操作带来一定困难。中型钢材单重不大，用这种冷床成批地拉钢材，钢材容易紊乱、重叠、拱起，最后不能进行拉钢，因此这种冷床除规格较大的钢材外，中型轧钢车间一般不宜采用。

（2）往复多爪推齿式冷床。往复多爪推齿式冷床是中型轧钢车间广泛采用的一种冷床，其设备简单，操作方便，能够适应较多品种的钢材，除可用于冷却各种型钢、方板坯外，有的厂也用来冷却圆钢。但这种冷床的床面利用率较低，圆钢在往复拖运过程中容易拉斜和拉乱。目前由沈阳重型机械厂设计的往复多爪式冷床吸取了生产现场不断改进的经验，结构较好，简述如下：

1）拨爪系统。该冷床的结构是将多爪推杆置于装有滚动轴承的托辊上，推杆由无缝钢管焊成，可通水冷却，这样推杆不会变形。由于装有滚动轴承，且离冷床床面位置有所降低，工作条件有所改善，托辊寿命延长，传动效率相应提高。

2）牵引系统。沈阳重机厂的设计将钢丝绳牵引改成齿轮带动齿条推杆往复运动，消除了由钢丝绳带来的上述问题，这也是一个很好的改进。

（3）步进式齿条冷床。步进式齿条冷床由冷床入口辊道及升降挡板、横移小车、分钢装置组成，将编成组的圆钢，通过横移小车移送到冷床分钢装置，动齿条每步进一个周期，分钢装置就拨一根钢到静齿条上，使成组的圆钢逐根分配到每一个齿内。由于上冷床的圆钢温度很高，冷床区域产生空气自然对流，形成烟囱效应，造成冷床上圆钢下部冷却速度过快，出现冷却不均匀现象，影响了产品的质量。步进翻转冷床利用步距与齿距的差值，使圆钢在冷床上每移动一个齿距，就滚动了一个角度，避免了圆钢在冷床上的不均匀

冷却所造成的质量问题。

（4）翻转式冷床。图3-3为目前比较先进的翻转式冷床送钢过程的示意图。当图3-3（a）所示位置为起始位置时，V_I齿托着钢坯Ⅱ向右下运动。同时，U_I齿向左上运动。至图3-3（b）所示位置时，U_I齿开始顶翻钢坯Ⅱ；至图3-3（c）所示位置时，V_I齿的V点与U_I齿的U点重合，钢坯Ⅱ受到两齿的夹直作用；至图3-3（d）所示位置时，钢坯完全由U_I齿托起；至图3-3（e）所示位置时，V_I齿开始顶翻前一个U_I齿中的钢坯Ⅰ。如果钢坯较大，在顶翻过程中，钢坯的右下棱边将沿着U形齿右齿边下滑到齿底；经过图3-3（f），（g）所示位置时，钢坯Ⅰ完全由V_I齿托住。这时，在冷床上各钢坯已翻转90°，同时也向右前进了一个齿距。之后，U形和V形齿回复到图3-3（a）所示的初始位置，完成了一次循环过程。

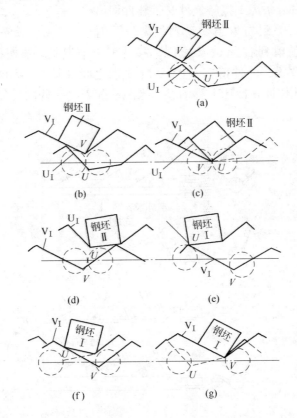

图3-3 翻转式冷床送钢过程的示意图

（a）起始位置；（b）U_I齿开始顶翻钢坯Ⅱ；（c）钢坯Ⅱ夹直；（d）钢坯Ⅱ由U_I齿托起；
（e）V_I齿开始顶翻钢坯Ⅰ；（f），（g）钢坯Ⅰ由V_I齿托住

翻转式冷床具有节能、冷却时间短、冷却的钢坯直和无损伤等优点，应用于方坯、圆钢冷床。

（5）摇摆式冷床。摇摆式冷床的主要技术特性为：冷床面积4.6m×36m，冷却轧件的直径（或长）9~13mm，齿条摆杆间距500mm，齿条最大上升高度35mm，电动机功率10kW，转速1450r/min。

摇摆式冷床最主要的部件是摇摆杆（见图 3-4）。钢管 1 焊在角钢 2 上，在角钢上装有左齿条 3 及右齿条 4，左齿条与右齿条的齿相互错开半个齿距。因摇摆杆较长，为防止弯曲，在摇摆杆中间的角钢底部焊有弧形钢板 5，并将摇摆杆支承在托轮 6 上。摇摆杆两端支承在轴承内。钢管 1 中间可通水冷却。

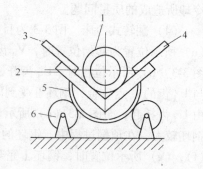

图 3-4　摇摆杆结构示意图
1—钢管；2—角钢；3—左齿条；
4—右齿条；5—弧形钢板；6—托轮

摇摆式冷床的工作原理如图 3-5 所示。图 3-5（a）表示摇摆杆处于水平位置。图 3-5（b）表示摇摆杆顺时针摆动。当左齿条摆动到最高位置时，轧件从翻钢板滑到左齿条的 1、2 齿之间。随后，摇摆杆逆时针摆动。当右齿条齿 1 接触轧件时，轧件即沿右齿 1 的齿面下滑。等到右齿条摆动到最高位置时（见图 3-5c），轧件就滑到右齿 1、2 之间，移动了半个齿距。摇摆杆再次顺时针转动，左齿条又摆到最高位置，轧件落在左齿条 2、3 齿之间（见图 3-5d）。因此，每当摇摆杆来回摆动一次，轧件即在冷床上移动一个齿距。随着摇摆杆的反复摆动，轧件就在冷床上不断前进。

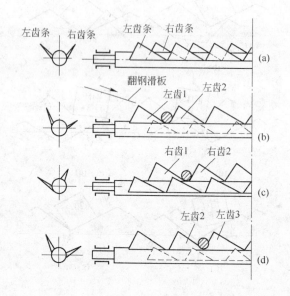

图 3-5　摇摆式冷床的工作原理
（a）摇摆杆处于水平位置；（b）左齿条摆动到最高位置；
（c）右齿条摆动到最高位置；（d）左齿条再次摆到最高位置

摇摆式冷床除具有摇摆杆摆动机构外，还包括拨钢装置、跳钢装置、推齐机构、剪切机构以及翻钢机构，基本上实现了自动化操作。

摇摆式冷床的优点是轧件在冷床上移动时能保持轧件的直线性。与齿条式冷床相比，其结构简单、造价低、制造方便。这种冷床的缺点是轧件沿齿面滑动，有时会擦伤轧件表面。

9.1.3　冷却设备生产能力计算

9.1.3.1　冷床宽度计算

冷床宽度与所冷却的成品长度有关，其关系式为：

$$B = L_{max} + 1.2 \tag{3-1}$$

式中　B——冷床宽度，m；

L_{max}——成品中最长轧件长度，m。

但在一个车间内，成品长度往往很不一致。冷床宽度的确定原则应使大多数产品能较好地利用冷床面积。对于中型轧钢车间的往复多爪式冷床，冷床宽度可取表 3-1 中所示的数据。

表 3-1　往复多爪式冷床宽度选用表

车 间 性 质	冷床宽度	备 注
以开坯为主的车间，管坯（圆钢）、板坯多，型钢少	16m（配两组拉钢机）	管坯、板坯常用定尺为 4~6m，放 2 排，型钢常用定尺为 8m 左右，放 1 排，厂房 6m 柱距时抽 2 根柱子
以型钢为主的车间，型钢多，板坯、管坯（圆钢）少	10m（配一组拉钢机）	全部放 1 排，6m 柱距时抽 1 根柱子

对于推钢式冷床，一般应按最长钢坯考虑，宽度取 3~4m。只有在明确车间钢坯无长定尺（即下一个车间双排装炉）时，宽度才可考虑 2m 左右。

链式冷床宽度应根据圆钢长度考虑，一般取 7~8m。

上述宽度均按常用定尺考虑，对于标准中规定的、实际很少生产的定尺（如超过 10 以上的型钢）则没有考虑。

9.1.3.2　冷床长度和组数的计算

冷床长度按下式确定：

$$L = \frac{Q}{G} \cdot A \cdot t \cdot \frac{1}{K} \tag{3-2}$$

式中　L——冷床长度，m；

Q——轧机最大小时产量，t/h；

G——每根钢材重量，t；

A——成品在冷床上水平投影的宽度，m；

K——冷床长度上的利用系数，与冷床形式有关，往复多爪式冷床 $K = 0.3~0.41$，带潜行装置的拉钢式冷床 $K = 0.5~0.61$，齿条式冷床 $K = 0.15~0.35$；

t——冷却时间，h。

冷却时间的计算公式为：

$$t = G_0 \Delta t_0 / F \tag{3-3}$$

式中　　G_0——钢材单位质量，kg/m；

　　　　F——钢材单位长度上的表面积，m^2/m；

　　　　Δt_0——质量为 1kg、散热面积为 $1m^2$ 的钢材冷却时间，h。

　　根据式（3-3）算出的冷床总长度应适当分成几组布置。这是因为受厂房布置所限，冷床不能过长。从工艺操作上说，冷床过长，对于推钢式冷床容易起拱，其他冷床则易产生歪斜、乱滚。此外，冷床长度也受设备结构的限制，钢材总质量过大则牵引设备很笨重。一般往复多爪式冷床长度在 30m 内为宜，推钢式冷床则应按类似加热炉的情况考虑其推钢倍数。

9.2　控制冷却的基本理论

9.2.1　控制冷却

　　控制冷却是通过控制热轧过程中和轧后钢材的冷却速度，以改善钢材组织状态，提高钢材性能，缩短钢材冷却时间，提高轧机生产能力的冷却工艺。由于热轧变形的作用，变形奥氏体向铁素体转变温度 A_{r3} 提高，相变后的铁素体晶粒容易长大，造成力学性能降低。为细化铁素体晶粒，减小珠光体片层间距，阻止碳化物在高温下析出，以提高析出强化效果而采用控制冷却工艺。控制轧制和控制冷却相结合能将热轧钢材的两种强化效果相加，进一步提高钢材的强韧性和获得合理的综合力学性能。

　　由于轧后的冷却速度对钢材的强韧性能有明显的影响，而一般控轧后的冷却是空冷或喷水弱冷，对普通低（微）合金高强度钢，可得到基本上是铁素体-珠光体的显微组织。但若在轧钢机架间或输出辊道上设置快速冷却装置，施行强化冷却或直接淬火，有可能使经控轧后细化了的相变组织从铁素体-珠光体变成更微细的铁素体-贝氏体或铁素体-（贝氏体和马氏体）的混合组织，从而使钢材的强韧性进一步提高。因此，轧后的冷却速度对钢材的强韧性有明显的影响，如图 3-6 所示。

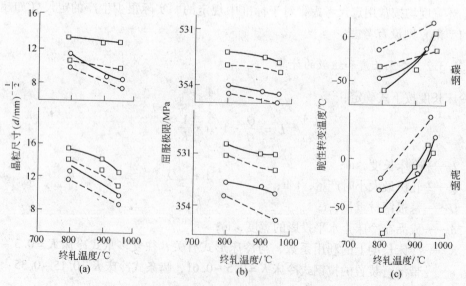

图 3-6　冷却速度对力学性能和铁素体晶粒度的影响

○ $w(\text{Mn})=0.5\%$；□ $w(\text{Mn})=0.5\%$；

—— $\phi19.5mm$ 棒材空冷；---- $\phi101.6\sim127mm$ 棒材空冷

9.2.2　控制冷却分类

控制冷却分一次冷却、二次冷却和空冷三阶段。一次冷却是指从终轧温度开始到奥氏体向铁素体开始转变温度 A_3 或二次碳化物开始析出温度 A_{rem} 范围内的冷却，控制开始快冷温度、冷却速度和快冷终止温度。一次冷却的目的是控制热变形后的奥氏体状态，阻止奥氏体晶粒长大或碳化物析出，固定由变形而引起的位错，加大过冷度，降低相变温度，为相变做组织上的准备。一次冷却的开始快冷温度越接近终轧温度，细化奥氏体和增大有效晶界面积的效果越明显。二次冷却是指热轧钢材经过一次冷却后，立即进入由奥氏体向铁素体或碳化物析出的相变阶段，在相变过程中控制相变冷却开始温度、冷却速度和停止控冷温度。控制这些参数，就能控制相变过程，从而达到控制相变产物形态、结构的目的。参数的改变能得到不同的相变产物、不同的钢板性能。三次冷却是指相变之后直到室温这一温度区间的冷却。对于一般钢材，相变完成，形成铁素体和珠光体。相变后多采用空冷，使钢材冷却均匀、不发生因冷却不均匀而造成的弯曲变形，确保板形质量。另外，固溶在铁素体中的过饱和碳化物在空冷中不断弥散析出，产生沉淀强化。

9.2.3　控制冷却目的

控制冷却是为了改善钢材组织状态，细化 γ 组织，阻止或延迟碳化物过早析出，使其在 α 中弥散析出，提高强度；细化 P 片层间距，改善钢材综合力学性能。

控制冷却工艺设计步骤，根据具体条件变化，一般是根据对钢材组织性能要求，先确定开冷、终冷及返红温度，再确定冷却时间及钢材温降速度，根据热交换条件计算或模拟试验结果确定水压、水量及冷却阶段，最后进行水冷器设计和布置及仪表控制、供排水系统设计。

单元 10　线棒材控制冷却工艺

10.1　控制冷却工艺方法

10.1.1　线材控制冷却工艺方法

随着高速线材轧机的迅猛发展，线材控制冷却技术也日趋完善。不仅从单纯降低卷取温度、减少钢材氧化损失、改善线材力学性能的轧后穿水冷却发展到成圈的散卷冷却，把控制轧制过程金属塑性变形加工和热处理工艺结合起来，而且轧后控制冷却技术也从人工调节和控制发展到能根据钢种和终轧温度实现电子计算机的自动控制，从而使线材控制冷却技术发展到现代化的水平。

经过轧后控制冷却的线材不仅提高了综合力学性能，也改善了其在长度方向上的均匀性，从而大大提高了轧制线材的产品质量。

10.1.1.1　线材控制冷却的基本原理

根据轧后控制冷却所得组织的不同，线材控制冷却可分为珠光体型控制冷却和马氏体型控制冷却。珠光体型控制冷却是在连续冷却过程中使钢材获得索氏体组织，而马氏体型控制冷却则是通过轧后淬火—回火处理，得到中心为索氏体、表面为回火马氏体的组织。

（1）珠光体型控制冷却。为了获得有利于拉拔的索氏体组织，线材轧后应由奥氏体化温度急冷至索氏体相变温度下进行等温转变，其组织可得到索氏体。图 3-7 为含碳 0.5% 的等温转变物曲线。由图可见，为得到索氏体组织，理论上应使相变在 630℃ 左右发生（曲线 a），而实际生产中完全的等温转变是难以达到的。铅浴淬火（曲线 b）近似于上述曲线，但由于线材内外温度不可能与铅浴淬火槽的温度立即达到一致，其实际组织内就有先共析铁素体的残余和一部分稍粗大的珠光体。线材控制冷却（曲线 c）则是根据上述原理将终轧温度高达 1000 ~ 1100℃ 的线材出轧辊后立即通过水冷区急冷至相变温度，此时加工硬化的效果被部分保留，被破

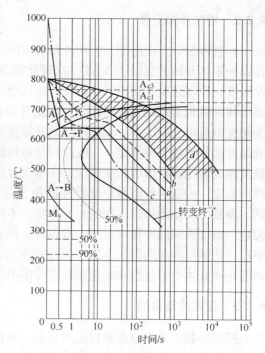

图 3-7　含碳 0.5% 的等温转变物曲线
（含 0.5%C，0.53%Si，0.23%Mn）

碎的奥氏体晶粒间界成为相变时珠光体和铁素体的形核点，从而使珠光体和铁素体组织比较微细。此后减慢冷却速度，使其类似等温转变，从而得到索氏体、较少铁素体和片状珠光体的组织。图中曲线 d 是通常的未经控制冷却的线材，其组织内部存在相当数量的先共析铁素体和粗大的片状珠光体，因此线材有性能差异且不均匀，氧化铁皮厚且不均。控制冷却的斯太尔摩法、施罗曼法等都是根据上述原理设计的，但各种控制冷却法只是接近铅浴处理的水平。

（2）马氏体型控制冷却。如图 3-8 所示，线材轧后以很短的时间进行强烈冷却，使线材表面温度急剧降至马氏体开始转变温度以下，使线材的表面层产生马氏体，当线材出冷

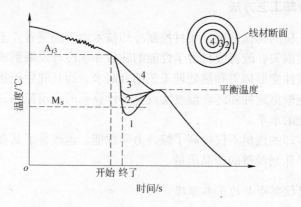

图 3-8　穿水冷却线材断面温度变化

却段以后，利用线材中心部分残留的热量以及由相变释放出来的热量使线材表面层的温度上升，达到一个平衡温度，使表面马氏体回火，最终得到中心为索氏体、表面为回火马氏体的组织。

10.1.1.2　线材控制冷却方法

根据上述原理，线材控制冷却在工艺方面可归纳为三个阶段：

（1）奥氏体急速过冷阶段。这一阶段要求急速冷却，应能得到过冷奥氏体并要求冷却均匀。

（2）"等温"处理阶段。这一阶段即过冷奥氏体等温转变为索氏体的过程。

（3）迅速冷却阶段。当碳化物转变完成后，为了减少氧化铁皮的损失应迅速冷却。

线材控制冷却方法基本上由轧后穿水冷却和成圈后的散卷冷却两大部分组成。轧后穿水冷却大多只是作为控制冷却的预冷使用。近年来，穿水冷却法有所发展，特别是通过强化水冷，进行淬火—回火工艺的出现，使穿水冷却工艺获得了新的发展。为了获得更加均匀的组织和性能，还必须进行二次冷却即散卷冷却。所谓散卷冷却就是将成圈的线材布成散卷状态，控制冷却速度并使其均匀冷却，最后用较快速度冷却到可收集的温度，进行收集、包装。

A　高碳钢线材控制冷却

高碳钢线材是拉拔成硬钢丝的原材料。硬钢丝用于生产钢丝绳、预应力混凝土及车轮胎夹线。

高碳钢线材所应得到的最好的冷却组织是细珠光体（索氏体），它是由很薄的渗碳体和片状铁素体交替组成的。尽管这种组织比粗大的或粒状珠光体硬，但其具有较大的冷塑性变形能力，对后续的冷变形有利。

高碳钢线材轧后的一次冷却一般采用穿水冷却，将钢温由1150~950℃的终轧温度快速冷却至600~650℃，这样能保持线材得到细晶粒组织，并在钢材表面形成均匀的氧化铁皮层，减少氧化铁皮数量，并且有利于以后氧化铁皮的去除。

线材的二次冷却，一般又称相变冷却。高碳钢线材经水冷后，经吐丝机成圈并搭接地散摊在运行中的输送链上（或辊式运输机上）并且进行风冷，冷却速度为6~10℃/s。风冷后将得到很细的珠光体组织，用以代替铅浴处理。这种控制冷却工艺，采用标准型斯太尔摩是很合适的。

B　低、中碳钢及一些低合金钢（焊接类）线材控制冷却

这类钢种的线材主要以铁素体组织为主。低碳钢线材轧后由于快冷，生成的氧化铁皮以 FeO 为主。Fe_2O_3 只有在700℃以下慢冷时（冷却速度小于40℃/min）才产生。因此，线材在700~400℃温度区间不应采用缓冷，而应保持一定的冷却速度。在散卷空冷条件下，冷却速度可以大于40℃/min。线材温度低于400℃后采用慢冷，形成稳定而均匀的片状渗碳体。

生产低碳钢、中碳钢和一些焊接类低合金钢均采用慢冷斯太尔摩法。采用这种冷却方法能生产出具有更好的拉拔性能和加工变形性能的线材。中碳钢在变形应力不太大的情况下，可以不经过预退火而进行冷顶锻。

斯太尔摩慢冷法由于控制冷却速度的灵活性，也能采用鼓风来处理高碳钢和其他钢

种。但这种装置的投资费用相应增加。也有采用在运输带上装绝热盖板、侧壁和链式活动封罩以减少线材热损失的，利用线材余热并通过控制运输带的速度和线圈散卷密度，可以控制冷却速度接近 $1℃/s$。这样可以节省安装慢冷方式中所用的加热器，降低设备费用。

10.1.2　棒材控制冷却工艺方法

棒材控制冷却又称为钢筋轧后余热处理或轧后余热淬火，该工艺是在钢材终轧后利用轧件冷却速度的不同来控制钢材的组织和性能。通过轧后控制冷却能够利用钢筋的轧后余热进行淬火—回火式热处理，即对奥氏体状态下热轧钢筋进行轧后快速冷却，使钢筋表面淬火形成马氏体，随后靠其芯部释放出的余热进行自回火，使马氏体转变为晶粒细小均匀的索氏体，提高强度与塑性。

10.1.2.1　控制冷却工艺机理

棒材的控制冷却方法与线材的类似。但因其断面尺寸大于线材，故在冷却过程中也有其相异之处。根据成品棒材组织性能要求不同，可以采用不同的轧后控制冷却工艺。

A　低碳钢棒材轧后控制冷却

当棒材从最后一架轧机轧出后采用急冷时，其表面层金属因迅速冷却而成为淬火组织。但因断面尺寸较大，其芯部仍保持较高的温度。水冷后经过一段时间，棒材芯部的热量向表面层的传播结果使棒材又达到一个新的均衡温度。这样，棒材的表面层由于发生了回火，使棒材具有良好韧性的调质组织。图 3-9 示出了轧后水冷过程中棒材表面和芯部温度的变化。由于棒材经受了控制冷却，其力学性能有明显的改善。例如，含 0.20% ~ 0.26% C 的低碳钢，在轧制状态下的屈服强度为 370MPa。若经水冷使之从终轧温度 T_f 降到 600℃时，其屈服强度则可提高到 540MPa，而韧性却保持不变。

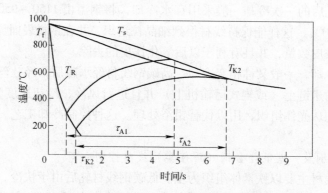

图 3-9　恒定喷嘴压力和不同的冷却条件下棒材水冷原理图

T_R—表面温度；T_s—芯部温度；τ_{A1}—冷却时间；

τ_{A2}—均衡时间；T_{K2}—均衡温度

B　轴承钢棒材轧后控制冷却

高碳低铬轴承钢在轧后奥氏体状态下的冷却过程中，有二次碳化物析出，并且在奥氏体晶界呈网状析出，对轴承使用寿命有很大影响。因此，如何降低网状碳化物级别、提高轴承钢的质量是研究轴承钢的重大课题。采用低温轧制手段，即在 850℃左右终轧，使已经形成的网状碳化物细化，对改善网状碳化物有一定效果，但给轧机操作带来困难，增加了轧机负荷。同时，为了钢材待温终轧，恶化了劳动条件，降低了生产能力。所以这一轧制方法并不理想，采用轧后快冷、抑制网状碳化物析出、降低网状碳化物级别、改善珠光体形貌是轴承钢轧后快冷的主要目的。

热轧工艺和冷却条件直接影响 GCr15 轴承钢的组织。试验结果表明：GCr15 轴承钢在950℃轧制时，变形量在 10% 以下不发生奥氏体再结晶过程，而变形量在 30% 以上，则发生完全再结晶。轴承钢的控制轧制，一般应在完全再结晶区终轧，利用再结晶细化奥氏体晶粒，减少相变后的珠光体球团尺寸，对减少网状碳化物级别有利。因此，一般 GCr15 轴承钢在 900~950℃终轧，变形量为 24%，可以获得均匀而细小的奥氏体再结晶组织。当900℃轧制，冷却速度大于 8.5℃/s，冷却到 650~700℃时，钢中将不析出网状碳化物。

根据现场实践，GCr15 轴承钢控制冷却工艺为：在 970~1000℃终轧，以大于 8.5℃/s的冷却速度快冷到 500℃以上，钢材表面返红温度为 650~670℃，然后进行空冷。此控制冷却后可获得索氏体加少量薄网状碳化物的轧后组织，网状级别全部小于 2.5 级，球化退火后网状碳化物为 2~2.5 级，球化退火时间可比普通球化退火时间缩短 1/4~1/3。

C　易在冷却中形成网状碳化物的棒材轧后控制冷却

属于这种类型的钢材热轧后的控制冷却目的主要是为了降低网状碳化物的级别，改善珠光体的片层间距和形貌，控制冷却工艺要求与 GCr15 轴承钢相似。轧后快冷过程中主要防止钢材表面产生马氏体组织，以免产生裂纹。随棒材直径加大，为了避免棒材内外温差过大，一般常采用轧后间断冷却的冷却方式，即快冷—空冷—快冷—空冷交替进行。轧后快冷采用什么样的冷却速度取决于钢材组织性能要求。

当前，对某些合金钢，例如弹簧钢、合金结构钢和工具钢等，轧后控制冷却多与形变热处理工艺结合，可以大幅度提高钢材性能，取得明显经济效益和社会效益。

10.1.2.2　棒材控制冷却应用

目前，连续小型轧机上应用得最广泛的控制冷却技术是螺纹钢及棒材的轧后余热淬火。其过程为：

第一阶段即表面淬火阶段（急冷段），钢筋离开精轧机组在终轧温度下，尽快地进入高效冷却装置，进行快速冷却。该阶段结束时，芯部温度很高，仍处在奥氏体状态，表层为马氏体和残余奥氏体组织，表层马氏体层的深度取决于强烈冷却持续时间。

第二阶段即自回火阶段，钢筋通过快速冷却装置后，在空气中冷却。此时钢筋各截面内外温度梯度很大，芯部热量向外层扩散，传至表面的淬火层，使已形成的马氏体进行回火。

第三阶段即芯部组织转变阶段，钢筋在冷床上空冷一定时间后，断面上的热量重新分布，温度趋于一致，同时降温。此时芯部由奥氏体转变为铁素体和珠光体或铁素体、索氏体和贝氏体。

经过余热淬火热处理的钢筋，屈服强度可提高 150~230MPa。采用这种工艺还具有很大的灵活性，即用同一成分的钢，通过改变冷却强度，可获得不同级别的钢筋（3~4级）。在生产同直径钢材的情况下，余热淬火法（在线热处理）成本最低。

10.2　设备结构与操作

10.2.1　线材控制冷却设备结构与操作

根据冷却方式不同,线材控制冷却方法分为许多种,目前比较完备的有轧后穿水冷却法、斯太尔摩法、施罗曼法、D-P 法、热水浴法(ED 法)、流态冷床法、淬火—回火法等。

10.2.1.1　轧后穿水冷却法

线材终轧后的温度常高达 1000~1100℃,使线材在高温下迅速穿水冷却,具有细化钢材晶粒、减少氧化铁皮并改变铁皮结构使之易于清除、改善拉拔性能等优点。线材穿水冷却的效果主要取决于冷却器的形式、冷却介质以及冷却系统及其控制等等。

A　冷却器的形式

(1)双套管式冷却器。内层管带孔的双层套式冷却器是较简单的一种冷却器。它是通过内管上众多的小孔把高压水喷射在线材表面上进行冷却的。某厂采用这种双套管式冷却器,从终轧机架到卷取机之间的距离为 23.8m,水冷段长度为 10m 左右,水压为 0.5MPa,根据轧制条件的变化可调节水量大小。对于 $\phi 5.5~8$mm 的线材,当终轧温度为 950℃时,通过穿水冷却其卷取温度为 750~700℃。这种冷却器虽能有较好的冷却效果,但由于内壁带孔,线材容易在导管内卡住,造成堆钢事故。此外,当水质较脏时,进水小孔容易堵塞,造成冷却不均。所以,使用此种冷却器时,需注意水质要求,并定期清理冷却器。为克服上述缺点,当轧制稍大规格的线、棒材时,某厂将双套管做成 U 形的双套管收到很好的效果。

斯太尔摩法预冷段采用的冷却器,也是一种双套管式的冷却器。

(2)环形喷嘴式冷却器。冷却水经环形喷头以高速沿着线材前进方向定向喷射,线材在高速水流中穿过而进行冷却。这种冷却器由于水流速度大以及定向流动,排水及时而大大提高了冷却效果。由于水流方向与线材前进方向相同,减少了线材前进的阻力。为避免线材冷却时带水,还设有反向喷射的水冷管配合使用。

(3)旋流式冷却器。这是一种较新型的冷却器。它是利用冷却水在锥形套管中形成旋流,并在变断面的水管中造成冷却水的湍流从而对线材进行冷却的。它的结构特点是采用多组锥形管组合成一个变断面的冷却器,冷却水在管中以较大的湍流度流动,从而提高了冷却效果。这种冷却器的结构对于强化水冷效果,实现线材的淬火—回火处理是一种比较好的结构。这种冷却器虽多用于冷却棒材,但在线材精轧机与卷取机距离较短的情况下,为了提高冷却效果,也可采用这种冷却器。对于新建冷却线也可采用这种高效率冷却器,来强化冷却效果,缩短水冷作业线长度,简化二次冷却过程。

(4)层流冷却器。层流冷却器也称板状水流冷却器。它改变了过去一般对着线材中心从四周喷射的方式,而是基本上以与线材运动方向平行的水流进行冷却,这样不仅可以减少线材的振动,而且冷却效果好,对于角钢、六角钢等冷却效果更为显著。同时冷却器加工精度要求不高,易于制造。

B　冷却介质

线材穿水冷却大都以普通水为介质,价格低廉,使用方便。但由于线材通过冷却管时，表面形成一层蒸汽膜，大大减弱了水的冷却效果。因此，必须加大水的压力或改变水流方式以利蒸汽膜的破裂，增加冷却效果。

为了打碎线材表面形成的蒸汽膜，有的国家研制了在冷却水中添加磨粒或研磨剂的方法，不仅可以打碎线材表面的蒸汽膜而强化冷却效果，而且还有利于线材表面氧化铁皮的消除。

此外，联邦德国、日本和法国等对水-气混合介质的冷却进行了研究。这种方法称为雾化法，大大减小了线材进入冷却器的阻力，并减少了线材出冷却器时的带水现象。这种介质冷却的导热系数基本上与水的压力无关，因此不需要高压水和精确的压力调节。用雾化法相对的耗水量也少。

10.2.1.2　斯太尔摩法

A　斯太尔摩法的类型

斯太尔摩法是目前在各种控制冷却方法中应用最普通、发展最成熟、最为稳妥可靠的一种控制冷却法。它又分为三种，即标准型、缓慢冷却（缓冷）型及延迟冷却型。

（1）标准型斯太尔摩法。这种方法是当线材从成品轧机轧出后首先通过水冷段进行快速冷却。根据钢种和用途的不同，将奥氏体冷却至 750～850℃。然后，成圈器将线材一圈圈地布放在散卷冷却运输机上，输送带下面安放鼓风机进行吹风冷却，空气量可调。其布置如图 3-10 所示。此方法一般钢种均可采用，但最适用于高碳钢。

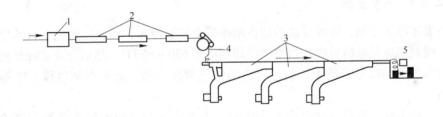

图 3-10　斯太尔摩控制冷却线示意图
1—成品轧机；2—水冷段；3—风冷段；4—成圈器；5—集圈器

（2）缓慢冷却型斯太尔摩法。这种冷却法与标准型不同的是在散卷运输的前三段设有可以开关的盖子，并带有烧嘴，用以控制线材温度，使之缓慢冷却。输送带的最小速度为 0.06m/s，与标准型相比较，标准型是散开的线圈，一圈一圈地冷却，而此法线圈有一定量的堆积。运输的速度也可调得更低，用烧嘴加热和采用慢速运输可使冷却速度非常慢。运输速度可为 0.5～1.3m/s，线材冷却速度可达 0.25～10℃/s。此种方法适用于低碳钢、低合金钢，比标准型能得到更好的拉伸性能。

（3）延迟冷却型斯太尔摩法。延迟冷却型的不同点在于不用烧嘴进行加热，而是在运输机上加保温罩以减少线材的热损失，从而实现延迟冷却。它比缓慢冷却型经济。由于线圈也有一定程度的堆积，冷却速度可达 1～10℃/s。

上述三种形式比较，缓慢冷却型需要燃烧设备，故设备投资大，能耗高；而延迟冷却型设备费用及生产费用较低，其冷却效果接近缓慢冷却型的水平，故延迟型的得到发展。近几年来，建造的斯太尔摩法冷却器大都采用延迟型的。

B　斯太尔摩法的水冷段与风冷段

终轧温度为 1040~1080℃ 的线材离开成品轧机后，进入水冷区被急冷到 750~850℃。水冷段一般设置 2~3 个水箱，全部喷嘴都密封在箱内，两水箱之间有一恢复区。图 3-11 所示为某厂水冷段的布置图，设有三个冷却水箱，各段尺寸如图上所注。

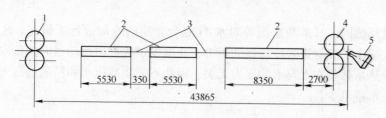

图 3-11　某厂水冷段的布置图
1—成品轧机；2—水冷箱；3—恢复区；4—夹送辊；5—成圈器

斯太尔摩冷却线的风冷段全长可达 60m，一般设置 3~5 个风室，每个风室长度约 9m。风量可分 10 级调节，风量的变化范围为 0~100%，经风冷后的线材温度约 350℃。如图 3-11 所示的斯太尔摩控制冷却线的风量为 8500m^3/h，风压为 2156Pa。

斯太尔摩控制冷却法适用于所有大规模生产的钢种，可得到控制金属组织、提高综合性能、减少氧化铁皮的综合效果。

10.2.1.3　施罗曼法

与斯太尔摩法不同，施罗曼法强调在水冷带上控制冷却，而在运输机上自然冷却。其做法是，线材出成品轧机后经环形喷嘴冷却器冷至 620~650℃，然后经卧式吐丝机成圈并先垂直后水平放倒在运输链上，通过自由的空气对流冷却，而不附加鼓风，冷却速度为 2~9℃/s。

为了适应不同的要求，通过改变在运输带上的冷却形式而发展了各种类型的施罗曼法，图 3-12 所示为五种类型的施罗曼控制冷却线示意图。Ⅰ 型为标准的施罗曼冷却线。

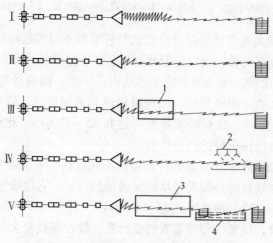

图 3-12　施罗曼控制冷却线的五种类型
1—保温罩；2—冷却罩；3—连续式退火炉；4—水冷池

水冷后的线圈呈垂直状态运送，然后再呈水平状态，此法适于碳素钢生产。除水冷部分外，改变运输链上线圈之间的距离，可以调整线材的空冷速度。如线圈间距为60mm时，冷却速度为8~9℃/s，当线圈间距缩短到30mm时，冷却速度为5~6℃/s，当线圈平放时，冷却速度一般为2~4℃/s。Ⅱ型是为使线圈缓慢冷却，将线圈全部水平放置，从而减缓了冷却速度。对于某些需要较长转变时间的特殊钢来说，则可以在运输带上部加一罩子，即为Ⅲ型。冷却中可将罩子加热，使线材保持一定温度。对于要求以非常低的温度进行线圈收集的钢材，可在传送带末端加一空气罩进行加速冷却，其冷却方式可以采用空气、蒸汽或者喷水冷却，即图中的Ⅳ型。Ⅴ型适于合金钢生产的冷却线，主要是处理奥氏体和铁素体合金钢，线圈甩出以后，在辊底式连续加热炉中加热至必要的温度范围，并保持一定时间，然后在水冷箱中通过第二输送链进行淬火处理。如果水箱不通水，则基本上与Ⅲ型相同，可用于轴承钢线材等的生产。

施罗曼冷却法的冷却效果是很好的。用施罗曼法所获得的组织介于铅浴淬火和空气正火组织之间。组织中除珠光体外，还含有少量的铁素体和大部分索氏体。当含碳量增加时，铁素体的含量下降而索氏体含量增加。由于组织均匀，拉拔时总拉缩率可越过90%，甚至0.8%C的碳量也可省去拉拔前的退火工序。

10.2.1.4 德马克-八幡法（D-P法）

线材出成品机架后，经水冷段温度降至750~600℃，然后在成圈器上成圈并逐渐落入井中，井里通有压缩空气，沿着切线式冷却通道冷却线材，线材周围有六个垂直运动的链条。线圈经过井中时，链条携带的钩子把线圈一圈圈拉开，压缩空气从墙壁上的风孔吹入，进行散卷风冷。井中的冷却时间为30s，出井时的线材温度为450℃，井中的冷却过程可以通过调节链条速度或通过调节压缩空气的输入量来改变。冷却室高度约2.5~3m。

D-P法的特点是结构紧凑，占地面积小，冷却速度可调，成本较低。但生产率低，维修不便，灵活性差。

10.2.1.5 热水浴法（ED法）

热水浴冷却法，冷却过程分为两段：一为穿水冷却段，将终轧后1000℃的线材冷却至850℃左右；二次冷却是将线材成圈后落入含有一定量的有机脂的热水中，在线材表面蒸汽膜的保护下进行缓慢冷却，盘卷冷却到125℃左右出水送至输送带运走。这种方法与铅浴法相似，但所得组织先共析铁素体量多，珠光体的细化和均匀度不及铅浴处理法。但比未经处理的线材的组织得到很大的改善，具有很好的拉拔性能。

与其他方法相比：此法冷却条件比较稳定，冷却均匀；工艺设备较简单、紧凑，作业线较短；设备少等。此外，能处理直径达$\phi14mm$的盘条（用其他控制冷却方法处理直径小于10mm的盘条时效果最好，大于10mm的盘条时则效果稍差）。控制合适的浸水时间即可使大规格盘条芯部也得到索氏体。此方法主要缺点是：为了稳定蒸汽膜，需要较多的有机脂；一旦在水中出现故障，不易处理。

10.2.1.6 流态冷床法

流态冷床法又称KP法，其装置如图3-13所示。线材由精轧机轧出后首先进入水冷导

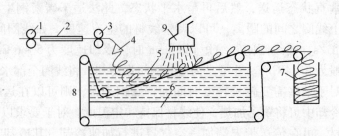

图 3-13　流态冷床法示意图

1—精轧机；2—水冷管；3—夹送辊；4—成圈器；5—流态床；
6—空气室；7—集卷筒；8—运输链；9—冷却粒子供应装置

管进行初步急冷，冷却到 650 ~ 750℃，然后经成圈器成圈后落入流动冷却槽中，再由流动床中的链式运输机将线圈移送到收集装置中。线材的第一步控制冷却是在水冷管中实现的，第二步的控制冷却是在流动冷却槽中进行的。流动冷却槽用流动的粒料作媒介。有的冷却介质选用锆砂（$ZrO_2 \cdot SiO_2$），粒度 100μm 左右，把粒子加热至 200 ~ 300℃。用鼓风机搅动这些颗粒进行热交换，固体颗粒即被气流翻起，全部处于悬浮的运动状态，形成一个固体颗粒呈悬浮运动的空间，如同铅浴池中的铅液沸腾。由于涡流层比铅液具有较低的温度，虽然粒子的导热系数较小，但由于温差大，还是能将线材较均匀和迅速地冷却下来。流态冷却槽底部带有通风孔，可从下面鼓风。当线材进入流态层后，立即被沸腾的粒子所包围，使温度降低，当线材达到所要求的温度后，要及时离开涡流层，以避免过冷却。通过调节涡流床的温度、运输链在涡流层中通过的速度及延长或缩短涡流床的长度来控制。这种方法可以得到相似铅浴处理的组织，甚至比铅浴处理的某些力学性能还好。此法主要缺点是设备较复杂，粉尘污染也较严重。

10.2.1.7　淬火—回火法

淬火—回火法的控制冷却在许多国家都已取得成功。特别是一些老轧机，不花费较大投资，不需上散卷冷却，而用此种强化冷却效果的办法即可以大幅度地提高线材综合力学性能。淬火—回火法最适于中、低碳钢。如含碳量为 0.25% 的低碳钢线材热轧后，在 970℃通过 20 ~ 30℃ 水中淬火 15s，然后在 400℃ 温度下回火，抗张强度可达 1170 ~ 1260MPa，断面收缩率达 65% 左右，其拉拔性能可与铅浴处理法相比。淬火—回火法对高碳钢也有良好效果。近年来的一些研究表明，对于高碳钢线材生产，在卷取之前，使线材迅速冷却，表面形成马氏体组织，然后靠自回火达到 550 ~ 600℃ 的平衡温度也可以获得良好的拉拔性能。

淬火—回火法必须严格控制形成各种组织的数量。Paulitsch 等认为，马氏体不超过 33% 的面积值、先共析铁素体不超过 1% 时，具有良好的拉拔性能。而这些数值的控制，主要取决于所采用的冷却器形式与构造、冷却水的压力及水量的控制。平衡温度的选取更为直接影响产品的组织性能，对于碳素钢，一般控制在 550℃时，可得到较好的组织性能。

淬火—回火法已取得了较好的效果，许多工厂实践表明，用此法不仅可以提高线材的力学性能，而且还大大简化了二次冷却工艺，省掉了昂贵的散卷冷却线的建设投资，为工厂的改进提供了简便的途径。

　　随着线材轧制速度的不断提高、盘重的不断增加，控制冷却不仅是现代化线材车间必不可少的重要生产环节，而且是线材轧机改造、提高线材质量的主要技术措施之一。

10.2.2　棒材控制冷却设备与结构

　　关于棒材的冷却装置，其形式可各有不同，但基本原理相似。图 3-14 示出的是冷却棒材时的冷却管的示意图。在内冷却管上有许多喷射孔。当棒材通过时，从喷射孔喷出冷却液使棒材冷却。在冷却时应保证棒材的温度均匀化。

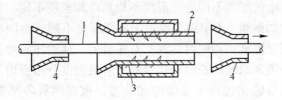

图 3-14　棒材冷却管示意图
1—棒材；2—内冷却管；3—喷射孔；4—导管

　　穿水冷却线控制系统主要通过水量、时间和温度控制来完成，具体说明如下：

　　（1）水量控制。穿水的总量通过水调节阀来调节。此调节可应用程序化自动控制，借助带有反馈信号的闭合回路，而反馈信号来自流量计。

　　（2）时间控制。穿水时间的长短会产生一个特殊的回火温度，而回火温度直接关系到产品的屈服强度。穿水时间可以通过调节终轧速度来控制，为不影响产量，尽可能根据现各规格的终轧速度调节水量，寻找一个理想的平衡点。

　　（3）温度控制。主要测量穿水线前后的温度，以得到准确的回火温度。

单元 11　型材控制冷却工艺

11.1　控制冷却工艺方法

　　型钢在控制冷却中应注意的主要问题是防止型钢在冷却过程中产生歪扭和变形。引起型钢产生歪扭和变形的原因是型钢的各部位在冷却过程中的温度不均。因此在消除或防止这种歪扭和变形时，应针对型钢的不同形状采取不同的控冷方式。

11.1.1　角钢控制冷却

　　角钢轧后由于各部结构尺寸不同，各部温度也不相同，特别是不等边角钢中的不等厚角钢温差更大，因此冷却制度不同。

　　角钢轧后快冷，一般采用水冷，在特定的水冷装置内进行。冷却器的作用除了进行角钢水冷外，还有防止冷却过程中角钢扭曲、矫直的作用。

　　对于不等边角钢，为了控制这种角钢冷后弯曲，必须单独冷却角钢的顶部和边部，从而调整垂直面上的弯曲，并对每个边部进行差速冷却，以便控制平面的弯曲。其冷却为两个阶段：第一段冷却先从上下两面向角钢顶部喷水冷却，降低顶部钢温；第二段向角钢的上表面和下表面同时进行水冷。这时角钢顶部温度控制在 600℃ 左右，两边部温度为 670 ~ 700℃。随后在冷床上的自然冷却过程中，由于两面急冷并将热量传送给角钢顶部，角钢各部分的温度均衡于 620 ~ 650℃ 之间。这一温度是热弹性应力的上限，因此，当角钢冷却到常温时产生的应力是弹性应力，不会引起角钢的残余变形。

11.1.2　H 型钢及其他异型断面型钢的控制冷却

H 型钢的腰部和翼缘的厚薄不同导致温度不均和冷却速度不同，在冷却过程中产生残余应力。其他异型钢材如钢轨、Z 字钢等也由于各部厚度不同产生同样的现象。另外由于冷却温度不同，各部相变温度也不同时达到，有先有后，从而导致体积变化上的不同，也将造成应力。因此，必须采取轧后控制冷却措施来解决温度分布不均匀的问题。

异型断面型钢在轧后输出辊道上安装冷却装置，根据钢材各部厚度不同和温度的高低，采用先后冷却、重点部位冷却及调节各部位的冷却强度，确保各部之间的温度差，使温差保持在一定范围内。例如 H 型钢翼缘（最高温度）和腰部（最低温度）的温差在 100℃ 以下时，腰部的残余应力即可在 200MPa 以下，腰部不起浪就可达到优质 H 型钢的要求。

11.2　设备结构与操作

11.2.1　角钢控制冷却

11.2.1.1　角钢的控制冷却装置

图 3-15 示出了角钢的一种控制冷却装置。它通过控制冷却水的喷射方向和角钢重点部位局部冷却的宽度来保证角钢的整个断面得到冷却的均匀性。角钢由轧机进入冷却装置后，是通过上导卫和下导卫来对准冷却流中心的。上导卫和下导卫之间的间隙宽度是根据角钢尺寸的不同，通过改变上导卫的位置来确定的。角钢经受由喷嘴射出的冷却水得到冷却，由于采用了这种冷却装置，角钢在轧机作业线上就实现了控制冷却，防止在冷床上冷却时产生弯曲。

11.2.1.2　角钢冷却器结构

角钢冷却器包括如下装置：

（1）角钢射流冷却装置。这种冷却装置特点为冷却宽度和冷却的可调范围都比较大，装置结构简单，工艺能力强，能够满足不同角钢品种的冷却要求。

（2）带有缝隙喷嘴的集水管冷却装置。这种冷却装置的特点是通过控制水流方向及控制型钢重点部位局部冷却的宽度来保证沿

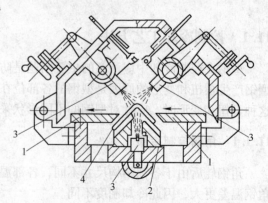

图 3-15　角钢的冷却装置与冷却
1—上导卫；2—下导卫；
3—喷嘴；4—角钢

型钢断面冷却的均匀性。

（3）限制冷却装置。限制冷却装置位于精轧机后面，轧件从精轧机末架出口通过限制冷却装置进行冷却。轧件在水导向槽中通过，由上水管和下水管通过很多小孔供水。为了防止轧件水冷后翘曲，可以采用压紧辊。根据轧制情况，可以采用单根水导向槽，也可以采用多根水导向槽。

（4）冷却箱体的冷却装置。角钢在冷却箱体中进行快冷，角钢顶部受上部和下部两个方向的水流冷却。并根据角钢顶部截面与总截面积的比值，用移动冷却箱体中带有供水管的喇叭嘴的方法来确定冷却区的总长度和顶部冷却区长度，角钢穿过喇叭嘴后，水流沿整个周边进行均匀冷却。

有些壁厚不均的型材，例如不等边长不等厚度的长尺寸角钢，在轧后的空冷过程中，也常常会由于冷却不均而出现翘曲现象。为防止这种现象的发生，在控制冷却中应对厚度较大的部位给以更强的冷却。

11.2.2 H 型钢控制冷却

H 型钢通常是在万能型钢轧钢机上进行轧制的。在轧制时钢处于 H 状态进行轧制，在冷床入口或在冷床内进行翻钢使之处于倒 H 状态进行冷却。

H 型钢在万能轧机上进行轧制时，由于轧辊冷却水落在 H 型钢上，上缘遭受比下缘更大的冷却。再加上，下缘不易散热，所以通常是下缘的温度比上缘的温度高。这种温度差使 H 型钢在冷却中产生翘曲，这种翘曲由于 H 型钢从轧机轧出后长达几十米自重的抑制不易看出。但当 H 型钢在冷床入口或其附近处由轧制状态 H 形转为冷却状态倒 H 形时，由于排除了钢材自重的影响，翘曲便明显表现出来。基于上述情况，H 型钢在轧后的控制冷却中应加强下缘的冷却，尤其是要采用下缘内侧面的冷却。冷却喷嘴及喷嘴集管等安装在输送 H 型钢辊道的下方。由喷嘴中射出的冷却液直接喷射在 H 型钢下缘的内侧面上。冷却喷嘴和喷嘴集管可在与 H 型钢输送方向中心轴成垂直的方向上自由进退，也可以沿缘宽方向上下自由运动。H 型钢经这种冷却装置冷却后，可将其缘上下的温度差控制在最小的范围，防止 H 型钢轧制时或轧制完了后的翘曲，较为有效地生产出形状和性能皆为优异的 H 型钢。

单元 12 板带材控制冷却工艺

12.1 控制冷却工艺方法

板带材轧后控制冷却是利用钢板热轧后的余热，进行在线控制冷却，在保证板材要求的板形和尺寸规格的同时，可控制和提高板材的综合力学性能。

板带材轧后控制冷却技术随着轧制技术的发展也在不断改进和发展，总的来看其发展可分为三个阶段，即 20 世纪 60 年代前的压力喷射冷却技术、60 年代后发展起来的层流冷却技术（又称虹吸管层流冷却）、70 年代开发的水幕冷却新技术。

12.1.1　层流冷却工艺方法

众所周知，压力喷射冷却技术方法简单方便，但冷却能力低，冷却不均匀，可控制性差，易堵塞。60 年代以来发展的层流冷却代替了压力喷射冷却，层流冷却较喷射冷却有显著的优点：层流冷却速度大，冷却能力高，冷却水供水系统低压化（200～400kPa），节省了动力消耗和相应设备，系统可靠，可控性好。但是在实际生产应用中，层流冷却又暴露出许多缺点，从生产实践冷却效果来看，沿带钢宽度方向密排的虹吸管流出柱状层流水，当水柱冲击钢板时，冲击点处形成圆形黑区，此处冷却效果非常显著，随水流向四周扩散，冷却效果急剧下降，扩散水流互相干扰，滞留于钢板上的冷却水的二次冷却作用非常小。沿带钢纵向一排排水柱间水流流动受阻，前排影响后排，使后排水柱不能和钢板直接接触，同时促使水流沿带宽方向流动，结果造成带钢沿宽度方向冷却不均匀。从装置及系统来看，一个常规的冷却系统有近万根虹吸管，近百根集管，有众多的联结管路和大量的阀门，占地面积大，维护困难，虹吸管又易堵塞、锈蚀和损坏。对水质要求严，水质处理系统复杂，这些问题给生产管理带来很大困难。

12.1.2　水幕冷却工艺方法

为了改变层流冷却带来的缺点和弊病，从而发展出水幕冷却技术。

实践表明，水幕冷却既保持了虹吸管层流冷却的优点，又克服了其不足和缺点。水幕冷却较虹吸管层流冷却具有以下特点：

（1）在冷却效果方面，冷却速度大，冷却能力高，能充分发挥冷却水的冷却效率，从而缩短冷却区长度和节约冷却水，可节约冷却水 20%～30%；

（2）冷却均匀，包括带钢纵向、横向和上下表面，从而可提高产品质量及合格率；

（3）根据产品工艺要求，每个水幕可改变水流幅宽和流量；

（4）在装置和系统方面，每个水幕流量大，水幕间的间距大，便于处理事故和设备检修，由于设备简化，占地面积较小，故投资相应较少；

（5）由于水幕间有较大间距，形成的冷却系统为间歇冷却，使带钢在冷却区多次反复地淬火—回火，有利于晶粒细化，性能强化，进一步挖掘钢材的内在潜力，提高经济效益；

（6）由于设备结构简单，坚固耐用，出水口缝隙大，不易堵塞，对水质要求不严，一般活循环水就可使用，简化了循环水净化系统。这种方式适合于老厂改造，对建设的新厂也可缩短输出辊道长度；

（7）水幕冷却系统中，水幕装置大流量与小流量配合或用可调水幕系统，以保证冷却速度和冷却能力的要求，控制灵活，能保证卷取温度目标值的精度。

在国外，水幕冷却技术不仅应用于板带钢输出辊道上的冷却，也有用在连轧机机架间冷却的，据报道，正有研究将其应用于棒材及连铸坯的冷却上。

水幕冷却具有一系列的优点，从而吸引了许多国家。意大利、日本、俄罗斯、比利时等国家都先后在热轧带钢冷却方面应用了水幕冷却装置。

我国在 80 年代初期也开始自行设计在热带钢轧机上应用水幕冷却装置进行在线冷却热轧带钢，其结果已在生产实践中取得可喜的成果。

12.2　设备结构与操作

12.2.1　水幕冷却装置

由于热轧板带生产是连续的，要求水幕冷却装置能满足连续生产的要求，坚固耐用，易维护，反应敏捷，水量可调，系统构成要适于计算机控制等。为此，水幕装置有多种形式，各有利弊。

水幕装置的关键性问题是解决水流横向收缩的措施。因为水流从一狭长条缝状流道流出，由于表面张力、边端部的附流作用、速度分布变化等，水流产生横向缩窄现象。解决的措施有：出水口两边端部附加引流装置；流水道截面按水流速度变化规律而变化；流水道入口加分流隔板，如图 3-16 所示，使水流流量分布和速度分布在出口处保持一致，形成等宽板状水流。

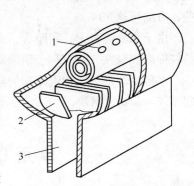

图 3-16　流水道入口加分流隔板，
以防止宽向收缩的示意图
1—进水芯管；2—入口分流隔板；
3—流水道

随着水幕冷却技术的发展，又出现可调水幕。所调可调水幕是指流量和水流宽度可根据生产工艺要求而变化。目前有几种方式：一是出水口缝隙保持不变，用改变水的压力使流量变化，从保持层流的观点看，这种调节是很有限的；另一种是保持水头不变，而改变出水口的开口度和缝宽度，有利于形成稳定的层流；此外，还有一种可调水幕是利用分段斜楔控制出水的缝宽，提升或下降斜楔，控制出水口开口度。不论何种方式的可调水幕，其结构和改变流量的执行机构，既要有利于生产，又要便于计算机控制。

水幕装置分上水幕和下水幕。下水幕一般都是采用喷嘴沿带钢前进方向倾斜一定角度安放，以使下部冷却水沿带钢移过尽可能长的距离，增强冷却效果。上水幕安装一般有三种方式：

（1）采用门式固定框，图 3-16 所示即属于这种方式，将水幕装置固定于辊道上方。这种方式简单、方便，适用于老厂改造。因占地面积少，节省投资，但不利于事故处理。

（2）水幕装置可沿辊道轴向移动，使水幕装置在必要时可移出输出辊道线。

（3）将水幕装置沿辊道一侧扬起一定角度。

后两种方式便于事故处理和设备检修，但设备复杂，占地面积大，相应投资大。

12.2.2　水幕冷却系统

水幕冷却系统的主要问题是：系统的热交换能力，系统的有关参数的最佳选择，系统的布置、控制与数学模型等。

（1）热交换能力。据有关资料介绍，每个水幕的极限流量可达 $300\text{mm}^3/(\text{h}\cdot\text{m})$。水幕冷却时，冷却水沿带钢纵向流动，既能冲破蒸汽膜，增加冷却水与钢板直接接触机会，又能发挥冲击后的二次冷却作用。所以根据条件选择适当流量的水幕，才能充分发挥其冷却效果，这是很关键的。

（2）水幕冷却系统的布置。上下水幕装置对应安装构成一对。冷却系统一般前部分为大流量水幕装置。可快速将带钢由终轧温度降至要求的卷取温度，其后部为小流量水幕装置，可作精调，以保证卷取温度目标精度。大水幕和小水幕配合使用，还可以调整冷却速度。

（3）水幕冷却系统的冷却速度。由于大流量与小流量水幕装置的相互配合的水幕冷却系统，能够根据生产工艺要求灵活地控制冷却速度的大小，加大了选择合理冷却速度的范围。其冷却速度一般情况应为 12~30℃/s，对于有特殊要求的钢种冷却速度可取得更高一些，有的可达 80℃/s。

由于水幕流量大，间距大，充分发挥了快速冷却与自回火的反复作用，既有利于细化晶粒提高强韧性，又有利于消除冷却所产生的应力。

水幕冷却是热轧带钢冷却的新技术，虽然国内外都在研究和应用，但尚有许许多多问题需进一步研究解决。

单元 13　管材控制冷却工艺

13.1　控制冷却工艺方法

13.1.1　钢管控制轧制和控制冷却种类

钢管控制轧制和控制冷却种类有：

（1）高温变形贝氏体化处理。这种方法的特点是使钢管在热轧变形后不直接快冷到马氏体转变温度，而是先快冷到中温区，然后再于静止的空气中冷却，以使变形奥氏体转变成贝氏体，省掉了回火工艺。中温转变的热处理设备安装在定径机或减径机之后的水冷设备的后面。

同一个钢种可以采用不同的高温变形贝氏体工艺。例如，可以在定径机或减径机上轧制后由轧后温度快冷到贝氏体相变温度；也可以采用均整轧制后快速冷却到 A_{c3} 温度，在中间加热炉再加热到 A_{c3} 温度以上，再于减径机或定径机上变形，轧后立即快冷到贝氏体化温度。采用这种工艺生产的钢管强度指标同普通热轧状态相比几乎增加了一倍，而钢中的残余应力不大。

（2）钢管轧后余热正火。为了提高合金结构钢 12Cr1MoV 高压锅炉管、过热器和导管等的蠕变极限和持久强度，需要将轧后钢管重新加热至 960~980℃ 正火和 730~760℃ 回火。

如果控制终轧温度为 980℃ 以上，利用余热正火和 730~760℃ 高温回火，则钢管的持久性能在塑性足够的情况下比普通热轧工艺和经热处理后的钢管性能提高 40~60MPa，而且钢管断面上的力学性能是均匀的，并且节省了一次正火处理的加热。成分相近的合金结构钢都可以采用这种控轧和控冷工艺。

（3）钢管轧后直接淬火。钢管终轧后（减径或定径之后）从终轧温度进行直接淬火成马氏体，并进行回火。由于终轧温度的高低不同则又分为高温轧制和控制冷却、低温轧制和控制冷却工艺。

轧后由奥氏体状态（A_{c3}温度以上）立即淬成马氏体组织，则称为高温轧制和控制冷却。轧制过程中由 A_{c3} 以上奥氏体温度急冷到 A_{c3} 温度以下而高于 M_s 温度以上的某一中间温度进行一定道次的变形并确保足够的变形量，轧后立即快冷，淬成马氏体组织并进行回火，这种工艺能使钢管在塑性几乎不变的条件下大幅度地提高抗拉强度和屈服强度。

低温轧制和控冷工艺对钢种及轧制设备有一定要求。钢种必须具有比较大的亚稳定奥氏体区域才有可能在这一区域中进行多道次变形。另外，由于变形温度低对轧钢设备的强度有较高的要求。

根据生产机组的布置条件和钢种的要求，也可以采用复合工艺，即将高温轧制淬火与低温轧制淬火相组合。具体工艺是在奥氏体温度轧制，然后快冷淬成马氏体，之后，再加热到高于 A_{c3} 温度，得到很细小的均匀奥氏体并快冷到亚稳奥氏体区进行变形，即低温轧制，之后再快冷到 M_s 温度以下，淬成马氏体并进行回火处理。经过这种工艺生产的钢管能获得高强度、高韧性的综合性能。这种复合工艺的实现是比较容易的，例如在均整机后采用高温轧制淬火，在减径机或定径机后进行低温轧制淬火。这种工艺上的配合在实际中是可行的，仅需增加一些快速冷却装置工艺即可实现。

（4）轧后快速冷却。热轧钢管轧后采用快速冷却对生产轴承钢管、降低网状碳化物、改善珠光体组织、缩短球化退火时间有明显作用。

对于某些铁素体和珠光体类型钢管，为了细化铁素体晶粒、改善珠光体形态、提高其强度和韧性而采用轧后快速冷却。

13.1.2　钢管控制冷却方法

钢管控制冷却方法有：

（1）喷射冷却法。喷射冷却方式是指冷却介质从喷嘴中喷射出来冲击钢管表面、带走钢材的热量而快速冷却钢管。喷射冷却方式又分为钢管外表面冷却、内表面冷却和钢管内外表面同时冷却几种。对于中小直径钢管，由于钢管内径较小把带有喷嘴的集管放入管内是困难的，仅能采用外部冷却。而对于大直径厚壁管多采用内外两面同时冷却。

（2）浸渍冷却法。浸渍冷却法是把整根钢管同时浸渍于水槽内进行快冷。这种方法冷却能力大，所用设备构造简单。钢管内表面是用设在水槽端部的沿钢管轴向布置的喷嘴进行冷却的，称轴流冷却法。另一种方法是钢管在水箱中一边转动一边受到多个喷嘴的切向喷射，以去除表面生成气泡，确保钢管平直，冷却均匀。

13.2　设备结构与操作

13.2.1　喷射冷却设备与操作

图 3-17 示出一种对钢管能进行有效淬火的冷却方法和冷却装置。其特点之一是，当被

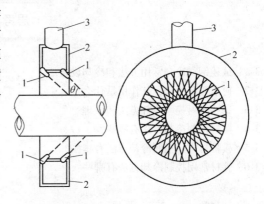

图 3-17　钢管淬火装置基本结构图
1—喷嘴；2—环形集管；3—供液口；θ—冲击角

处理的钢管移动时，从钢管周围按等距离配置的许多喷嘴将向喷嘴的中心轴与钢管的移动方向成45°~80°角的方向喷射出扇形幕状的冷却液流。此液流直接喷射在从这里通过的钢管表面上。在喷射过程中，此液流始终保持扇形幕状。

13.2.2　浸渍冷却设备与操作

如图3-18所示，在冷却槽内相对地设置与液源相连接的钢管内表面冷却用的喷嘴和连接可动装置的间隔调节器，同时在两者之间配置承载钢管的部件。当被冷却的钢管按顺序经过滑轨被送至此承载部件后，将被压块压紧以防止钢管翘曲。钢管的内表面冷却喷嘴位于钢管的轴向中心，用间隔调整器推动钢管的端部使喷嘴与钢管端部保持规定的间隔，所喷射的冷却液完全通过钢管内部。

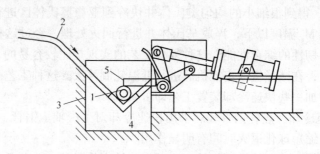

图3-18　浸渍冷却装置
1—钢管；2—滑轨；3—液体槽；4—承载钢管的部件；5—压块

采用浸渍冷却方法冷却钢管时，可以节省冷却液并使钢管得到充分的淬火组织。但为保证钢管得到均匀的组织和良好的形状，必须对冷却液进行充分的搅拌以提高其冷却能力和冷却的均匀性。然而，外部冷却无论怎样加强和均匀，因堵在钢管内的气体和水压的关系，管内气体逸出和冷却水浸入反复进行，这样，在冷却中从钢管两端向管内流入冷却水变得不规律了，因而，钢管在长度方向以及沿圆周方向冷却不均匀，进而引起钢管变形，这是浸渍法尚待解决的问题。

思考与练习

3-1　试述钢材冷却常用方法和冷却设备。

3-2　何谓控制冷却，其作用是什么？

3-3　试述线材控制冷却方法和原理。

3-4　棒材控制冷却方法有哪些？

3-5　板带材常用控制冷却方法有哪些？

3-6　管材常用控制冷却方法有哪些？

情景4 剪切机及其操作

学习目标：

1. 知识目标
   （1）了解剪切机的类型；
   （2）掌握各类型剪切机的参数、结构与工作原理；
   （3）掌握飞剪机的调长方程。
2. 能力目标
   （1）掌握剪切质量的影响因素；
   （2）掌握剪切的基本操作。

轧钢车间生产的产品一般都要切头切尾并切成定尺长度。根据轧件的断面形状和对断面质量要求的不同，所采取的切断方法也不同。剪切机通常用来切断方坯、扁坯、钢板和一些条形钢材。剪切机的生产率一般应大于轧钢机的生产率，以适应轧钢机的发展。

轧钢车间使用的剪切机有多种结构形式。通常，剪切机按照工作原理、刀片形状和用途的不同，可分为以下几种基本类型：

（1）平行刀片剪切机。平行刀片剪切机的两个刀片是彼此平行的，见图4-1（a）。该剪切机通常用于横向热切方形和矩形断面的钢坯，故又称为钢坯剪切机。此类剪切机有时也用两个成型刀片来冷剪轧件（例如管坯及小型圆钢等），此时刀刃的形状与被剪切的轧件断面形状相适应。平行刀片剪切机按其剪切方式又可分为上切式和下切式两种结构。

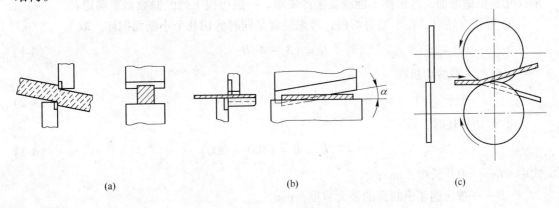

(a)　　　　　　　　　　(b)　　　　　　　　　　(c)

图4-1　刀片配置简图

（a）平行刀片剪切机；（b）斜刀片剪切机；（c）圆盘式剪切机

（2）斜刀片剪切机。这种剪切机的两个刀片，一个水平，另一个则倾斜成某一角度，见图4-1（b）。一般是上刀倾斜，倾斜角为1°~6°。此类剪切机常用于冷剪和热剪钢板、带钢和薄板坯，有时也用于剪切成束的小型钢材。斜刀片剪切机也有上切式和下切式两种结构。

（3）圆盘式剪切机。这种剪切机的两个刀片做成圆盘状，见图4-1（c）。其主要用于纵向剪切钢板和带钢的侧边，或将钢板和带钢纵向剪切成几条窄带钢，也可与轧件成一定角度作为飞剪，用于剪切条形轧件的头部，以利于咬入。

（4）飞剪机。这种剪切机是用以横向剪切运动着的轧件。在剪切过程中，刀片随轧件移动的同时将轧件切断。飞剪机一般用于连续式轧机轧制线上或钢板横切机组线上，剪切轧件头部、尾部及将轧件切成定尺长度。

单元 14　剪切机结构与性能

14.1　平行刀片剪切机

剪切机的主要参数包括两类：一类是结构参数，如刀片行程、刀片最大开口度、刀片尺寸和剪切次数；另一类是力能参数，如剪切力、剪切力矩和电动机功率。

14.1.1　基本参数

（1）刀片行程。剪切机的刀片行程除确保轧件被切断外，还要考虑到轧制线上最大轧件能在上下刀片之间顺利通过，但又不宜取得过大，否则将会引起剪切机曲轴偏心距的增大。

刀片行程是剪切机的最主要结构参数，也是剪切机的特征参数。

（2）刀片尺寸。刀片尺寸包括刀片长度 L、刀片横断面高度 h' 及宽度 b。

1）刀片长度主要根据被剪轧件横断面的最大宽度来确定。刀片过长会引起剪切机外形尺寸和重量增加，过短则不能满足生产要求，一般可按下列经验数据来确定：

① 剪切方坯时，在小型剪切机，考虑经常是同时剪切几个小断面钢坯，取

$$L = (3 ~ 4)B \tag{4-1}$$

中型和大型剪切机取

$$L = (2 ~ 2.5)B \tag{4-2}$$

② 剪切板坯时，取

$$L = B + (100 ~ 300) \tag{4-3}$$

式中　L——刀片长度，mm；

　　　B——被切钢坯横断面的最大宽度，mm。

2）刀片横断面尺寸根据被切轧件的最大断面尺寸来确定，其经验公式如下：

$$h' = (0.65 ~ 1.5)h$$

$$b = (0.3 \sim 0.4)h' \tag{4-4}$$

式中　h'——刀片断面高度，mm；

　　　b——刀片断面宽度，mm；

　　　h——被切钢坯断面高度，mm。

刀刃一般做成 90°角，四个刃可轮换使用。热钢坯剪切机的相关标准列出了剪切机刀片行程、刀片尺寸和理论剪切次数，可供设计剪切机时选用。

（3）剪切次数。剪切次数是指刀片每分钟上下往复一个周期的次数。刀片不停地运动的剪切次数是理论剪切次数，它与实际剪切次数不同，在生产中，必须考虑到每次剪切的送料定尺与操作间隙时间，因此，实际剪切次数总是低于理论剪切次数。

剪切机的剪切次数，取决于轧钢机的生产率和剪切质量要求。安装在轧制线上的剪切机，其实际剪切次数应保证在轧制周期内将轧件全部剪切成定尺长度，并完成切头、切尾工作和保证剪切断面的质量。剪切次数的提高，受到电动机功率和剪切机的结构形式的限制。

14.1.2　轧件剪切过程分析

轧件的整个剪切过程可分为两个阶段，即刀片压入金属阶段与金属滑移阶段。压入阶段作用在轧件上的力，如图 4-2 所示。

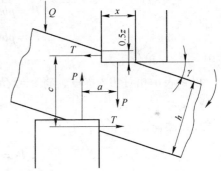

当刀片压入金属时，上下刀片对轧件的作用力 P 组成力矩 Pa，此力矩使轧件沿图 4-2 所示方向转动，而上下刀片侧面对轧件的作用力 T 组成的力矩 Tc 将力图阻止轧件的转动，随着刀片的逐步压入，轧件转动角度不断增大，当转过一个角度 γ 后便停止转动，此时两个力矩平衡，即：

$$Pa = Tc \tag{4-5}$$

轧件停止转动后，刀片压入达到一定深度时，力 P 克服了剪切面上金属的剪切阻力，此时，剪切过程由压入阶段过渡到滑移阶段，金属沿剪切面开始滑移，直到剪断为止。

图 4-2　平行刀片剪切机剪切时
作用在轧件上的力

假设刀片与金属在 xb 以及 $0.5zb$ 的接触面上单位压力是均匀分布而且相等的，即：

$$P/(xb) = T/(0.5zb) \tag{4-6}$$

式中　b——轧件宽度。

根据式（4-6），P 与 T 的关系由式（4-7）确定：

$$T = P(0.5z/x) = P\tan\gamma \tag{4-7}$$

由图 4-2 的几何关系可得：

$$a \approx x = 0.5z/\tan\gamma$$

$$c = h/\cos\gamma - 0.5z$$

综合上述关系，可以得到刀片转角与压入深度 z 的关系：

$$z/h = 2\tan\gamma \times \sin\gamma \approx 2\tan^2\gamma \tag{4-8}$$

或 $$\tan\gamma = (0.5z/h)^{0.5}$$

由此可知，压入深度越大，γ 就越大，侧向推力 T 越大。为了提高剪切质量，减小转角 γ，一般在剪切机上均装设有压板装置，把轧件压在下刀台上，图4-2 中的力 Q，即表示压板给轧件的力。有关文献给出了 γ 和侧向推力 T 的经验数据。

无压板剪切时：　　　$\gamma = 10° \sim 20°$，　$T \approx (0.18 \sim 0.35)P$

有压板剪切时：　　　$\gamma = 5° \sim 10°$，　$T \approx (0.1 \sim 0.18)P$

从上面列出的数值可看出，增加压板后不仅提高了剪切质量，使剪切断面平直，而且大大减小了侧向推力 T 从而减小了滑板的磨损，减轻了设备的维修工作量，提高了设备的作业率。

在中小型剪切机上多半采用弹簧压板，利用弹簧的变形产生所需要的压板力；在大型剪切机上除弹簧压板外，采用液压压板较多，利用液压缸的力量把轧件压住。确定压板力的原则是使压板力对剪切面处产生的弯曲力矩等于或大于轧件断面塑性弯曲力矩，根据有关文献，压板力一般取最大剪切力的 $4\% \sim 6\%$。在采用固定弹簧压板时，由于结构上的限制，压板力只能按最大剪切力的 2% 来考虑。

在刀片压入阶段的剪切力 P 为：

$$P = pbx = pb(0.5z)/\tan\gamma$$
$$P = pb(0.5zh)^{0.5} \tag{4-9}$$

式中　p——单位压力。

以 ε 表示相对切入深度，将 $\varepsilon = z/h$ 代入式（4-9），则：

$$P = pbh(0.5\varepsilon)^{0.5} \tag{4-10}$$

滑移阶段的剪切力 P 为：

$$P = \tau b(h/\cos\gamma - z) \tag{4-11}$$

式中　τ——轧件被剪切断面上的单位剪切阻力。

近年来对平行刀片剪切过程的研究表明，该过程可更详细地分为以下几个阶段：刀片弹性压入金属阶段、刀片塑性压入金属阶段、金属滑移阶段、金属裂纹萌生和扩展阶段、金属断裂阶段。

热剪时，刀片弹性压入金属阶段可以忽略。在刀片塑性压入金属阶段，刀片和轧件接触面处产生宽展现象，常给继续轧制带来困难或产生缺陷，金属滑移阶段开始后，宽展现象才停止。由于热剪时金属滑移阶段长，轧件断裂时的相对切入深度就较大。

冷剪时，刀片弹性压入金属阶段不可忽略，而且由于材料加工硬化，金属裂纹萌生较早，在刀片塑性压入金属阶段甚至在刀片弹性压入金属阶段就已产生裂纹，故金属滑移阶段较短，断裂很快发生，刀片的相对切入深度就较小。

14.1.3　平行刀片剪切机的类型

根据剪切轧件时刀片的运动特点，平行刀片剪切机可分为上切式和下切式两大类。

（1）上切式平行刀片剪切机。这种剪切机的特点是下刀固定不动，上刀则是上下运动的。剪切轧件的动作由上刀来完成。其剪切机构由最简单的曲柄连杆机构组成。除了剪切机本体外，一般还配有定尺机构、切头收集与输送装置等。由于下刀固定不动，为使剪切工作顺利进行，剪切的轧件厚度大于 30 ~ 60mm 时，需在剪切机后装设摆动台或摆动辊道，其本身无驱动装置。剪切时，上刀压着轧件下降，迫使摆动台也下降。当剪切完毕，上刀上升时，摆动台在其平衡装置作用下也回升至原始位置。此类剪切机由于结构简单，广泛用来剪切中小型钢坯。此外，随着快速换刀片的生产需要，也出现了能快速换刀的上切式平行刀片剪切机，用来剪切初轧钢坯和板坯。当然，其设备重量会有较大的增加，结构也稍复杂些。

(2) 下切式平行刀片剪切机。这种剪切机的特点是上下刀都运动，但剪切轧件的动作由下刀来完成，剪切时上刀不运动。剪切时下刀台将轧件抬离辊道，故在剪切机后不设摆动台，而且这种剪切机的机架不承受剪切力。由于上述两个特点，下切式平行刀片剪切机普遍用来剪切中型和大型钢坯和板坯，以减轻整个剪切机组的设备重量。这种剪切机的剪切机构较为复杂，往往由多杆机构组成。

平行刀片剪切机一般都由电动机驱动，根据其工作制度，可分为启动工作制和连续工作制两种。前者多半采用直流电动机，每剪切一次，电动机启动、制动一次，完成一个工作循环。此种工作制度的剪切机，根据剪切钢坯厚度不同，可采用摆动循环工作方式（即曲柄轴旋转角度小于 360°完成一个剪切循环）或采用圆周循环工作方式（即曲柄轴旋转360°完成一个剪切循环）。摆动循环工作方式可以减少剪切过程中刀台的空行程，从而提高了它的生产率。在连续工作制的剪切机上，一般均采用带有飞轮装置的交流绕线式异步电动机，在传动系统中装有离合器。电动机启动后就连续运转，每次剪切时，先将离合器合上，使传动系统带动剪切机构进行剪切。剪切完了，将离合器打开，使剪切机构与传动系统脱离。显然，在这种剪切机上，离合器的性能直接影响剪切机的运转及其生产率。

在大型平行刀片剪切机上，除采用电动机驱动外，也有采用液压传动的。

14.1.4 平行刀片剪切机的结构

14.1.4.1 曲柄连杆上切式剪切机

图 4-3 所示为 20MN 曲柄连杆上切式剪切机。这种剪切机的一个主要特点是能够进行快速换刀。更换刀片时，与快速更换轧钢机轧辊相类似，能将上下刀台从剪切机机架中抽出，而将另一组上下刀台送入剪切机机架，这可大大缩短更换刀片的时间。

为了适应快速换刀的要求，下刀台安放在机架下部，与机架接触处设有滑板，而下刀台通过夹紧油缸 12 固定在机架上。上刀台由两部分组成：上刀台本体 10 及上刀台连杆垫块 9。在换刀片时，只将上刀台本体和下刀台一起抽出。上刀台由压紧油缸 8 固定在机架上。由于上下刀台都由压紧缸固定，这就便于装卸。

此剪切机另一个主要特点是设置了上刀台行程扩大装置 6，以便能让不需剪切的大断面轧件通过剪切机，上刀台最大升高位置，可上升到轧制线以上 640mm 的位置。

为了保证连杆机构 3 在转动曲柄连杆时，其端部不脱出转动曲轴的凹槽，设置了一个平衡重机构 2。

上刀台平衡装置采用了三点平衡，传动侧有一个平衡油缸 3，见图 4-3，操作侧有两个

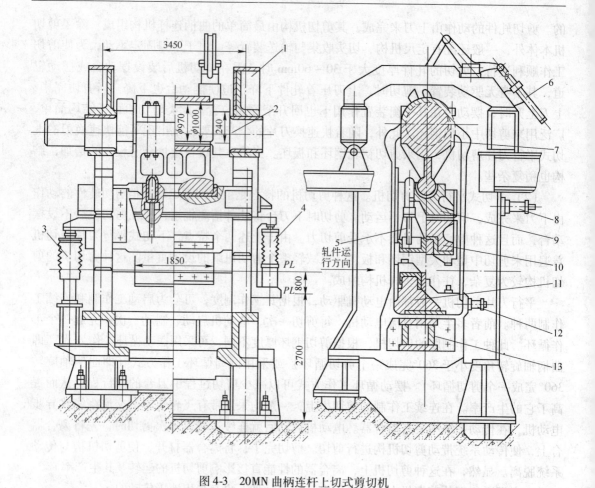

图 4-3　20MN 曲柄连杆上切式剪切机

1—机架；2—曲轴；3—上刀台平衡油缸（传动侧）；4—上刀台平衡油缸（操作侧）；

5—压板装置；6—上刀台行程扩大装置；7—连杆；8—上刀台压紧油缸；

9—上刀台连杆垫块；10—上刀台本体；11—下刀台；

12—下刀台夹紧油缸；13—下横梁

平衡油缸 4。剪切机压板装置 5 采用液压压板。剪切机前设有切头推出机和机前辊道。在剪切机机后设有定尺机、剪后升降台和摆动辊子等辅助装置。在剪切机操作侧设置了快速换刀装置。

14.1.4.2　活动连杆上切式剪切机

图 4-4 为 1.6MN 偏心活动连杆上切式剪切机。图 4-5 表示该剪切机的剪切过程与上刀台的形状。不剪切时，上刀台 5 由气缸 1 提升至最高位置，气缸 3 将活动连杆拉至上刀台的凹槽内使连杆与上刀台脱开，见图 4-5（a），此时偏心轴转动使活动连杆在刀台凹槽内摆动，而上刀台仍停留在最高位置不动；剪切时，气缸 1 使上刀台 5 快速下降并压住钢坯，与此同时气缸 3 将连杆 2 推入刀台的凸台上，使活动连杆与刀台接触，在偏心轴带动下进行剪切，见图 4-5（b）、（c）。剪切完毕后，上刀台在气缸 1 的作用下又升至最高位置，等待下一次剪切。

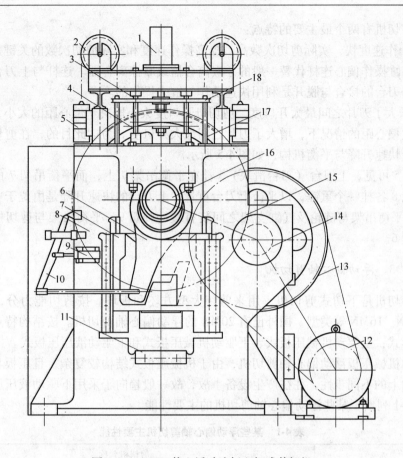

图 4-4　1.6MN 偏心活动连杆上切式剪切机

1—升降气缸；2—链轮；3，4—缓冲弹簧；5—平衡重；6—活动连杆；7—上刀台；

8—机架；9—离合气缸；10—杠杆；11—下刀台；12，13—皮带轮；

14，15—齿轮；16—偏心轴；17—吊杆；18—平衡吊架

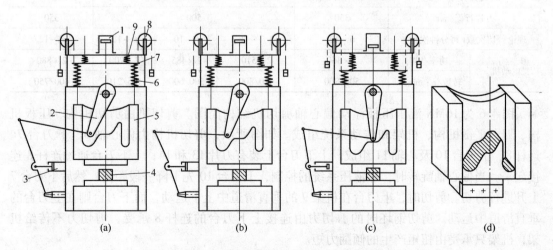

图 4-5　活动连杆剪切机剪切过程示意图

（a）不剪切时；（b）上刀台下降准备剪切；（c）活动连杆推入进行剪切；（d）上刀台形状

1，3—气缸；2—连杆；4—轧件；5—上刀台；6，9—缓冲弹簧；7—平衡吊架；8—链轮

这种剪切机有两个最主要的特点：

（1）操作速度快，实际剪切次数高。提高操作速度和实际剪切次数的关键是改进离合机构。用气缸操作偏心连杆代替一般的牙嵌离合器或摩擦离合器。连杆与上刀台没有铰链连接，它与刀台的接合与脱开是利用快速动作气缸来操作的。

（2）增大了刀片之间最大开口度。剪切机开口度大小取决于偏心距的大小，此剪切机是在不加大偏心距的情况下，增大了刀片之间最大开口度。为达此目的，在剪切机上装有一套上刀台快速升降与平衡机构，如图 4-5 所示。

从图 4-5 可见，上刀台（刀台滑块）5 挂在平衡吊架 7 上，而平衡吊架 7 的两端通过链条和链轮 8 各挂一个重锤，以平衡上刀台重量，上刀台的快速升降是由位于中间的气缸 1 操作的，平衡吊架与链轮及气缸支架之间装有缓冲弹簧 9，平衡吊架与剪切机机架之间有缓冲弹簧 6。

14.1.4.3　浮动偏心轴剪切机

这种剪切机是下切式剪切机，用来剪切大型方坯和板坯。按剪切能力分，我国现有 8MN、10MN、16MN 等类型。国外已有 20MN 的浮动偏心轴剪切机。按结构特点来分，可分为三种形式：上驱动机械压板式、下驱动机械压板式和下驱动液压压板式。

上驱动机械压板浮动偏心轴剪切机，由于机械压板式结构较复杂，且压板与刀台之间存在着运动上的不同步性，往往产生设备事故，故一般趋向于采用下驱动液压压板的结构形式。表 4-1 列出了某些浮动偏心轴剪切机的主要性能。

表 4-1　某些浮动偏心轴剪切机主要性能

技术性能		剪切机名称			
		10MN 浮动剪	16MN 浮动剪		20MN 浮动剪
结构形式		上驱动机械压板	下驱动机械压板	下驱动液压压板	
最大剪切力/MN		10	16		20
刀片行程/mm		350	500		350
理论剪切次数(每分钟次数)		6～12	8.7～16	6～10	6～12	8～12
电动机	功率/kW	2×360	2×510	2×485	2×700	2×880
	转数/r·min^{-1}	500/800	420/800	300/600	105/210	400/750

图 4-6 为 16MN 液压压板浮动偏心轴剪切机结构简图。剪切机由剪切机构、压板机构、刀台平衡机构、机架和传动系统组成。如图所示，剪切机构由偏心轴 6、下刀台 7、连杆 8、上刀台 10 及心轴 11 组成。上下刀台上装有刀片 13 和 14；上下刀台通过连杆 8 连接起来。当偏心轴旋转时，靠液压系统的控制，上刀台 10 先下降一段距离，然后下刀台 7 上升进行剪切。剪切时，上刀台在机架 9 的垂直滑道中上下运动，而下刀台则在上刀台的垂直滑道中运动。剪切钢坯时的剪切力由连接上下刀台的连杆 8 承受，剪切力不传给机架，机架只承受由扭矩产生的倾翻力矩。

压板机构由液压缸 12 和压板 18 组成，整个机构都装在上刀台上，剪切时靠液压缸产生的压力通过杠杆把钢坯夹持在压板和下刀台之间，以防止钢坯倾斜。

上下刀台及万向接轴分别由液压缸 17、16 和 5 来平衡，为了实现剪切机构确定的运

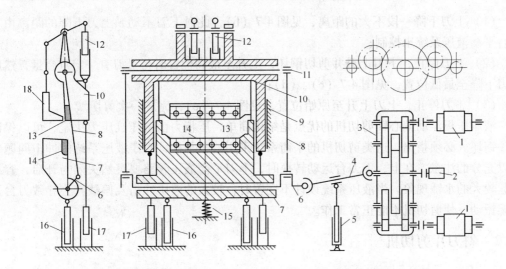

图 4-6　16MN 液压压板浮动偏心轴剪切机结构简图

1—电动机；2—控制器；3—减速机；4—万向接轴；5—接轴平衡缸；6—偏心轴；7—下刀台；
8—连杆；9—机架；10—上刀台；11—心轴；12—压板液压缸；13—上刀片；14—下刀片；
15—弹簧；16—下刀台平衡缸；17—上刀台平衡缸；18—压板

动规律和平衡空载负荷以及防止剪切时在连杆两端铰链处产生冲击，上刀台采用过平衡，
下刀台采用欠平衡。

图 4-7 表示了剪切机剪切过程，从运动过程来看实际上是三个阶段：

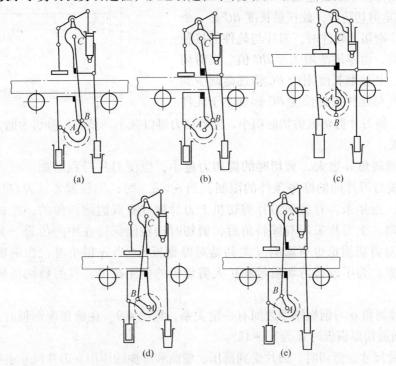

图 4-7　剪切过程示意图

（a）原始位置；（b）上刀下降；（c）上刀停止、下刀上升至最高位置；（d）下刀下降至最低位置；（e）上刀复原

（1）上刀下降一段不大的距离，见图4-7（b），此时下刀不动，上刀下降的距离由上刀台平衡液压系统来控制；

（2）上刀停止，下刀上升并剪切钢坯，上升至最高位置时与上刀有一定重叠量，然后下刀下降至最低位置，见图4-7（c）、（d）；

（3）下刀停止，上刀上升至原始位置，见图4-7（e），完成一次剪切。

液压压板浮动偏心轴剪切机的优点是结构简单，压力由液压缸压力决定，可以保证压住钢坯。必须指出，这类剪切机的平衡系统采用液压平衡，对于液压系统的冲击问题要给以充分的注意。在上、下刀台运动转换时，上刀平衡液压管路要突然关闭与开启，容易引起较大的水锤现象。当液压系统设计不完善时，较大的液压冲击及偏载将会导致刀台及机架振动，使剪切机不能正常工作。

14.2　斜刀片剪切机

14.2.1　基本参数

斜刀片剪切机的主要结构参数为刀片倾斜角、刀片尺寸、刀片行程和理论空行程次数（剪切次数）。

（1）刀片倾斜角 α。图4-8表示了上刀片布置成一定倾斜角时的剪切过程。由图可见，轧件在斜刀片剪切机上剪切时，刀片与轧件接触区的长度不等于轧件整个断面宽度，而仅仅是一条斜线 BC。在稳定剪切阶段，此接触长度 BC 是一个常数。当刀片刚切入轧件时，刀片与轧件的接触长度是变化的，由零逐渐增大至 BC 值。在剪切即将结束时，其接触长度则由 BC 值逐渐减少到零。由于刀片与轧件接触长度 BC 远远小于轧件

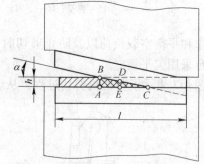

图4-8　斜刀片剪切机剪切轧件简图

宽度，所以，斜刀片剪切机剪切面积小，使剪切力得以减小。显然，剪切力的大小与刀片倾斜角度有关。

刀片的倾斜角 α 愈大，剪切时的剪切力愈小，但使刀片行程增加。最大允许倾斜角 α_{max} 受钢板与刀片间的摩擦条件的限制，当 $\alpha > \alpha_{max}$ 时，钢板就要从刀口中滑出而不能进行剪切。近年来，有些斜刀片剪切机上刀片做成有双边倾斜角的，此时将不受摩擦条件的限制，上刀片采用双倾斜角后，剪切时钢板能保持在中间位置。另外，倾斜角 α 的大小对剪切质量也有影响（尤其是对厚钢板）。当 α 很小时，在钢板剪切断面出现撕裂现象。为了改善剪切质量和扩大剪切机的使用范围，有的剪切机倾斜角做成可调整的。

上刀片倾斜角 α 与钢板厚度之间有一定关系，见图4-9。在剪切薄钢板时，α 一般取 $1.5° \sim 6°$，而剪切厚钢板时 α 为 $8° \sim 12°$。

（2）刀片尺寸。剪切时，刀片受到挤压、弯曲和摩擦的作用。刀片尺寸主要由剪切力确定。刀片长度则应比所剪切的轧件最大宽度大 $100 \sim 300mm$。

（3）刀片行程。由于刀片倾斜角的影响，斜刀片剪切机的刀片行程 s 在平行刀片剪切

机行程确定的基础上要考虑由于刀片倾斜所引起的行程增加量 s''：

$$s'' = b_{max}\tan\alpha \qquad (4\text{-}12)$$

式中　b_{max}——所剪轧件的最大宽度；

　　　α——刀片倾斜角。

（4）理论空行程次数（剪切次数）。如前所述，剪切机的理论空行程次数（剪切次数）主要根据生产率来确定，也与剪切机构有关。

14. 2. 2　设备结构

根据剪切机机架结构形式，斜刀片剪切机可分为开式和闭式两大类。

（1）开式机架斜刀片剪切机。这种剪切机的机架不是封闭的，在机架一侧有较大的侧凹形空间，上下刀台安装在这一空间进行轧件的剪切，见图 4-10。为了减少剪切力，一般上刀片以一定倾斜角安装在上刀台上，下刀片是水

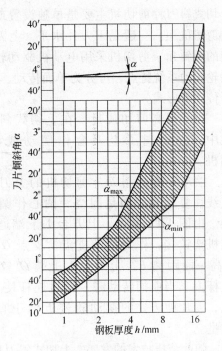

图 4-9　刀片倾斜角 α 与
板厚 h 之间的关系

平的。开式机架斜刀片剪切机的优点是结构简单，且便于观察轧件剪切情况。但是，机架有较大的侧凹形缺口，机架刚性差。因此，这种斜刀片剪切机主要用来剪切成束小型圆钢以及宽度不大的钢板（焊管坯）等轧件。这样，机架的侧凹形缺口较小，不致使机架削弱较多。

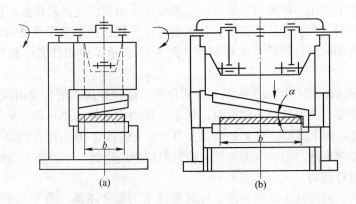

图 4-10　斜刀片剪切机类型（按机架结构形式分）
(a) 开式；(b) 闭式

（2）闭式机架斜刀片剪切机。根据剪切轧件时刀片的运动特点，闭式机架斜刀片剪切机又可分为上切式和下切式两种。

1）上切式斜刀片剪切机。这种剪切机下刀片固定不动，上刀片向下运动剪切轧件。

上切式斜刀片剪切机主要是单独设置或组成独立
的剪切机组。一般是下刀片水平，上刀片具有一
定的倾斜角。剪切机采用电动机驱动较多，根据
齿轮传动系统特点，可分为单面传动、双面传动、
下传动等形式。

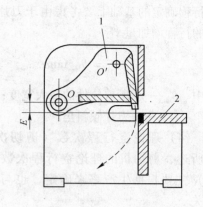

　　为了提高剪切质量，在上切式斜刀片剪切
机中，也出现了上刀台作摆动或滚动的剪
切机。

　　摆动上切式斜刀片剪切机的上刀台不是作
直线往复运动，而是围绕一圆心作圆弧往复摆
动。由图 4-11 可见，上刀台 1 下端通过支点 O
与机架铰接，作为摆动支点。支点 O 比下刀台
2 高一段距离 E。上刀台 1 上端 O' 铰接于曲柄

图 4-11　摆动上切式斜刀片剪切机
1—上刀台；2—下刀台

连杆上。当曲柄转动时，通过连杆使上刀台绕支点 O 摆动。由于上刀台摆动半径较
大，刀片剪刃处的摆动轨迹近似于直线，相当于倾斜剪切，可以获得较好的剪切
质量。

　　随着液压技术的发展，上切式斜刀片剪切机也有采用液压驱动的。

　　2）下切式斜刀片剪切机。这种剪切机通常是上刀片固定不动，由下刀片向上运动剪
切轧件。下切式斜刀片剪切机主要装设在连续作业线上，用来剪切板带的头部、尾部、分
卷或剪切掉有缺陷的部分。在有的平整机组中，为了适应能调整板带剪切位置的需要，出
现了上、下刀片都运动的下切式斜刀片剪切机。

　　电动机驱动的下切式斜刀片剪切机，一般采用偏心轴使下刀台作往复直线运动。在下
切式斜刀片剪切机中，液压驱动得到了广泛应用。

　　在平整机组上常用一种剪切位置可调整的液压传动下切式斜刀片剪切机。在平整机组
平整薄规格带钢时，为保证所需张力，带钢要通过 S 辊，而平整厚规格带钢则不需通过 S
辊。因而要求剪切时的剪切位置能够调整。图 4-12 表示了剪切位置可改变的液压斜刀片
剪切机的结构。

　　如图 4-12 所示，限位挡块 1 决定了剪切位置，限位挡块 1 的位置由固定在机架 11 上
的液压缸 2 来调整。当液压缸 3 供液时，柱塞不运动而缸体向下运动，它通过横梁 4、拉
杆 5 带动上刀架 6 向下运动，直至安装在上刀架 6 上的挡块 10 与限位挡块 13 相接触为止。
此时液压缸 3 继续充液，由于上刀架的运动被限位挡块阻挡，下刀架 7 由液压缸的柱塞带
动向上运动并进行剪切。

　　剪切完毕后，液压缸 3 反向充液，柱塞带动下刀架 7 下降，直至与滑槽 12 固定在一
起的挡块 13 相接触为止。此时液压缸 3 继续充液，则缸体上升，带动上刀架上升回复至
原始位置。等待下一次剪切。不剪切时，上下刀架系统的重量通过挡块 13、滑槽 12 及液
压缸 2 支承在机架 11 上。

　　下刀架液压缸通过齿轮齿条实现机械同步。

　　与浮动偏心轴剪切机相似，此种剪切机剪切时产生的剪切力由连接机构承受，机架不
受剪切力。

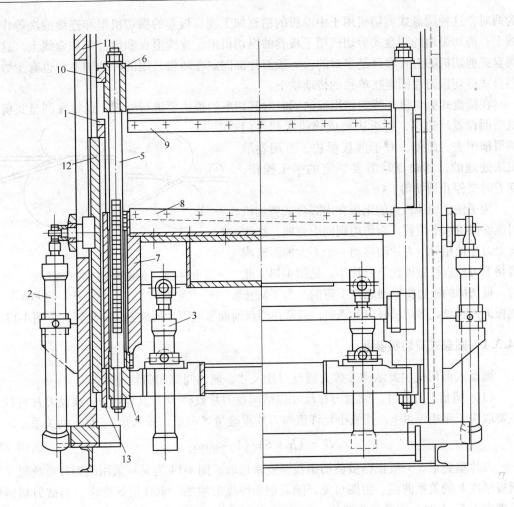

图 4-12　剪切位置可调整的液压传动下切式斜刀片剪切机

1，13—限位挡块；2，3—液压缸；4—横梁；5—拉杆；6—上刀架；7—下刀架；
8—下剪刃；9—上剪刃；10—挡块；11—机架；12—滑槽

14.3　圆盘式剪切机

圆盘式剪切机广泛用于纵向剪切厚度小于 20～30mm 的钢板及薄带钢。由于刀片是旋转的圆盘，可连续纵向剪切运动着的钢板或带钢。由于上述特点，目前各国都在研究扩大圆盘式剪切机剪切厚度范围。有的国家采用两台串联圆盘式剪切机剪切厚度为 40mm 的钢板，第一台圆盘式剪切机切入板厚的 5%～10%，紧接着第二台圆盘式剪切机将钢板全部切断。实际上，我国很多的中厚板、宽厚板生产线均采用圆盘剪切机切边定宽，其应用日趋广泛。

圆盘式剪切机通常设置在精整作业线上，用来将运动着的钢板的纵向边缘切齐或切成窄带钢。根据其用途可分成两种形式：剪切板边的圆盘式剪切机和剪切带钢的圆盘式剪切机。

剪切板边的圆盘式剪切机每个圆盘刀片均悬臂地固定在单独的传动轴上，刀片的数目为两对，这种圆盘式剪切机用于中厚板的精整加工线、板卷的横切机组和连续酸洗等作业线上；剪切带钢的圆盘式剪切机用于板卷的纵切机组、连续退火和镀锌等作业线上。这种圆盘式剪切机的刀片数目是多对的，一般刀片都固定在两根公用的传动轴上，也有少数的圆盘式剪切机刀片固定在单独的传动轴上。

在圆盘式剪切机连续剪切钢板的同时对其切下的板边要进行处理，通常在圆盘式剪切机后面设置碎边机，将板边剪成碎段送到专门的滑槽中去。此外，对于薄板板边，有用卷取机来处理的，其缺点是需要一定的手工操作，卸卷时要停止剪切等。

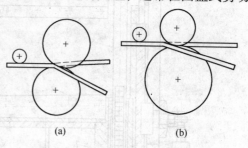

为了使已切掉板边的钢板在出圆盘式剪切机时能够保持水平位置，而切边则向下弯曲，往往将上刀片轴相对下刀片轴移动一个不大的距离或者将上刀片直径做得比下刀片小，见图 4-13，此时，被切掉的板边将剧烈地向下弯曲。为了防止

图 4-13　使钢板保持水平的方法
(a) 刀盘轴错开；(b) 上下刀盘采用不同直径

钢板进入圆盘式剪切机时向上翘曲，通常在圆盘前面靠近刀片的地方装有压辊，见图 4-13。

14.3.1　圆盘式剪切机参数

圆盘式剪切机主要结构参数为圆盘刀片尺寸、侧向间隙和剪切速度。

(1) 圆盘刀片尺寸。圆盘刀片尺寸包括圆盘刀片直径 D 及其厚度 δ。圆盘刀片直径 D 主要取决于钢板厚度 h，其最小允许值与刀片重叠量 S 和最大咬入角 α_1 有下列关系：

$$D = (h + S)/(1 - \cos\alpha_1) \tag{4-13}$$

刀片重叠量 S 一般根据被剪切钢板厚度来选取。图 4-14 为某厂采用的刀片重叠量 S 与钢板厚度 h 的关系曲线。由图可见，随着钢板厚度的增加，重叠量 S 变小。当被剪切钢板厚度大于 5mm 时，重叠量为负值。

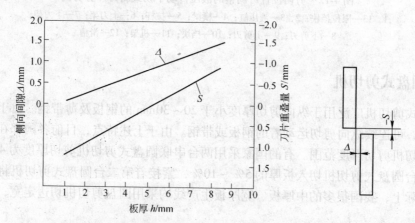

图 4-14　刀片重叠量 S 和侧向间隙 Δ 与钢板厚度 h 的关系曲线

当咬入角 $\alpha_1 = 10° \sim 15°$ 时，圆盘刀片直径通常在下列范围内选取：

$$D = (40 \sim 125)h \tag{4-14}$$

其中，大的数值用于剪切较薄的钢板。

减小圆盘刀片直径可减小圆盘剪的结构尺寸，但最小圆盘刀片直径受轴承部件结构尺寸的限制。在结构尺寸允许情况下，应尽量选用小直径的圆盘刀片。当剪切厚钢板（$h = 40mm$）时，圆盘刀片直径可按下式选取：

$$D = (22 \sim 25)h \tag{4-15}$$

圆盘刀片厚度 δ 一般取为：

$$\delta = (0.06 \sim 0.1)D \tag{4-16}$$

表 4-2 列出了某些圆盘刀片直径、厚度与被剪切带材厚度的关系。

表 4-2　圆盘刀片直径、厚度与被剪切带材厚度的关系

被剪切带材厚度/mm	圆盘刀片直径/mm	刀片厚度/mm
0.18 ~ 0.6	150 ~ 170	15
0.6 ~ 2.5	250 ~ 270	20
2.5 ~ 6	440 ~ 460	40
6 ~ 10	680 ~ 700	60
10 ~ 25	700 ~ 1000	80

（2）圆盘刀片侧向间隙。确定侧向间隙时，要考虑被切钢板的厚度和强度。侧向间隙过大，剪切时钢板会产生撕裂现象。侧向间隙过小，又会导致设备超载、刀刃磨损快，切边发亮和毛边过多。

在热剪切钢板时，侧向间隙 Δ 可取为被切钢板厚度的 12% ~ 16%。在冷剪时，Δ 值可取为被切钢板厚度的 9% ~ 11%。当剪切厚度小于 0.15 ~ 0.25mm 时，Δ 值实际上接近于零，要把上下圆盘刀片装配得彼此接触，甚至带有不大的压力。

图 4-14 画出了侧向间隙 Δ 与被切钢板厚度 h 的关系曲线。

（3）剪切速度。剪切速度要根据生产率、被切钢板厚度和力学性能来确定。剪切速度太大，会影响剪切质量，太小又会影响生产率。常用的剪切速度可按表 4-3 来选取。

表 4-3　圆盘式剪切机常用的剪切速度

钢板厚度/mm	2 ~ 5	5 ~ 10	10 ~ 20	20 ~ 35
剪切速度/m·s⁻¹	1.0 ~ 2.0	0.5 ~ 1.0	0.25 ~ 0.5	0.2 ~ 0.3

14.3.2　圆盘式剪切机结构

图 4-15 为具有两对刀片的圆盘式剪切机结构示意图。此剪切机用来冷剪厚度为 4 ~ 25mm、宽度为 900 ~ 2300mm 的钢板侧边。剪切速度为 0.25m/s。

由圆盘式剪切机结构示意图可见，刀片 1 是由功率为 138kW、转速为 375r/min 的电动机，通过齿轮座和万向连接轴 2 传动的。为了剪切不同宽度的钢板，左右两对刀片的间距可以调整，它由功率为 5kW、转速为 905r/min 的电动机，通过蜗轮减速机和丝杆使其中一对刀片的机架移动来实现调整。上下刀片间径向间隙的调整，是由功率为 0.7kW、转速为 905 r/min 的电动机经蜗轮传动 4，使偏心套筒 3（其中安装着刀片轴）转动而实现的。

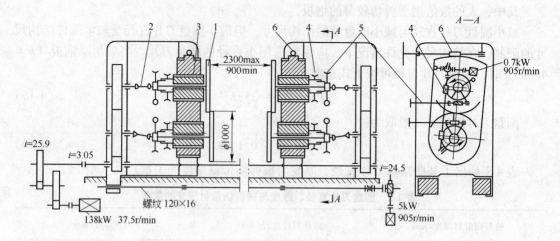

图 4-15　具有两对刀片的圆盘式剪切机结构示意图

1—刀片；2—万向连接轴；3—偏心套筒；4—改变刀片轴间距离的机构；

5—调整刀片侧向间隙的机构；6—上刀片轴的偏移机构

刀片的侧向间隙的调整，是由手轮通过蜗轮传动机构 5，使刀片轴轴向移动而实现的。上刀片轴相对下刀片轴的移动，是由手轮通过蜗轮传动机构 6，使装有上刀片轴的机架绕下刀片轴作摆动而实现的。

为了减少钢板与圆盘刀刃间的摩擦，每对刀片与钢板中心线倾斜一个不大的角度 β，见图 4-16。

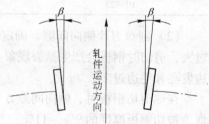

14.3.3　圆盘式剪切机的操作

纵剪和重卷生产都要在圆盘式剪切机上进行纵向

图 4-16　圆盘剪刀片倾斜示意图

连续剪切。重卷时，圆盘式剪切机只有剪边作业，由卷取机通过带钢拖动剪刃进行拉力剪切。而纵剪时则同时进行剪边和分条作业，由直流电动机传动进行动力剪切。这样纵剪圆盘式剪切机的刀架上要根据分条带钢宽度相应安装多个刀头。刀刃的安装和调整直接影响剪切质量。

14.3.3.1　调整工作

分条剪切要求相邻每对刀盘保持相同的距离，以确保窄带钢的宽度精度。上下刀刃要互相咬合。根据剪切带钢厚度调整好重合量和间隙量，以使剪切作业顺利进行，并得到切口整齐的剪断面。与剪边圆盘剪一样，上下重合量为带钢厚度的 1/3 ~ 1/2，间隙量按带钢厚度的 10% ~ 15% 进行调整。对分条多的中间要适当减小，切口质量要求高时可取 50% 或更小，但会使刀刃磨损加快。表 4-4 是某薄板生产线的圆盘式剪切机重合量和间隙量的调整参考值。

间隙调节是通过在相邻刀盘之间加套多个衬套进行粗调和加垫片进行精调来实现的，这样装刀质量主要取决于操作经验。调整时要慢速转动上下刀轴，仔细检查刀盘圆周每一个方向的间隙量是否都基本一致，而且要求调整结束后进行试剪，即手动剪切样片，检查分条宽度精度和切口质量，观察有无毛刺、卷边等。

表 4-4　圆盘式剪切机刀片间隙量和重合量调整参考值

带钢厚度 H/mm	剪刃间隙量 A/mm	剪刃重合量 B/mm
0.3 ~ 0.9	0.09	+ 0.45
0.9 ~ 1.4	0.14	+ 0.65
1.4 ~ 2.0	0.20	+ 0.40
2.0 ~ 2.8	0.28	+ 0.23
2.8 ~ 3.5	0.35	+ 0.08

为了减小分条作业时更换刀刃的非生产时间，在机组操作侧备用一台圆盘式剪切机，进行离线装刀和调整作业。当变换分条规格时，只需把直线圆盘式剪切机传动脱开，通过液压缸和转盘移出，再把装配好的圆盘式剪切机移入作业线，液压锁固和接上传动即可工作，使整个更换操作十分方便，只需 3min。

需要注意的是：同种材质的板材硬度低的时候，刀片的侧向间隙相对硬度高时要小些，一般为板厚度的 8%，但受设备性能及薄板材的厚度尺寸制约；压下量无准确数值体现，现场根据剪切情况掌握。

14.3.3.2　剪刃更换与调整

人们通常说的剪刃调整，就是指水平间隙和重叠量的设定值的调整。对于剪切作业来说，这方面调整是整个剪切作业的关键，它决定剪切断面是否良好以及剪切力是否最小。

这里必须说明的一点是，不仅对于不同设备，就是同一制造厂生产的相同剪切设备，各个剪切设备设定值都不会一样，要从实际生产中总结出来。方法是：在特定的条件下，通过适当调整得到最佳剪切断面，这时的剪刃间隙调整值是最佳的，可作为以后实际生产中初步设定时采用的可靠参考值。可通过观察剪切断面的质量来判断剪刃间隙调整是否合适。

如图 4-17 （a） 所示，上下裂纹正好对上，塌肩和毛刺都很小，剪断面约占整个断面

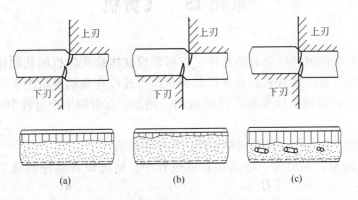

图 4-17　间隙与断面的关系
（a）间隙合适；（b）间隙偏大；（c）间隙偏小

的 35% 左右，其余为暗灰色的破断面，很明显地表示出正确的剪切状态，间隙合适。这时，需要调整人员及时记下各项调整后的数值。

如图 4-17（b）所示，刀缝较大，刀片无法合上，钢板中心部分被强行拉断，切面十分粗糙，毛刺、塌肩都十分严重，说明剪刃间隙调整偏大。

如图 4-17（c）所示，裂缝的走向有差异，使部分断面再次受刀刃侧面的强压入，即进行了二次剪断。因此，当剪断面上出现碎块状的二次剪断面时，就可以认为间隙偏小了。在这种情况下，应把间隙朝大的方向调整一下，使二次剪断面消失。

剪刃间隙的调整需要在实际工作中不断总结经验。钢板种类繁多，即便是同一钢种，也会有化学成分或加工工艺的差异，造成力学性能的差异，对刀片的调整也有不同的要求。在调整间隙时，一定要考虑到各方面的因素。当经过反复调整、剪刃间隙达到最小限度还不能得到满意的剪切断面时，就应该考虑更换剪刃，否则，无法保证产品质量和设备安全。

14.4　剪切缺陷与影响因素

剪切时发生的主要缺陷是毛边、塌边、剪裂、压痕、接痕以及成品尺寸和形状精度不符合要求。

产生毛边和塌边的影响因素有上下剪刃的间隙、钢板的压紧方法、剪刃的锋利程度、有无润滑、剪切速度。

产生剪裂的原因为剪切时钢板温度处于蓝脆区或需带温剪切的钢板温度太低，切边量不够。

产生压痕的原因为剪台有异物或剪切毛刺被剪刃带入钢板与剪台之间，再剪切时造成压痕。

产生接痕的主要原因是剪切长边时，钢板定位不紧，造成两次剪切线明显错位。

影响长度精度的因素有测长仪的精度、钢板的停止精度、目标长度的设定即要考虑热膨胀因素。

单元 15　飞剪机

飞剪机用来横向剪切运动着的轧件。它可装设在连续式轧机的轧制作业线上，亦可装设在横切机组、连续镀锌机组和连续镀锡机组等连续作业精整机组上。随着连续式轧机的发展，飞剪机得到了越来越广泛的应用。例如，在带钢生产过程中，舌形和鱼尾会导致：

（1）工作辊产生压痕，使带钢卷表面产生辊印缺陷；

（2）轧件跑偏，在甩尾、运送和卷取过程中，钻进设备部件的缝里，造成卡钢事故；

（3）打捆困难，且捆扎不紧，易造成散卷。

为防止上述现象的发生，带钢的舌形和鱼尾在进入精轧机组前需用飞剪切除。

15.1　对飞剪机的基本要求

飞剪机的特点是能横向剪切运动着的轧件，对它有三个基本要求：

（1）剪刃在剪切轧件时要随着运动着的轧件一起运动，即剪刃应该同时完成剪切与移动两个动作，且剪刃在轧件运动方向的瞬时分速度应与轧件运动速度相等或比其大 2% ～ 3%。否则，剪刃将可能阻碍轧件的运动，使轧件弯曲，甚至产生轧件缠刀事故；或者轧件中将产生较大的拉应力，影响轧件的剪切质量和增加飞剪机的冲击负荷。

（2）根据产品品种规格的不同和用户的要求，在同一台飞剪机上应能剪切多种规格的定尺长度，并使长度尺寸公差与剪切断面质量符合国家有关规定。

（3）能满足轧机或机组生产率的要求。

15.2　飞剪机的结构

15.2.1　滚筒式飞剪机

滚筒式飞剪机是一种应用很广的飞剪机。它装设在连轧机组或横切机组上，用来剪切厚度小于 12mm 的钢板或小型型钢。这种飞剪机作为切头飞剪机时，其剪切厚度可达 45mm。滚筒式飞剪机的刀片作简单的圆周运动，故可剪切运动速度高达 15m/s 以上的轧件。图 4-18 是滚筒式飞剪机结构示意图。刀片 1 装在滚筒 2 上。滚筒 2 旋转时，刀片 1 作圆周运动。用于切头、切尾的滚筒式飞剪机，在滚筒上往往装有两把刀片，分别用来切头和切尾。飞剪机采用启动工作制。用于切定尺的滚筒式飞剪机，一般采用连续工作制。小型车间的滚筒式飞剪机由于轧件宽度不大，往往将刀片装在作圆周运动的杠杆上。

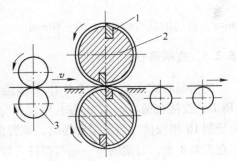

图 4-18　滚筒式飞剪机
1—刀片；2—滚筒；3—送料辊

滚筒式或回转式飞剪机的刀片作圆周运动，上下刀片切入轧件时，在垂直方向不平行剪后轧件头部不平整，故以剪切直径小于 30mm 的圆钢或相应的方坯以及薄板带为宜。

15.2.2　曲柄回转杠杆式飞剪机

用飞剪机剪切厚度较大的板带或钢坯时，为了保证剪后轧件剪切断面的平整，往往采用刀片作平移运动的飞剪机。曲柄回转杠杆式（也称曲柄连杆式）飞剪机就是此类飞剪机的一种。

图 4-19 是曲柄连杆式飞剪机结构图。刀架 1 做成杠杆形状，其一端固定在曲柄轴 2 端部，另一端与摆杆 3 相连。当曲柄轴 2（即曲柄）转动时，刀架 1 作平移运动，固定在刀架上的刀片能垂直或近似地垂直轧件。

由于这类飞剪机在剪切轧件时刀片垂直于轧件，剪切断面较为平整。在剪切板带时，可以采用斜刀刃，以便减少剪切力。这种飞剪机的缺点是结构复杂，剪切机构动力特性不好，轧件的运动速度不能太快。用于小型型钢厂的曲柄连杆式飞剪机，轧件速度小于

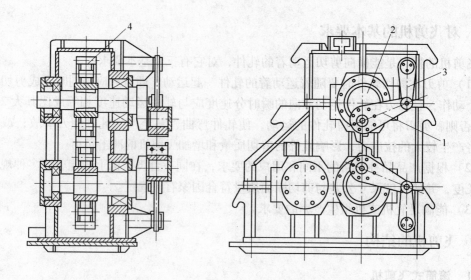

图 4-19　曲柄连杆式飞剪机

1—刀架；2—曲柄轴；3—摆杆；4—传动齿轮

5m/s，剪切的轧件厚度为 30 ~ 70mm。

15.2.3　曲柄偏心式飞剪机

曲柄偏心式飞剪机的刀片作平移运动，其结构简图如图 4-20 所示。双臂曲柄轴 9（BCD）铰接在偏心轴 12 的膛孔中，并有一定的偏心距；双臂曲柄轴还通过连杆 6（AB）与导架 10 相铰接。当导架旋转时，双臂曲柄轴以相同的角速度随之一起旋转。刀片 15 固定在刀架 8 上，刀架的另一端与摆杆 7 铰接，摆杆则铰接在机架上。通过双臂曲柄轴、刀

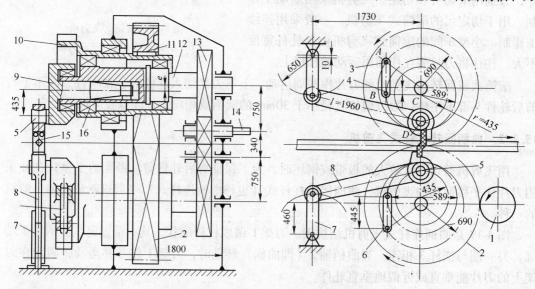

图 4-20　曲柄偏心式飞剪机结构简图

1—小齿轮；2, 11—传动导架的齿轮；3, 4—铰链；5—双臂曲柄轴的曲柄头；6—连杆；7—摆杆；8—刀架；
9—双臂曲柄轴；10—导架；12—偏心轴；13, 14—传动偏心轴的齿轮；15—刀片；16—滚动轴承

架和摆杆，刀片可在剪切区作近似于平移的运动，以获得平整的剪切断面。

通过改变偏心轴与双臂曲柄轴（也可以说是导架）的角速度比值以调整轧件的定尺长度。这类飞剪机装设在连续钢坯轧机后面，用来剪切方钢坯。

15.2.4　摆式飞剪机

图 4-21 是 IHI（日本石川岛播磨重工业公司）摆式飞剪机结构简图，用来剪切厚度小于 6.4mm 的板带。刀片在剪切区作近似于平移的运动，剪切质量较好。上刀架 1 在"点 2"与主曲柄轴 8 相铰接，偏心距 e_2 通过连杆 12、摇杆 10、9 拉动上下刀架整体摆动，以实现与轧件的同步运动。下刀架 2 通过套式连杆 4、外偏心套 6、内偏心套 5 与主曲柄轴 8 相连。下刀架 2 可在上刀架 1 的滑槽中滑动。上下刀架与主曲柄轴连接处的偏心距为 e_1；偏心位置相差 180°。当主曲柄轴 8 转动时，上下刀架作相对运动，实现剪切动作。

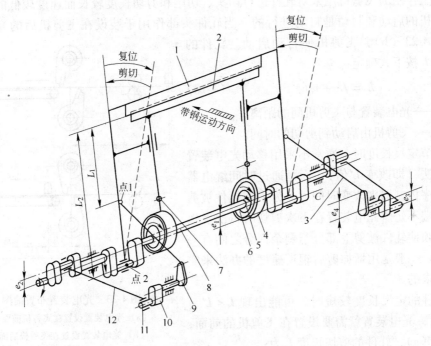

图 4-21　IHI 摆式飞剪机结构简图

1—上刀架；2—下刀架；3，12—连杆；4—套式连杆；5—内偏心套；6—外偏心套；

7—销轴；8—主曲柄轴；9，10—摇杆；11—摇杆轴头

15.3　剪切长度的调整

根据工艺要求，飞剪机要将轧件剪切成规定长度。因此，对于定尺飞剪机，要求飞剪机的剪切长度能够调整。

通常用专门的送料辊 1 或最后一架轧机的轧辊将轧件送往飞剪机 2 进行剪切（见图 4-22）。如果轧件运动速度 v_0 为常数，而飞剪机每隔时间 t 秒剪切一次轧件，则被剪下的轧件长度 L 为：

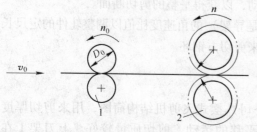

图 4-22　送料辊与飞剪机布置简图

1—送料辊；2—飞剪机

$$L = v_0 t = f(t) \qquad (4\text{-}17)$$

该式是被剪下的轧件长度等于在相邻两次剪切间隔时间 t 内轧件所走过的距离，即飞剪机调长的基本方程。当 v_0 为常数时，剪切长度 L 与相邻的两次剪切间隔时间 t 成函数关系。

由式（4-17）可见，只要改变相邻两次剪切间隔时间 t，便可得到不同的剪切长度。对于不同工作制度的飞剪机，改变相邻两次剪切间隔时间 t 的方法也不同。

15.3.1　启动工作制飞剪机的调长

启动工作制的飞剪机用来对轧件进行切头、切尾和剪切长度较长而速度较低的定尺轧件。飞剪机的启动和制动是自动进行的。当轧件头部作用于装设在飞剪机后的光电装置时，见图 4-23（b），飞剪机便自动启动。轧件的定尺长度 L 按下式确定：

$$L = L' + v_0 t_0 \qquad (4\text{-}18)$$

式中　L——光电装置与飞剪机间的距离；

t_0——飞剪机由启动到剪切的时间。

在调节定尺长度时，通常不采用移动光电装置位置的方法（即改变 L' 值），而是通过时间继电器或可编程序控制器来改变时间 t_0。为了使轧件被剪下部分末端不妨碍光电装置在下次剪切时再次发生作用，必须使轧件被剪下部分与剩余部分之间有一定的间隙。一般是用增加剪后辊道速度的办法来实现这一要求的。

当轧件的定尺长度较短时，可能出现 $L < L' + v_0 t_0$。此时，光电装置就需要设置在飞剪机的前面，见图 4-23（a），轧件的剪切长度 L 为：

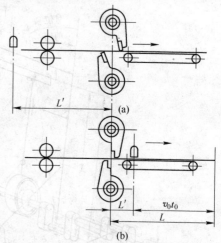

图 4-23　光电装置布置简图

（a）光电装置设置在飞剪机前面；

（b）光电装置设置在飞剪机后面

$$L = v_0 t_0 - L' \qquad (4\text{-}19)$$

15.3.2　连续工作制飞剪机的调长

随着生产的发展，轧件轧制速度在不断升高。当轧件运动速度较高时，启动工作制飞剪机往往不能满足要求，就要采用连续工作制飞剪机。

以 k 表示飞剪机每剪切一次刀片（或飞剪机主轴）所转的圈数，则剪下的轧件定尺长度量为：

$$L = v_0 t k$$

或

$$L = v_0 (60/n) k = f(1/n, k) \qquad (4\text{-}20)$$

式中 n——飞剪机主轴或刀片转速;

k——在相邻两次剪切间隔时间 t 内,飞剪机主轴或刀片所转的圈数,也称为空切系数或倍尺系数。

如以送料辊直径 D_0 和转速 n_0 来表示轧件运动速度 v_0,则式 (4-20) 变为:

$$L = \pi D_0 (n_0/n) k \qquad (4-21)$$

由式 (4-21) 可见,当 v_0 或 n_0 一定时,连续工作制飞剪机剪切的定尺长度取决于飞剪机主轴转速 n 和相邻两次剪切间隔时间内飞剪机主轴所转的圈数 k。换言之,轧件的剪切长度可采用两种方法来调节,即改变飞剪机主轴转速 n 和改变每剪切一次飞剪机主轴所转圈数 k。

15.3.2.1 改变飞剪机主轴转速 n 来调长

设当刀片的水平分速度与轧件运动速度相等,且空切系数 k 等于 1 时,飞剪机剪下的轧件长度为基本长度 L_j,而与之相应的飞剪机主轴转速为基本转速 n_j。根据式 (4-20) 和式 (4-21) 可写出基本长度 L_j 的公式为:

$$L_j = v_0 (60/n_j) \qquad (4-22)$$

或

$$L_j = \pi D_0 (n_0/n_j) \qquad (4-23)$$

对于由单独电动机驱动的飞剪机调长,改变飞剪机主轴转速 n 可通过改变飞剪机电动机转速来实现。一般电动机的调速范围为 1 ~ 2 倍,则飞剪机主轴转速 n 可在下列范围内变化:

$$n = (1 \sim 2) n_j \qquad (4-24)$$

$$n = (1 \sim 0.5) n_j \qquad (4-25)$$

那么,轧件剪切长度的调节范围为:

$$L/L_j = (n_j/n) k \qquad (4-26)$$

考虑飞剪机主轴转速 n 的调速范围后,则:

$$L/L_j = (1 \sim 0.5) k \qquad (4-27)$$

$$L/L_j = (1 \sim 2) k \qquad (4-28)$$

将上述两式所表述的剪切长度调节范围分别用图 4-24 中的直线 OA 与 OC 和直线 OA 与 OB 所示的范围来表示。

15.3.2.2 改变空切系数 k 来调长

改变空切系数 k 的机构称为空切机构。空切机构的类型很多,但从方法上看,基本上可分为改变飞剪机上下两个主轴角速度的比值和改变上下刀片运动轨迹两大类型。

(1) 改变飞剪机上下两个主轴角速度的

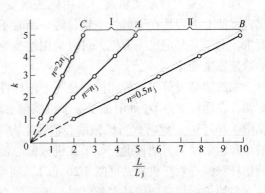

图 4-24 轧件剪切长度调整范围

比值。此时，在上刀运动轨迹不变的情况下，可以改变上下两刀片相遇的次数，以实现空切来调长。例如，上述 IHI 摆式飞剪机，其空切机构是由内外偏心套组成的。当内外偏心套的转速与主曲柄轴的转速相同时，则刀架每摆动一次就剪切一次轧件，剪切的轧件长度为基本长度 L_j。

当需要获得倍尺长度时，只要改变内外偏心套与主曲柄轴之间的速比即可。如果设偏心套与主曲柄轴之间速比为 i，即：

$$i = n_{pl}/n_q \tag{4-29}$$

式中　n_{pl}——剪切一次偏心套旋转的转速；

　　　n_q——剪切一次主曲柄轴旋转的转速。

在滚筒式飞剪机上，改变上下主轴角速度的比值，可通过改变上下滚筒直径比来实现。此时，传动上下滚筒的啮合齿轮直径也作相应的改变，见图 4-25 （a）。图中表示了空切系数 k 分别为 2、3 和 4 时，上滚筒直径 D_1 与下滚筒直径 D_2 的比值分别为 2、3/2 和 4/3。应该指出，当上下滚筒直径一定时，如果改变安装在滚筒上的刀片数目，也可获得不同的空切系数。例如，如图 4-25 （b）所示，当 $D_1/D_2 = 2$ 时，由于上下滚筒安装的刀片数目不同，可获得空切系数 k 为 1/2、1 和 2 的倍尺长度。空切系数小于 1 时，表示剪切长度按基本长度 L_j 成倍地减小。

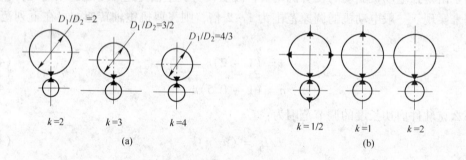

图 4-25　滚筒式飞剪机的空切方法
（a）改变上下滚筒直径比值；（b）当滚筒直径一定时，改变刀片数目

（2）改变刀片运动轨迹。采用此法改变空切系数时，飞剪机上下刀片运动轨迹的变化，将使上下刀片在飞剪机主轴每转一圈时不是都能相遇进行剪切的，这就实现了空切的要求。对于某些定尺飞剪机，可以采用能改变摆杆（摇杆）支点位置的空切机构使刀片运动轨迹发生变化。

如施罗曼飞剪机，剪切机构是一个四杆件的曲柄摇杆机构，见图 4-26 （a）。为了实现空切，在摇杆支点 O_3 处增加了一个机械偏心轴 O_2O_3 组成一个曲柄摇杆偏心五杆件机构，见图 4-26 （b）。此时，当机械偏心轴转速为飞剪机主轴转速的 1/2 和 1/4 时，就可得到二倍尺和四倍尺的剪切长度。如果在机械偏心轴 O_2O_3 处再增加一个液压偏心套 O_3O_4 组成曲柄摇杆双偏心六杆机构，见图 4-26 （c），则可获得根据剪切长度所需要的空切次数。一般是在剪切长度超过四倍基本长度时，液压偏心套投入工作。

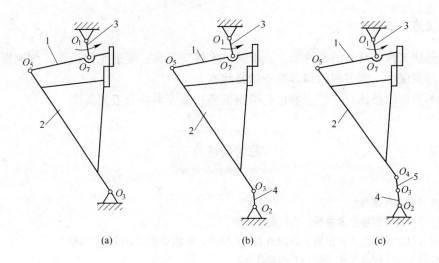

图 4-26　施罗曼飞剪机原理图

（a）剪切机构（四杆件曲柄摇杆机构）；（b）曲柄摇杆偏心五杆件机构；

（c）曲柄摇杆双偏心六杆件机构

1—连杆（上刀架）；2—摇杆（下刀架）；3—曲柄；4—机械偏心轴；5—液压偏心套

15.4　飞剪的操作

启动飞剪前，操作人员必须观察飞剪周围的作业人员，确认无误后开车；对飞剪进行检修或更换剪刃时，飞剪操作台必须断电，才可以进行作业；飞剪发生拱钢、卡钢时要立即紧急停车；飞剪正常作业中，操作人员应随时注意观察飞剪周围，严禁人员通过。

15.4.1　剪切过程

剪切机的剪切包括头尾剪切和分段剪切。

飞剪机从等待位置加速，然后飞剪机的剪刃切头或尾。剪切完成之后，直到飞剪打开才让钢坯通过，飞剪的水平分量的速度和带钢速度同步；飞剪速度慢慢下降并进入等待位置。飞剪控制要保证头、尾部切料不能大于最大的剪切长度，否则会影响成材率。

分段剪切时，让飞剪水平速度和带钢速度同步以完成轧件头部剪切；飞剪加速到最大的速度；飞剪加速到带钢速度并执行二次头部剪切；剪切完成后，直到飞剪打开让带钢通过，飞剪水平速度和带钢速度同步；然后飞剪慢慢降速并回到等待位置。

从设备安全角度来看，温度不符合工艺条件或者叠轧的钢都不允许进入飞剪机。

15.4.2　飞剪冷却和刀片更换

飞剪上部转鼓有独立的冷却单元，用于保护转鼓并防止剪刃损坏。如剪切热钢，冷却系统启动：水嘴通过电磁阀控制，电磁阀得电，水就喷射出来，流量检测是通过流量计来检测的。

在剪刃更换期间，为了防止剪刃的损坏，不允许新剪刃和旧剪刃接触，也不能将两个新的剪刃接触。

15.4.3　飞剪工作条件

飞剪剪切工作需具备的条件如下：干油、水供应正常；辊道工作正常；测速辊工作正常；电气过载保护；剪刃间隙调节处于锁紧状态。

飞剪不剪切的条件有：带钢静止；带钢折叠；温度不符合工艺条件。

思考与练习

4-1　剪切机的类型有哪些？

4-2　平行刃剪切机有哪些技术参数，如何确定？

4-3　具有两对刀片的圆盘式剪切机上的调整工作有哪些，机构动作的路线是怎样的？

4-4　飞剪机的工作条件有哪些，调长方程是什么？

4-5　试述飞剪机的剪切过程。

情景 5　锯切机械与操作

学习目标：

1. 知识目标
   (1) 了解各类型锯机的结构；
   (2) 掌握锯机的结构参数和工艺参数。
2. 能力目标
   (1) 掌握锯机的工艺制度；
   (2) 了解飞锯机的同步机构。

　　锯切机械广泛用于切断异型断面轧件，以获得断面整齐的定尺产品。

　　根据工作方式和结构形式，锯切机械可以分成两类：

　　(1) 锯机。其用于（停放着的）单根或整束轧件的切头、切尾或切定尺长度。锯切常温轧件的锯机称为冷锯机，锯切高温轧件的锯机称为热锯机。

　　(2) 飞锯机。其用于将运行中的轧件切头、切尾或切成定尺长度。飞锯机也可分为冷飞锯机和热飞锯机。

单元 16　锯　　机

　　在轧钢车间里用得最多的锯切机械是热锯机。热锯机一般装设在轧机后面的生产线上。在很多情况下，整个轧钢车间的生产量常因热锯机生产能力的限制而受到影响。

16.1　热锯机的结构形式

　　锯机的主要机构有三部分：锯片传动机构、锯片送进机构和调整定尺的锯机横移机构。

　　锯片的传动方式有两种：由电动机直接传动及电动机经三角皮带或其他方式传动。因前者传动效率高，空载能耗少，大型热锯机都采用这种方式。但是，为了防止电动机工作时受热态轧件的热辐射影响，必须采取防护措施。第二种传动方式的电动机离热轧件较远，受热态轧件的热辐射影响较小，所以不用采取专门的防护措施。

　　早期的热锯机是固定式的，既无横移机构也无送进机构，锯切时用气动小车将轧件送往锯片。这种固定式热锯机的主要优点是设备简单、重量轻、生产率也比较高。但是，这种热锯机由于用气动小车送进轧件，在送进过程中能将轧件推弯，从而使锯切后的切口断面和轧件轴线不垂直，影响产品质量。所以，固定式热锯机逐渐被移动式热锯机所取代。

　　随着轧钢车间产量和轧件断面的增大，工作行程较长和生产率较高的滑座式热锯机（见图5-1）在大型及中型型钢车间得到广泛应用。早期的滑座式热锯机，滑座的送进是沿着滑道滑动前进的，因滑道磨损快，需要经常更换滑道衬板，维护不便；此外，当滑道磨损后，滑座不能保持平直地向前滑行，从而增加了送进和锯切功率的消耗，还增加了锯切时热锯机的振动幅度。因此，现在我国多用滚轮送进代替滑道送进。

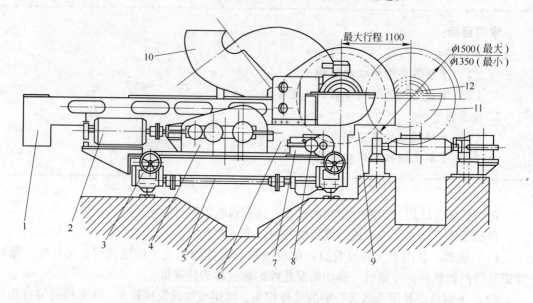

图 5-1　φ1500mm 滑座式热锯机

1—上滑台；2—送进电动机；3—夹轨器；4—送进减速机；5—行走轮轴；6—下滑座；
7—横移减速机；8—横移电动机；9—锯片；10—锯片罩；11—水箱；12—锯片电动机

　　图 5-1 是滚轮送进的滑座式热锯机的结构图。这种热锯机的锯片是由电动机直接传动的，在电动机周围有水箱和水帘进行冷却和防护。通过滚轮实现热锯机的送进操作。

　　滑座式热锯机，不论是滑动送进还是车轮送进，其设备重量都较大。四连杆式热锯机，它的设备重量比滑座式热锯机轻，而且装设有开式的送进齿轮、齿条传动，工作行程也比较大。所以，近年来应用较多。图 5-2 为 φ1800mm 四连杆式热锯机的结构图。

　　热锯机的锯片由电动机直接传动；电动机的外面装有水帘降温。当锯片直径 $D = 1800mm$ 时，锯片圆周速度为 92m/s。由于锯转速较高，铝锯片轴的轴承采用调心滚子轴承，以稀油集中润滑，轴承座通水冷却。

　　送进机构的电动机装在锯座 5 上，经减速机 3 及安全联轴器使曲柄 10 摆动，从而带动锯架 4 前后移动，实现进锯和退锯。合理地选择曲柄和连杆尺寸，可以保证锯片基本上是水平移动。曲柄 10 的下端有与它做成一体的扇形平衡重，以平衡可动系统的重量，降低送进电动机的能耗。为了控制锯架 4 的行程，在送进机构中装设有电气控制装置。

　　横移电动机经减速机 1 带动行走轮在轨道 11 上滚动，使整个热锯机沿轨道横移。只有一端行走轮是驱动的，而另一端是从动的。为了防止热锯机锯切时行走轮滚动而改变轧

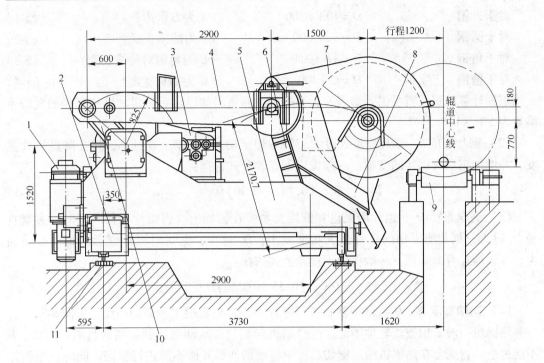

图 5-2　φ1800mm 四连杆式热锯机

1—横移减速机；2—夹轨器；3—送进减速机；4—锯架；5—锯座；6—摇杆；

7—锯片罩；8—防护罩；9—辊道；10—曲柄；11—轨道

件的定尺长度，在锯座 5 靠近两个后行走轮的外侧装有两个夹轨器 2。当热锯机工作时，夹轨器夹紧轨道 11 的头部；横移时，夹轨器松脱。

为减轻设备重量，锯架 4 用钢板焊成。前端与两根焊接结构的摇杆 6 铰接。摇杆 6 下端铰接在锯座 5 上。为防止水、锯屑等落入传动机构，在摇杆 6 的前面及锯片的外面，均装有防护罩。送进机构各铰接点皆采用滚动轴承。

16.2　热锯机的基本参数

热锯机的基本参数可分为两大类：结构参数和工艺参数。

16.2.1　结构参数

热锯机的结构参数包括：

（1）锯片直径 D。锯机常以锯片直径 D 作为标称，如 φ1500mm、φ1800mm 等热锯机。锯片直径 D 取决于被锯切轧件的断面尺寸。要保证锯切最大高度的轧件时，锯轴、上滑台和夹盘能在轧件上面自由通过，见图 5-3。同时，为使被锯切断面能被完全锯断，锯片下缘应比辊道表面最少低 40～80mm（新锯片可达 100～150mm）。

初选锯片直径 D 时，可按被锯切的最大轧件高度用以下经验公式计算：

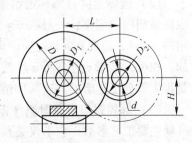

图 5-3　热锯机基本结构参数图

对于方钢　　　　　　　$D = 10A + 300$　　　　　（A 为方钢边长）　　　　（5-1）

对于圆钢　　　　　　　$D = 8d + 300$　　　　　（d 为圆钢直径）　　　　（5-2）

对于角钢　　　　　　　$D = 3B + 350$　　　　　（B 为角钢对角线长度）　（5-3）

对于槽钢、工字钢　　　$D = C + 400$　　　　　（C 为钢材宽度）　　　　（5-4）

根据计算的锯片直径值，参考有关系列标准和资料加以最后确定。锯片直径的允许重磨量为 5% ~ 10%。

（2）锯片厚度 δ。锯片厚度 δ 过大，将增加锯切功率损耗；δ 过小，将会降低锯片强度，并增加锯切时锯片的变形。一般按以下经验公式选择：

$$\delta = (0.18 \sim 0.20)D^{1/2} \tag{5-5}$$

（3）夹盘直径 D_1。锯片用夹盘和螺栓夹紧装在锯轴上。当锯片直径一定时，夹盘直径 D_1 过大，锯片能锯切的轧件最大高度减小；D_1 过小，锯切时锯片变形和轴向振动加大，导致锯片寿命降低。一般按以下经验公式选择：

$$D_1 = (0.35 \sim 0.50)D \tag{5-6}$$

（4）锯轴高度 H。H 为锯轴轴心（即锯片中心）到辊道上表面的高度，见图 5-3。

热锯机一般采用被切轧件不动，由热锯机向被切件运动而达到锯切的目的。为此，H 不能过小，否则会在热锯机送进锯切过程中将被切件推开而不能进行锯切；同时，当锯片直径 D 一定时，H 又不能过大，否则无法保证重磨后的锯片最小直径下缘应低于辊道上表面的要求。一般可按以下经验公式选择：

$$H = D/2 - (45 \sim 120) \tag{5-7}$$

（5）锯片行程 L。锯片行程 L 由被锯切轧件的最大宽度和并排锯切的最多根数而定。热锯机的送进机构应保证具有大于 L 的行程。

16.2.2　工艺参数

热锯机的工艺参数包括：

（1）锯片圆周速度 v。提高锯片圆周速度 v，可以在同样送进速度 u 的条件下，减少每个锯齿所锯切的切屑厚度，从而减小每齿的受力。换言之，如果每齿所能承受的载荷一定，则提高 v 可为提高 u 创造条件，亦即可以提高生产率。但是随着 v 的增加，由于离心力而引起的径向拉应力也将增加，从而降低了锯齿所能承受的锯切能力。因此，一般应用的锯片圆周速度在 100 ~ 120m/s 以下，$v_{max} \leqslant 140$m/s。

（2）进锯速度（或称进给速度、送进速度）u。根据被切轧件断面的大小，进锯速度也应做相应的调整，一般取 $u = 30 \sim 300$mm/s。u 除了应和轧件断面相适应外（大断面所用的 u 小），也要和 v 相适应。因为如果 v 过低而 u 过高，切削厚度增加，锯切阻力将增加；相反，如果 v 过高而 u 过低，切屑厚度太薄，锯屑容易崩碎成为粉末，将使锯齿尤其是齿尖部分迅速磨损。这两种情况都会影响锯齿寿命。

（3）每秒锯切断面面积（锯机生产率或锯切生产率）。每秒锯切断面面积是热锯机的一项主要工艺参数，它不仅关系到热锯机的生产率和锯切质量，也是计算热锯机锯切力和锯切功率的主要参数。

16.3　锯齿形状和锯片材料

16.3.1　锯齿形状

合理的锯齿形状应该满足下列条件：锯齿强度好，锯切能耗少，使用寿命长，噪声低，制造和重磨成本经济。

常用的热锯机齿形如图5-4所示有狼牙形、鼠牙形和等腰三角形三种。

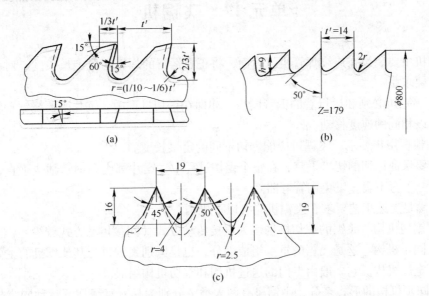

图5-4　常用的热锯机齿形

（a）狼牙形；（b）鼠牙形；（c）等腰三角形

16.3.2　锯片材料和锯齿热处理

锯片材料通常采用65Mn制成。锯齿齿尖一般采用高频感应加热或接触电加热法进行淬火，齿尖硬度为HRC 56～63。锯片整体热处理后板面硬度为HRC 29～37。

16.3.3　锯齿冷却

锯切时，切削和摩擦产生大量热量，而且热锯机锯片还直接与高温轧件接触，使锯齿部分温度迅速升高，故必须进行强力冷却，以免齿尖退火。此外，有时切屑黏附在齿尖或齿槽中，继续锯切时将降低齿尖的锋利程度，或使切屑压实在齿槽中形成"塞齿"现象。这两种情况都导致锯切力迅速增大，从而损坏锯齿和锯片。为此，采用较大流量的高压水进行冷却，是提高锯齿和锯片寿命的有效措施。某些热锯机采用的高压水水压已大于3MPa。

16.4　冷锯机

为提高锯切断面质量和定尺精度，现代的大型和中型型钢轧钢厂，逐渐用冷锯机代替热锯机，进行轧件的切头、切尾和定尺锯切。圆盘式高速金属冷锯机应用较为广泛。

　　圆盘式金属冷锯机的锯片圆周速度 v 和进锯速度 u，与圆盘式金属热锯机相似：$v \leqslant 130\text{m/s}$，$u \leqslant 200 \sim 300\text{mm/s}$。其比机械厂用于下料的圆盘式金属冷锯机的圆周速度 $v \leqslant 10\text{m/s}$ 要大得多。

　　圆盘式高速金属冷锯机的结构形式与圆盘式热锯机的相似，但其锯切功率计算方法有所不同。

单元 17　飞锯机

　　飞锯机主要装设在连续焊管机组后面，将正在运行的焊管切成定尺长度。对飞锯机基本的工艺要求是：

　　（1）飞锯机必须和运行着的钢管同步，亦即在锯切过程中，锯片既要绕锯轴转动，又要与钢管以相同的速度移动。

　　（2）根据用户要求，飞锯机应能锯切不同的定尺长度。

　　（3）要保证锯切的切口平整，在整个锯切过程中，锯片都应和钢管轴线垂直，并且要使切头部分不弯不扁，以免钢管弯曲。

　　为了满足上述工艺要求，飞锯机应有以下机构：

　　（1）锯切机构。飞锯的锯切机构多为直接传动方式（间接传动方式较少）。

　　（2）同步机构。这是飞锯的重要组成部分，也是区别飞锯机与其他锯机的主要标志。

　　（3）定尺机构。它一般由专门的送进机构和空切机构组成。

　　根据同步机构的形式来分，飞锯机有两大类，分别为具有直线往复运动同步机构的飞锯机和具有回转运动同步机构的飞锯机。

17.1　具有直线往复运动同步机构的飞锯机

　　最简单的方式是使运行中的钢管带着锯切机构一起前进。锯切完毕，松开夹在钢管上的夹紧装置，锯切机构返回原位，钢管继续向前移送。此种方式虽然严格保持同步，但只用于钢管运行速度较低（一般不超过 1m/s）的生产流程中。

　　较为复杂的方式是应用气动系统将锯切机构往复移送。但是，也只用于低速（一般在 2m/s 以下）移送的钢管锯切中。

　　具有直线往复运动同步机构的飞锯机虽有不少优点，如结构紧凑、设备较轻、在一定范围内可以锯切任意定尺等，但由于往复运动时惯性作用的影响，不适用于以较高速度运行的钢管锯切。因此，这种飞锯机在现代的焊管机组中应用较少。

17.2　具有回转运动同步机构的飞锯机

　　具有回转运动同步机构的飞锯机因惯性作用影响较小，可使所锯切的焊管速度达到 10m/s 以上。这种结构的飞锯机可分为两大类。

17.2.1　行星轮系式回转机构

　　这种飞锯机的示意图如图 5-5 所示。

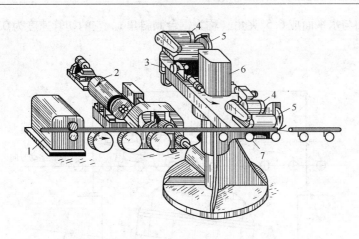

图 5-5　具有行星轮系式回转机构的飞锯机
1—测速装置；2—回转机构电动机；3—回转台；4—锯片电动机；
5—锯片；6—电源滑环装置；7—叉形装置

测速装置 1 将焊管的速度通过测速发电机测量，并将信号送给回转机构电动机 2，再经过减速机和行星轮系使回转台 3 以相应于焊管的速度回转。装在立轴上的太阳轮固定不动，中间轮和回转台 3 一起回转，所以回转台 3 就是行星轮系（装于回转台 3 的内部）的系杆。取行星轮与太阳轮齿数相同，使行星轮绕自己轮心的转速为零。在回转台 3 两端的两个行星轮上各装着立轴，在此两立轴上又各装有托架和锯片电动机 4，由它传动锯片 5。由于行星轮和它的立轴皆没有绕自己轴心的转动，所以，在回转台 3 转动过程中，托架保持其原始位置方向不变。因此，只要安装时使锯片垂直钢管轴线，则回转台 3 不论转到何位置，锯片始终保持垂直钢管轴线，从而保持切口平整。

由于驱动锯片的电动机 4 装在回转台 3 上，其电源通过滑环装置 6 输入。进行锯切时，由专门的叉形装置 7 将钢管抬起来送给锯片切断。

这种飞锯机构的优点为：锯片在全部锯切过程中都和钢管的轴线垂直；回转台 3 两端都有锯切机构，动平衡较好，并且，如果一台锯片损坏，可以用另一台锯片继续进行锯切；结构简单，使用可靠。其缺点为：回转部分设备重量较大，因此变速回转时动载荷较大；当钢管运行速度较高（高于 5m/s）时，叉形装置 7 在锯切完毕后，应下降放开钢管，但这时常失去导向作用，从而使钢管偏离轧制线。

17.2.2　四连杆式回转机构

四连杆式回转机构可分为两种：一种为立式（四连杆机构在垂直平面内回转）；一种为卧式（四连杆机构在接近于水平平面内回转）。

立式四连杆飞锯机的安装和检修比较方便，机构比较简单。但其缺点是动平衡不易调好，容易形成四连杆系统自上向下回转时有加速现象，自下向上回转时有减速现象，即在转一周的过程中速度不均，将影响同步效果和定尺精度。

为了克服这一缺点，常将立式四连杆飞锯机改成卧式四连杆飞锯机。为了锯切时锯片能将钢管压紧在辊道上，卧式四连杆系统不是在严格的水平面内回转，而是使其回转平面与水平面有一个不大的夹角。安装在我国某厂的飞锯机就是属于这种类型，见图 5-6。它的四连杆系统回转平面与水平面成 6.5°夹角（称为锯台倾斜角）。它的切管速度为 0.5～6m/s。

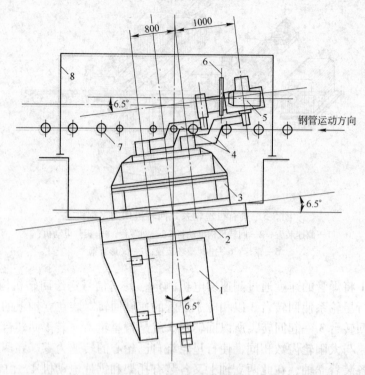

图 5-6　卧式四连杆飞锯机

1—回转机构主电动机；2—底座；3—减速机；4—旋臂；5—锯片电动机；6—锯片；7—辊道；8—锯罩

单元 18　锯机工艺制度与操作

下面以某厂热锯机的工艺状况为例进行介绍。其技术参数见表 5-1。

表 5-1　热锯机技术参数

锯片直径/mm	2200/2000	锯片厚度/mm	14
锯座最大行程/mm	2800	锯片材质	51Mn7
进锯速度/mm·s^{-1}	10～300	锯片寿命/m²·片$^{-1}$	120
回程速度/mm·s^{-1}	约 500	锯件最大/最小高度/mm	400/40
冷却水压力/MPa	3	锯件最大/最小宽度/mm	800/125
冷却水量/m³·h^{-1}	15	主电动机功率/kW	400
冷却水水质	浊环水	电动机转速/r·min^{-1}	1500
锯片最大圆周速度/m·s^{-1}	140	电动机形式	直流
锯切温度/℃	≥600	传动速比	1.25
锯片夹持行程/mm	40	液压马达力矩/N·m	240
移动锯移动距离/m	6～27	液压马达压力/MPa	12
移动速度/mm·s^{-1}	400/10	液压马达速度/r·min^{-1}	640
调整精度/mm	±5		

18.1 热锯工艺制度

关于热锯工艺制度，分述如下：

（1）切头、切尾长度。

1）头尾锯切长度为 500 ~ 1200mm。

2）如头尾发现有轧制和冶炼缺陷，必须锯切干净，超过 1500mm 时，须分两次或两次以上锯切。如在轧件中部发现缺陷，须中断锯切程序，改用手动方式，将缺陷部分切除。

（2）锯切速度。

1）对小规格和不对称断面的型材，快速进锯，锯切速度一般取 210 ~ 300mm/s。

2）钢种较硬或规格较大时，中速进锯，锯切速度一般取 120 ~ 250mm/s。

3）事故状态下，遇钢温较低时，锯切速度取小于 150mm/s。

（3）锯切方式。热锯锯切时，必须是单根锯切。

18.2 锯片更换

生产过程中出现下列情况时应更换锯片：

（1）齿根部产生裂纹（裂纹长达 60mm 或裂纹底部分叉）。

（2）断齿（连续崩 2 个齿以上）。

（3）磨损后影响锯切端面质量（一般达锯齿 1/3 以上）。

（4）锯片变形，如椭圆、瓢曲等。

锯片的夹紧与固定简图见图 5-7。

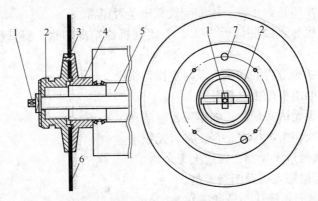

图 5-7 锯片夹紧结构示意图

1—T 形头；2—外夹盘；3—定位销；4—内夹盘；5—锯片中空主轴；6—锯片；7—定位销孔

18.3 热锯操作

本节以某厂热锯机生产为例，介绍其操作过程。

（1）开机准备。操作工在开机前要做下列常规检查：

1）检查锯齿使用情况，如有崩齿、裂纹过长、磨损过大，必须更换锯片；

2）确认稀油、干油润滑、稀油油温、油位无报警；

3）确认锯片已夹紧，防护罩已合上；

4）检查锯机冷却水嘴有无堵塞，冷却水打开后水压是否正常；

5）检查、清理切头筐内的切头，及时更换切头筐；

6）检查切头溜槽闸板是否已打开；

7）确认切削溜槽无堵塞现象，如堵塞及时清理；

8）检查切削坑及切头坑排水是否正常、无积水；

9）检查、确认锯口无异物，辊道上无杂物；

10）确认现场无闲杂人员。

之后送电，进行单机和联动试车。

（2）生产操作。具体包括锯切图表调用、SAWS SET UP 画面的设定、区域模拟、自动操作、自动过程中断及恢复（人为中断、故障中断及处理、人工中断自动的恢复）、手动。

（3）停机。

18.4　冷锯操作

本节以某厂热锯机生产为例，介绍其操作过程。

（1）开机前检查。操作工在开机前要做下列常规检查：

1）检查锯片使用情况，不符合使用要求的，必须更换锯片。锯片更换标准为：齿尖磨损超过齿高 1/3；连续断 2 个或 2 个以上齿；瓢曲度超过 3mm；发现有塞齿情况；一条裂纹长度大于 50mm，连续出现 2 条或 2 条以上 30mm 裂纹；发现有圆弧状裂纹；锯切量超过规定吨位。

2）检查区域设备润滑是否良好。

3）确认锯片已夹紧，防护罩已合上。

4）检查浊环水水压是否正常，压缩空气气压是否正常。

5）检查稀油温度，若温度低于 30℃，关闭锯机油箱冷却水，打开稀油系统冷却水，启动稀油泵。

6）检查、清理切头筐内的切头，及时更换切头筐。

7）检查切头溜槽闸板是否已打开。

8）确认切削溜槽无堵塞现象，如堵塞及时清理。

9）检查切削坑及切头坑排水是否正常，无积水。

10）检查、确认锯口无异物，辊道上无杂物。

11）确认现场无检修人员及闲杂人员。

12）检查 CSM 画面，确认 5 号液压站、7 号液压站已送上。

13）检查 COROS 各个画面是否正常，如有问题，及时通知电工处理。

14）检查操作画面上各光栅是否正常。

15）按下"LAMP TEST（灯测试）"按钮，检查操作台上的各指示灯是否工作正常，如有损坏，通知电工及时更换；之后，分别选择锯机稀油润滑介质系统及中压水系统，依次选择各组辊道及链传机等，送上电。

（2）单机和联动试车。分别按下成排收集台架输入端、输出端、1 号及 2 号升降挡板升降按钮，检查能否正常动作；检查链传机能否正常正转、停止及反转；检查输入区辊道运转是否正常；检查输出区辊道运转是否正常；检查升降挡板运动是否正常；检查定尺机能否按设定值正常定位；检查轧件托起装置动作情况；检查夹紧装置升降情况；判断锯座进锯过程中是否有异常现象；判断主传动运转是否正常；检查冷却水能否正常切换；在以上动作过程中，同时检查各发光按钮、指示灯工作是否正常，位置指示是否正常。若有异常，通知电、钳工予以排除。

（3）生产操作。在一级主画面中，进入在操作画面中，进入锯切图表存贮区，该图表传输到准备区，锯切图表进入准备区后，要检查、确认选择的图表。

点击输入框，通过键盘输入来料宽度、来料高度；点击输入框，通过键盘输入各项设定的数值：锯片的实际直径、主电机的限幅值、进锯的最大速度、进锯压力、轧件夹紧装置的位置控制、轧件夹紧的间隙值、轧件夹紧装置的释放位置、轧件夹紧装置的压力、锯片的冷却方式。

按自动输入、自动锯切、自动输出按钮，模拟正常，具备操作条件模拟。

定尺操作和剔废台架、尾钢控制等由计算机自动控制。其自动过程的中断及恢复：

1）人为中断及恢复。

在操作画面中，按功能键 F1，然后可以进行手动干预；恢复自动时，必须先手动清除缓冲区中的轧件，自动重新开始。

2）故障中断及处理。

①局部检测元件失效，产生自动中断，必须更换或修复检测元件。

②在操作过程中，某设备动作的联锁条件未满足，引起自动中断；必须检查各检测元件信号是否正常。

③在锯切过程中，在有发生撞锯片等恶性事故可能的情况下，操作工按 CP6 台上锯机快停按钮。

④区域可能发生重大人身、设备事故，按 CP6 台右上角红色紧停按钮。

（4）手动操作。手动操作一般只用于检修和区域自动失效时。

1）成排收集台架手动操作。当轧件在矫直机输出辊道上停稳之后，按下成排收集台架链传机"LOAD UP"按钮，将轧件托离辊道；按成排收集台架链传机"FORWARD"按钮，启动横移运输，并根据不同的成排根数，在链传机运输一定行程之后按"STOP"按钮，停下链传机。

2）辊道、定尺机及1号冷锯手动操作。设定锯切长度位置，轧件被运送至锯机处，手动定位，辊道停转；将轧件托起；夹紧轧件；定尺机挡板升起，开始进锯；锯座退回；冷却水冲洗溜槽，压紧装置升至高位；将轧件放在辊道上，然后将轧件送走；切下料头，使料头落入切头筐，切头筐盛满，行车将切头筐吊走。

（5）停机。输入区辊道上无轧件，主传动关闭，关闭输入、输出区辊道及链传机电源，锯机断电，锯机稀油润滑介质系统及中压水系统停电。

思考与练习

5-1 锯机的结构参数有哪些？
5-2 锯机的工艺参数有哪些，影响因素有哪些？
5-3 飞锯机有哪些类型，工作原理是什么？
5-4 锯机锯片更换的条件是什么？

情景6 卷取设备及其操作

卷取机是轧钢车间的主要辅助设备之一。由于冷、热轧带钢以及线材轧件经过延伸变形后长度达数十米到数百米或更长，可能在轧制后用卷取机将轧件卷绕成板卷或盘卷，为增大原料单重、提高轧制速度、减少头和尾温差、方便运输和贮存提供有利条件。卷取机不仅安装在主轧制线上，在现代化的冷轧带钢车间，卷取机还普遍用于剪切、酸洗、热处理、涂镀、涂层等机组中。

卷取机的类型很多，按其用途可分为三类：热带钢卷取机、冷带钢卷取机和线材卷取机。

单元 19 卷取工艺与设备

19.1 热带钢卷取工艺与设备

热带钢卷取机是用来把热状态下的带钢卷成钢卷。它安装在连续式、半连续式、炉卷轧机和行星轧机等成卷生产热轧带钢轧机的运输辊道的上面（地上式）或下面（地下式）。地上式卷取机主要用于卷取窄带钢。地下式卷取机则用于高生产率的热轧宽带钢作业线上，其应用日趋广泛。

热带钢连轧机的产量、品种规格不断增加，轧制速度不断提高，因而对卷取机也提出了新的要求：钢卷单重要大，卷出的钢卷要紧密而整齐；提高咬入和卷取速度；扩大卷取带钢的宽度和厚度范围；能卷取合金钢和温度较低的带钢；维修方便以减少停机时间等。

19.1.1 地下式卷取机的设备配置及卷取工艺

19.1.1.1 地下式卷取机的布置及设备构成

地下式卷取机一般布置在热带钢连轧机组冷却段的输出辊道后面。它因位于辊道标高之下，所以被称为地下式卷取机。在整个连轧机组中，卷取机的工作条件最为恶劣，也是最易出故障的环节之一。为保持连轧机组的生产节奏，一般依次布置 3 台以上的卷取机。2 台交替使用，1 台备用检修。为使带钢温度在卷取前冷却到金属相变点以下（碳素钢为 540～620℃），卷取机与末架精轧机之间的距离一般要求保持在 120～150m 左右。近年来随着轧机速度的提高、卷重的增大和带钢厚度范围的扩大，要求卷取机的布置具有更强的工艺适应性。在有些高生产率且产品厚度范围大的热连轧线上，要求距末架轧机 60～70m 处安装 2 台近距离卷取机，用来卷取冷却速度快的薄带钢；距末架轧机 180～200m 处安装 2～3 台远距离卷取机，用来卷取冷却慢的厚带钢，以保证带钢的质量。

　　地下式卷取机主要由张力辊（也称夹送辊）及其前后导尺、导板装置，助卷辊（也称成形辊）及助卷导板、卷筒及卸卷装置等组成。此外，在卷取区域还需配置一些其他辅助设施，如机上过桥辊道、事故剪切机、带卷输出运输链、运输车、翻卷机、打捆机等。图 6-1 为热连轧地下式卷取机主要设备构成示意图。该卷取机为三辊式（有 3 个助卷辊），在轧制线上依次安装 3 台：第 1 台距末架轧机 138.6m，机间距离 7.7m。其卷取带钢厚度为 1.25～12.7mm，卷取速度为 20m/s，卷重可达 30t。

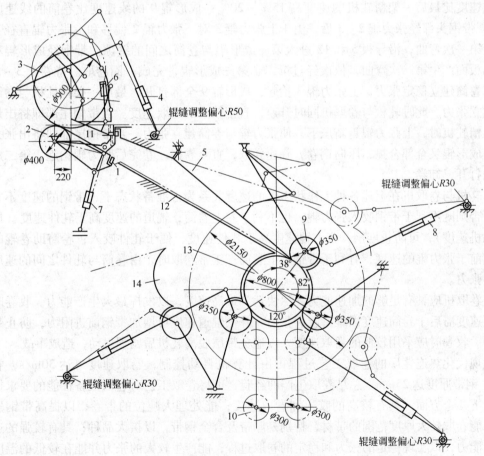

图 6-1　1700 热带钢连轧机三辊卷取机

1—事故剪；2—下张力辊；3—上张力辊；4—张力辊升降气缸；5—上导板；6，7—液压缸；8—气缸；
9—成形辊；10—卸卷小车；11—活动导板；12—前导板；13—卷筒；14—弯曲导板

19.1.1.2　地下式卷取机卷取工艺

地下热卷取的主要作用是控制轧机出口张力和将带材卷取成卷。下面以三辊式地下卷取机为例（见图 6-1）说明卷取工艺过程。

该卷取机安装在 1700 热轧带钢连轧生产线上，可卷取厚度为 1.2 ~ 10mm、宽度为 750 ~ 1550mm、最大卷重达 24t 的热带钢卷，最高卷取速度可达 20m/s。第一成形辊与垂直线成 38°，因为在一整圈卷取过程中，开始卷取困难，随后卷取容易，即主要靠第一成形辊，其次是第二成形辊，使带钢弯曲成形，第三成形辊只起导向和克服弹复变形的作用。所以第一和第二成形辊相距较近，其夹角为 82°，第二和第三成形辊相距较远，其夹角为 120°。三个成形辊顺着卷取方向由密到疏的分布形式，较一般的均匀分布形式更为合理。

从最后一架精轧机轧出的带钢头部，开始以较低速度（8 ~ 11m/s）进入卷取机，然后再随轧机加速到较高的速度。为使带钢顺利咬入和建立卷取张力，卷取机各部分与轧机必须具有一定的速度关系：张力辊的线速度比最后一架轧机速度高 10% ~ 15%；卷筒 13 的线速度比最后一架精轧机的速度高 15% ~ 20%；成形辊 9 的线速度比卷筒的线速度高 5%。带钢头部经张力辊 2、3 后，由于上张力辊 3 对下张力辊 2 偏移和上张力辊直径大而产生第一次弯曲，沿导板 5 和 12 进入第一成形辊与卷筒之间的缝隙。带钢经成形辊和弯曲导板面产生第二次弯曲，依次经过第二、第三成形辊，完成一圈卷取。待卷上 3 ~ 5 圈后，卷筒建立稳定张力，上张力辊 3 抬起，成形辊 9 全部打开，最后一架精轧机与卷筒直接建立张力。此时轧机与卷取机同时升速，直至较高的卷取速度。当带钢尾部即将出最后一架精轧机时，上张力辊重新压下，使张力辊与卷筒建立张力。当带钢尾部即将出张力辊时，成形辊又全部合拢，压向钢卷，降速卷取，直至卷完。卷完后张力辊抬起，第二成形辊先打开，卸卷。

轧机与卷取机在上述各种工作状态下的速度关系为：准备状态下，带钢的速度不宜过高，否则既不利于带钢咬入张力辊，也不利于卷上卷筒；辊道的速度高于轧件速度（即末架轧机速度），可防止堆钢；张力辊速度高于轧件速度，便于轧件咬入；卷筒助卷辊的速度超前于张力辊的速度，有利于带钢卷上卷筒；正常卷取时，由卷筒与轧件之间的速度差保持张力。

卷取机应具有足够的加速能力，尽快达到最高速度，以发挥最大生产能力。收卷时张力辊速度滞后于卷筒速度以维持收卷张力，降低辊道速度可增加带钢前进阻力，防止带尾跳动。收卷时应采用较低的卷取速度，以避免带层脱离轧机后剧烈甩动，造成事故。

现代化热连轧厂的卷取工艺过程可由计算机自动控制，卷取速度可达 30m/s，卷重 45t，钢带厚度达 25mm。总结卷取生产的经验，可将卷取工艺对卷取设备性能的要求概括为以下几个方面：具有较高的咬入和卷取速度；能处理大吨位的带卷，以提高带钢生产率，能卷取较大厚度范围的带材，特别是厚带及合金钢带，以扩大品种；具有较强的速度控制能力，以实现稳定的张力和稳定的卷取过程；能产生较大的张力并能在较低的温度下卷取，以改善带材的质量和力学性能（这要求卷取机本身具有较好的强度和刚度）；所卷带卷边缘整齐，便于贮存运输，高速卷取时，卷筒有良好的动平衡性能；卷筒可胀缩，便于卸卷操作。除此之外，还应具有能适应高温环境、结构简单、动作可靠、维修方便等特点。

19.1.2　地下式卷取机的分类及结构

19.1.2.1　地下式卷取机的分类

地下式卷取机形式上的主要差别在于助卷辊的数目、分布情况、控制方式以及卷筒结构的不同。按助卷辊数目，地下式卷取机可分为八辊式、四辊式、三辊式、滑座四辊式、二辊式等；按助卷辊的移动控制方式，又可分为各助卷辊连杆连接集体定位控制和辊单独定位控制两种；按卷筒结构则可分为连杆胀缩卷筒卷取机和棱锥斜面柱塞胀缩卷筒卷取机等。地下式卷取机的分类情况如图 6-2 所示。八辊式卷取机多采用助卷辊连杆集体定位的

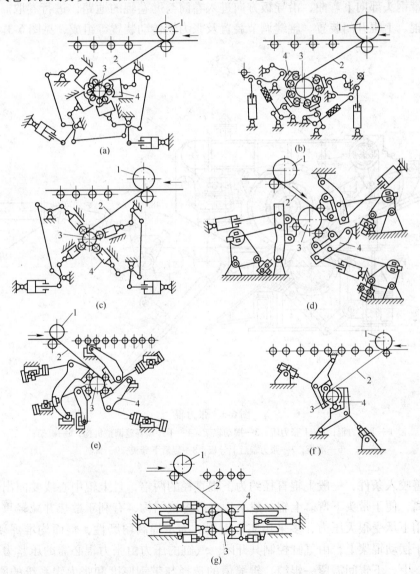

图 6-2　地下式卷取机示意图

（a）八辊四滑道集体定位式；（b）八辊无滑道集体定位式；（c）四辊集体定位式；（d）三辊单独定位式；

（e）四辊单独定位式；（f）二辊单独定位式；（g）四辊滑座式

1—助卷辊；2—带钢；3—卷筒；4—张力辊

控制方式；四辊式卷取机助卷辊采用集体定位控制方式的仅是八辊式的简化改进形式，它们都属于卷取机的早期设计形式。近代卷取机多采用三辊或四辊且各个助卷辊都能单独定位控制的设计方案。滑座四辊式是专门为卷取厚带钢（$h > 16\text{mm}$）而设计的，而二辊式主要用于卷取薄窄带钢。

19.1.2.2　地下式卷取机结构

地下式卷取机各部分结构介绍如下：

（1）张力辊。张力辊的作用是在带尾离开轧机时保持卷取张力并在卷取开始时咬入带钢，迫使带钢头部向下弯曲，沿导板方向进入卷筒与助卷辊的通路，进行卷取。张力辊由上辊、下辊、上辊开闭装置、辊缝调节装置及张力辊传动装置等组成，见图6-3。

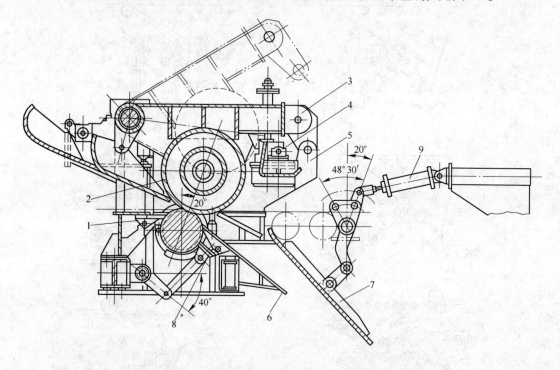

图6-3　张力辊

1—下张力辊；2—上张力辊；3—摆动辊架；4—千斤顶辊缝调整机构；5—机架；
6—溜板；7—张力辊后上导板；8—辊后下导板；9—气缸

为改善咬入条件，一般上辊直径约为下辊直径的两倍，且上辊中心线要向出口方向偏移一段距离，便于带头下弯。上辊一般采用空心焊接结构，有利于散热并减轻重量。下辊在张力作用下承受很大压力，多采用实心钢辊。为了提高耐磨性，辊面均堆焊硬质合金。上辊装设于摆动辊架上，由气缸控制其开闭。气缸的压力由张力辊必需的压紧力确定。上辊压下后，上、下辊间需留一辊缝。辊缝值的选择与带钢厚度和张力辊系统的刚度有关，一般比带厚小 0.4mm 左右。为此，张力辊需设辊缝调整装置，以限制摆动辊架的压下位置，实现辊缝调整。此外，上、下辊的平行度对卷取质量有重要影响，所以辊缝调整装置也应能调整辊身的平行度。常见的辊缝调整机构有螺旋千斤顶式和偏心轴式等，前者工作更为可靠。

张力辊传动有集中传动和单独传动两种形式。集中传动是由一台电动机集体驱动上、下张力辊，传动分轴齿轮箱速比常略小于上、下张力辊辊径比，以适应带材向下弯曲的趋势。这种传动方式要求上、下辊径保持确定的比值。单独传动是由两台电动机分别驱动上、下辊，用电气同步控制保持上、下辊速度匹配，因此对辊径比无严格要求。

在张力辊之前设置风动导尺为带钢导向，使带卷边缘整齐。导尺开度由机械气动双重控制。导向时机械定位，导尺开度略大于带宽。卷取时导尺在气缸作用下导引带钢。张力辊之后设置导板，构成张力辊与卷筒之间的通路。张力辊抬升时导板封闭地下卷筒的入口，使带钢通向后一架卷取机。在某些卷取机的张力辊后导板上设置事故剪切机，以便当卷取出现故障时，切断带钢将其送往后面的卷取机。

（2）卷筒。卷筒是卷取机的核心部件。它要在张力下高速度卷取热状态下重达45t的带卷。为此，要求卷筒内部有冷却与润滑系统，要在较大的带材压力作用下缩径卸卷；要有足够的强度与刚度。所有这些都决定了卷筒结构的复杂性。此外，在大张力情况下，为改善卷筒受力状态，悬臂端都应设有活动支承。常见的卷筒结构形式有连杆式、斜面柱塞式和棱锥式。斜面柱塞式和棱锥式的工作原理基本相同。

斜面柱塞式卷筒结构如图6-4所示。空心轴上有圆孔，沿卷筒轴向定位斜面柱塞。卷筒胀开时，胀缩缸牵引棱锥轴4向左移动，借棱锥轴与斜面柱塞3的相对运动胀开卷筒。卷筒胀开后，弹簧6处于强制压缩状态。卷筒收缩时，胀缩缸推动棱锥轴右移，弹簧可使

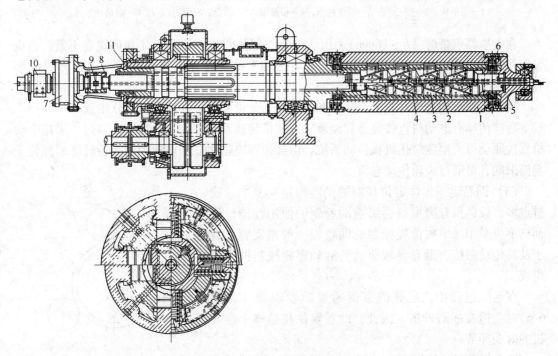

图 6-4 斜面柱塞式卷筒

1—扇形块；2—空心轴；3—斜面柱塞；4—棱锥轴；5—护圈；6—弹簧；7—旋转液压缸；
8—开式半联轴节；9—插销；10—液压回转接头；11—插板

扇形块收缩复位。更换卷筒时，拆下开式半联轴节 8 和插板 11，用卸卷小车托住卷筒，借助胀缩缸的推力使卷筒和前主轴承一起，从花锭连接处抽出。卷筒除了可以通水冷却外，在柱塞与棱锥的滑动面上还可通油润滑。

斜面柱塞式卷筒扇形块轴向并列四个支点，这就大大提高了卷筒的强度和刚度。胀缩时扇形块无轴向运动，对卸卷缩径十分有利。采用柱塞，相对简化了扇形块的加工制造。传动装置中采用花键连接便于更换卷筒。它的缺点是弹簧在热状态下工作时间较长时容易失效。

改进的卷筒结构如图 6-5 所示。扇形块收缩靠前后两个楔形环 7 和 8 实现。两楔形环由贯穿扇形块的拉杆相互连接，紧固于棱锥轴前端的挡盘 5 上，并随其一起运动。棱锥轴左移时，柱塞向外顶扇形块，卷筒胀开。右移时，楔形环向内压扇形块，卷筒收缩。卷筒的收缩由楔形环完成，弹簧只起辅助作用，因而延长了弹簧的使用寿命。

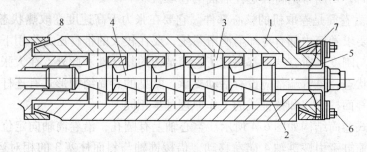

图 6-5　改进型斜楔卷筒结构

1—扇形块；2—空心轴；3—斜楔柱塞；4—棱锥轴；5—挡盘；6—拉杆；7，8—前后楔形环

在卷取厚钢带时（$h > 16mm$），由于带钢头部的弹复作用，头几卷可能卷不紧，造成带钢相对卷筒打滑，难以形成张力，甚至出现事故。为克服该问题，可采用多级胀缩卷筒。

热带卷取机的卷筒，其内部冷却和润滑是十分重要的，设计中须充分注意。

卷筒传动有电动机直接驱动和经齿轮减速机传动两种方式。卷取速度高时，采用电动机直接驱动可大幅度简化机械传动系统，但必须解决胀缩缸的设置问题。旋转胀缩缸位于卷筒末端，可通过齿轮传动卷筒。

（3）助卷辊。集体定位控制的助卷辊结构复杂，铰链点多，铰链稍有磨损就会影响助卷辊的使用性能，目前已不再采用。单独位置控制的助卷辊一般由支臂、辊子及其传动系统、助卷导板驱动气缸和辊缝控制机构等组成。

在卷取过程中，层叠的带钢通过助卷辊缝（见图6-6）时会造成强烈冲击。因此，助卷辊往往是整个卷取机的薄弱环节。

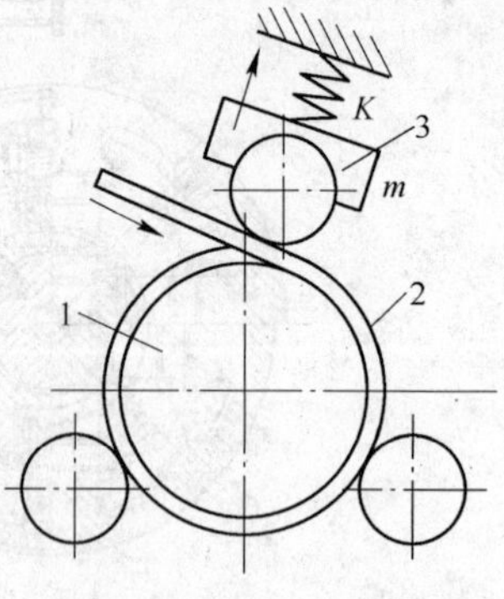

助卷辊直径一般取 $300 \sim 400mm$，采用实心辊可提高强度，但也增加其惯性质量，对冲击更为敏感。空心辊可减少质量，提高动力控制性能，但强度有所削弱。各

图 6-6　助卷辊冲击示意图

1—卷筒；2—带钢；3—助卷辊；
K—助卷辊等效刚度；m—质量

助卷辊由电动机单独传动，而传动轴为十字轴或球笼连接轴。各助卷之间由卷轴导板衔接，助卷导板的弯曲半径略大于卷筒半径且呈偏心布置，使各助卷导板与卷筒之间形成一楔形通道，使带钢顺利卷上卷筒。为减轻磨损，辊子与导板表面都堆焊硬质合金。

层叠的带头通过气缸控制开闭的助卷辊时，其冲击力很大，可达 500kN，甚至更大。即使设置缓冲弹簧，也不能有效地消除冲击振动，其冲击力仍在 100kN 以上，为此，现代热卷取机助卷辊采用液压或气液开闭控制系统。

19.2　冷带钢卷取工艺与设备

19.2.1　冷带钢卷取机的类型及工艺特点

19.2.1.1　冷带钢卷取机的分类

目前冷轧带钢的卷取设备与热轧带钢相似，采用卷筒式卷取机，主要由卷筒及其传动系统、压紧辊、活动支承和推卷、卸卷等装置组成。卷筒及其传动系统构成卷取机的核心部分，至于是否必须设置其余装置则需根据工艺要求而定。

冷带钢卷取机按用途可分为大张力卷取机和精整卷取机两类。大张力卷取机主要用于可逆轧机、连轧机、单机架轧机及平整机。精整卷取机则主要用于连续退火、酸洗、涂镀层及纵剪、重卷等生产机组。冷带钢卷取机按卷筒的结构特点可分为实心卷筒卷取机、四棱锥卷筒卷取机、八棱锥卷筒卷取机及四斜楔和弓形块卷取机等。前三种强度好，径向刚度大，常用于轧制线的大张力卷取；后两种结构简单，易于制造，常用于低张力的各种精整线。此外，大张力卷取机的卷筒从性能上还有固定刚度卷筒和可控刚度卷筒之分。

19.2.1.2　冷带钢卷取的工艺特点

就工艺目的讲，冷、热带钢的卷取基本一致。但由于冷带钢生产的特殊性，冷带钢卷取还有以下特点：

（1）大张力卷取。冷带钢卷取尤其在轧制作业线上卷取的特点是采用较大张力。此外，由于张力直接影响产品质量及尺寸精度，对张力的控制也有很严格的要求。现代大张力冷带钢卷取机都采用双电枢或多电枢直流电动机驱动，并尽量减小传动系统的转动惯量，提高调速性能，以实现对张力的严格控制。各种生产线的卷取张应力见表 6-1。轧制卷取时，应考虑加工硬化因素；精整卷取薄带时，张应力应取大值。

表 6-1　冷轧带钢生产线张应力数值

机　组	可　逆　轧　机			连轧机	精整机组
带厚/mm	0.3 ~ 1	1 ~ 2	2 ~ 4	—	—
张应力/MPa	$\sigma_0 = 0.5 \sim 0.8\sigma_s$	$\sigma_0 = 0.2 \sim 0.5\sigma_s$	$\sigma_0 = 0.1 \sim 0.2\sigma_s$	$\sigma_0 = 0.10 \sim 0.15\sigma_s$	$\sigma_0 = 5 \sim 10\sigma_s$

（2）表面质量高。冷带钢表面光洁，板形及尺寸精度要求较高，因此对卷筒几何形状及表面质量的要求也相应提高。

（3）要求钢卷稳定。冷轧的薄带钢采用大直径卷筒卷取时，卸卷后带卷的稳定性差，甚至出现塌卷现象。因此加工带材厚度范围大的生产线应能采用几种不同直径的卷筒，小直径卷筒用于卷取薄带。

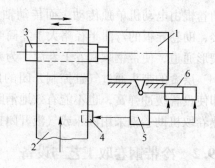

图 6-7　卷取机纠偏控制原理图

1—活动机架；2—带钢；3—卷筒；4—光电
检测元件；5—伺服控制器；6—油缸

（4）纠偏控制严格。带钢精整线往往要求带钢在运行时严格对中，使卷取的带卷边缘整齐。为此，常采用自动纠偏控制装置。带钢纠偏装置的工作原理如图 6-7 所示。卷取机机架 1 是活动的。调整好以后固定不动的光电元件 4 检测带钢边缘，带钢跑偏将使光电元件产生输出信号，信号放大后经电液伺服控制器 5、控制油缸 6 随时调整卷筒位置使带卷边缘保持整齐。纠偏效果与纠偏速度密切相关。纠偏速度可根据机组速度参考表 6-2 确定。

表 6-2　带钢的纠偏速度

机组速度/m·s⁻¹	0～1	1～1.5	2.5～5	5～15	15 以上
纠偏速度/mm·s⁻¹	10	15	20	30	40

此外，卷取速度高（可达 40m/s）也是冷卷取工艺的另一显著特点。

实际上，除高温条件外，几乎所有对热卷取机的性能要求，对冷卷取机都是适用的。但考虑到上述工艺特点，冷带钢卷取机还应考虑以下几个问题：要求有更高的强度、刚度，以实现大张力卷取；大张力卷筒胀开后，应能成为一完整圆形，以防止压伤内层带钢；可快速更换卷筒，以适应多种厚度。

19.2.2　冷带钢卷取机的结构

冷带钢卷取机的结构整体上与热带钢卷取机是一致的，由于卷取工艺的特点，其卷筒在结构上与热带钢卷取机有所区别。此外，冷带钢卷曲机常采用皮带助卷器替代助卷辊结构。

常见的冷带钢卷取机有实心卷筒式、四棱锥式、八棱锥式、四斜楔式、弓形块式等结构。

19.2.2.1　实心卷筒卷取机

实心卷筒卷取机一般为两端支承，结构简单，具有高的强度和刚度，用于大张力卷取。其缺点是卸卷须采用倒卷方法，影响了轧机的生产能力。

实心卷筒在大张力卷取时，带钢对卷筒会产生很高的径向压力。为防止卷筒塑性变形，卷筒材料一般都采用合金锻钢并经均匀热处理。

19.2.2.2　四棱锥卷取机

为克服实心卷筒卸卷困难的缺点，设计了四棱锥卷筒。四棱锥卷筒胀径时，由胀缩缸直接推动棱锥轴，使扇形块产生径向位移。由于没有中间零件，棱锥轴直径大，强度高，可承受较大的张力（可达 400～600kN），常用于多辊可逆式冷轧机的大张力卷取和冷连轧机组的卷取机。卷筒的棱锥轴有正锥式和倒锥式。图 6-8 为 1180 二十辊轧机的正锥式四棱

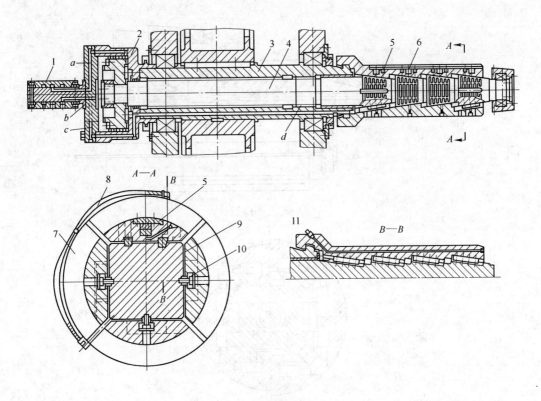

图 6-8　四棱锥卷筒结构

1—回转接头；2—胀缩液压缸；3—传动空心轴；4—四棱锥轴；5—钳口活塞；
6—弹簧；7—扇形块；8—软管；9—衬板；10—T 形键；
11—尾钩；a，b，c，d—油路

锥卷取机卷筒，其主要由棱锥轴、扇形块、钳口及胀缩缸等组成，结构比较简单。

四棱锥卷筒为开式卷筒，卷筒胀开时，扇形块间有间隙。因此，卷筒胀缩量不宜过大，否则扇形块之间缝隙过大，卷取时会压伤内层带卷。卷筒为悬臂结构，外端设有活动支承。卷筒上设置钳口，钳口由 6 个以上的柱塞缸夹紧，而由弹簧松开，钳口开口度为 5mm。卷筒棱锥轴锥角为 7°45′，正常润滑条件下它大于摩擦角，可实现自动缩径。卷筒的薄弱环节是扇形块的尾钩，尾钩在棱锥轴向分力的作用下会产生很高的弯曲和剪切应力，易于疲劳损坏。同时，正锥结构使主轴和胀缩缸的连接螺栓处于不利的受力状态。

19.2.2.3　八棱锥卷取机

为解决胀开时扇形块间的缝隙对薄带钢表面质量的影响，卷筒采用四棱锥加镶条的结构（即八棱锥），卷筒胀开后能成为一个完整的圆柱体。

1700 冷连轧八棱锥卷取机由卷筒（见图 6-9）、胀缩缸、机架、齿形联轴节、底座、卸卷器等组成。卷取机卷筒有 610 和 450 两种规格，采取整机更换的快速更换卷筒方式。

卷筒由扇形块、镶条、八棱锥轴、拉杆、花键轴等组成。胀径时，油缸 8 通过杠杆拨叉 13 推动两个斜块 12 向左移动，两个胀缩连杆 9 伸直并推动环形弹簧及方形架，使花键轴 6 和拉杆 4 右移。棱锥轴靠轴承支承于机架上不能左右移动，因此，拉杆带动头套 20

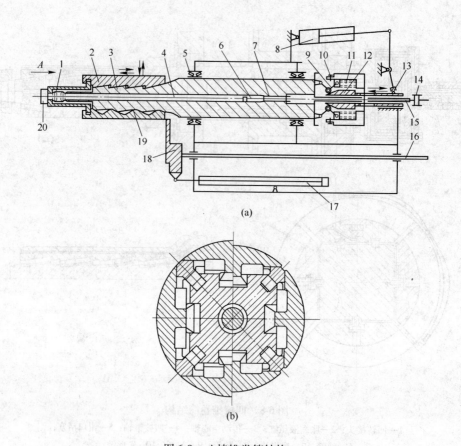

图 6-9　八棱锥卷筒结构

（a）结构示意图；（b）卷筒剖视图

1—碟形弹簧；2—扇形块；3—棱锥轴；4—拉杆；5—滚动轴承；6—花键轴；7—花键；8—胀缩油缸；
9—胀缩连杆；10—调节螺栓；11—环形弹簧；12—胀缩滑套及斜块；13—杠杆拨叉；
14—齿形联轴器；15—传动轴；16—卸卷器导杆；17—卸卷器油缸；
18—卸卷器推板；19—镶条；20—头套

使扇形块 2 及镶条 19 相对棱锥轴右移胀径。

缩径时，油缸通过杠杆拨叉将斜块拨出，胀缩连杆在弹簧 1 作用下折曲，扇形块、花键轴等靠胀径时储存在弹簧 1 中的压缩变形能复位，使卷筒收缩以提高卷取机刚度，卷筒设有活动支承。

八棱锥卷筒棱锥强度高，扇形块刚度大。扇形块斜楔角 12°，镶条斜楔角 16°43′51″，扇形块与镶条在胀缩运动中互不干扰，但各斜楔面均保持接触，胀开后镶条正好填补扇形块缝隙，卷筒成一整圆。由于斜楔角大于摩擦角，八棱锥卷筒也可自动缩径。由于胀缩缸避开卷筒轴线位置，卷筒可通过传动轴 15 和齿形联轴器 14 与主传动电动机直接相连，传动系统具有较小的转动惯量。

调节螺栓 10 限制胀缩连杆 9 的位置，从而达到调节卷筒胀缩量的目的。

拆卸扇形块及镶条时，先将拉杆 4 从花键轴 6 上拧下，便可进行其他部件的拆卸。八棱锥结构卷筒适用于高速连轧机的卷取，但结构较复杂，加工精度高，弹簧易损坏。

19.2.2.4 四斜楔卷取机

图 6-10 为四斜楔卷取机的卷筒，它由主轴、心轴、斜楔、扇形块、胀缩缸等组成。

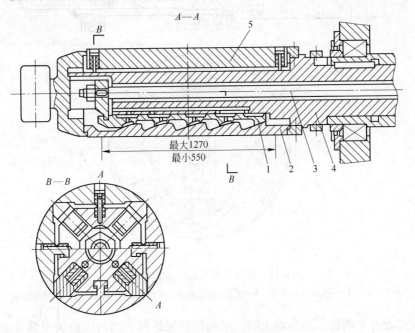

图 6-10 四斜楔卷筒结构

1—内层斜楔；2—外层斜楔；3—心轴；4—主轴；5—扇形块

卷筒的胀缩机构是四对斜楔。内层斜楔由胀缩缸通过心轴带动做轴向移动，外斜楔支持扇形块的两翼，带动扇形块径向胀缩。胀径时外斜楔径向外伸，填补扇形块间隙，斜楔顶面与扇形块外表面构成一整圆。卷取薄带不会产生压痕。

这种卷筒的最大特点是主轴、扇形块加工方便。由于斜楔只支持扇形块的两翼，卷筒强度、刚度都有所削弱，这种卷筒适用于张力不大的平整机组和精整作业线。

19.2.2.5 弓形块卷取机

弓形块卷取机多用于宽带钢精整线的卷取。卷筒的胀缩方式有凸轮式、轴向缸斜楔胀缩式和径向缸式三种。凸轮和轴向缸斜楔胀缩式目前基本上已不再采用，而径向缸式由于结构紧凑，使用可靠，在国内外新设计的精整卷取机上普遍采用，使用情况良好。

弓形块卷筒结构如图 6-11 所示，由主轴和弓形块等部分组成。在主轴内沿卷筒长度方向布置有 5~7 组缸体互相套叠的径向活塞缸，用于撑开弓形块和夹紧钳口。活塞缸和弓形块上都有碟形弹簧，用来收缩弓形块和放松钳口。径向活塞缸与卷筒心部轴向设置的增压缸接通。增压缸为定容积式，其柱塞由胀缩缸活塞杆推动。当压力油（约 6.3MPa）经回转接头进入胀缩缸时，胀缩缸活塞带动增压缸柱塞移动，增压缸内油压逐渐增高，以致胀开径向活塞撑起弓形块并压紧钳口。增压缸内最大压力可达 25MPa。

卸卷时，胀缩缸反向移动，增压缸内油压降低，借碟形弹簧的作用，使钳口松开，弓形块收缩。

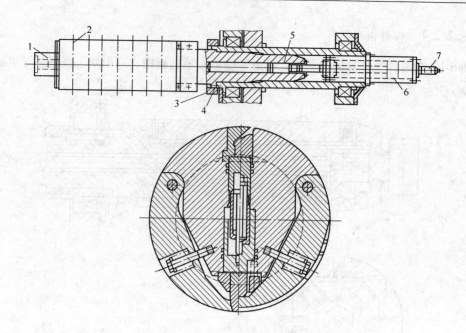

图6-11　径向活塞弓形块卷筒结构图

1—平衡缸；2—卷筒；3—压盖；4—牙嵌式接手；5—增压缸；6—胀缩缸；7—回转接头

卷筒端部设有平衡缸。油压增大时，平衡缸活塞外移。当增压缸因泄漏等原因油量减少时，平衡缸活塞在弹簧作用下反向移动。由此可保持增压缸内油压的正常水平。

图6-11所示的卷取机也可采用450、610两种直径的卷筒，并能实现快速更换。弓形块卷筒的主要缺点是卷筒结构不对称，高速卷取时动平衡性能较差。

目前应用于冷轧带钢连续生产线上最为先进的卷取机是卡罗塞尔卷取机，又称双卷筒式卷取机，能以高效、连续的方式卷取带钢，见图6-12。该机结构设计紧凑，节省设备安装空间。我国新建的冷轧带钢连续生产线多已采用。

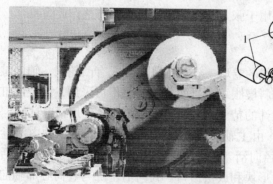
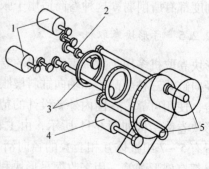

图6-12　卡罗塞尔卷取机结构

1—回转电动机；2—联轴器；3—环形齿轮；4—公转电动机；5—卷筒

卡罗塞尔卷取机的工作原理与过程见图6-13。带钢出连轧机组后，经磁性皮带送入卷取机的1号位的心轴（见图6-13a）；卷筒处于胀开状态，在助卷器的助卷下卷取，进入稳

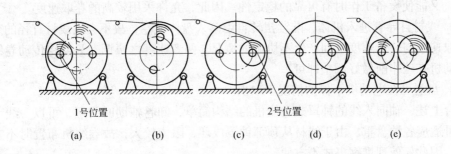

图 6-13 卡罗塞尔卷取机的卷取过程

定的卷取状态后，装有两个心轴的大转盘转动（见图 6-13b），其转动角度为 180°，将 1 号位的心轴在卷取状态下转到 2 号位（见图 6-13c），继续进行卷取，同时 2 号位转到 1 号位，作卷取下一卷钢卷的准备工作；当 2 号位心轴上的钢卷达到设定卷径时，启动卷取机前的飞剪机分卷剪切，同时 1 号位的心轴开始穿带卷取（见图 6-13d）；2 号位上的钢卷在压辊的作用下将甩尾带钢卷好（见图 6-13e）；大转盘再次转动，重复以上步骤。

卡罗塞尔卷取机的心轴一般为四棱锥结构，可胀径，可缩径。

19.3 线材卷取工艺与设备

线材卷取机用于卷取成品轧机轧出的 2～25mm 的小型型钢及线材。通常，它直接安装在轧机后面。线材从精轧机出来后，经过冷却或直接进行热卷。

最常用的卷线机分为轴向送料及切向送料两种形式。轴向送料的卷线机（如钟罩式卷线机）在卷取钢材时扭转，故仅用于卷取圆形断面的线材；切向送料的卷线机（如地下式卷线机等）可保证无扭转地卷取钢材，因此，既可用于线材，又可用于非圆形断面小型型钢。

19.3.1 钟罩式卷线机

在图 6-14 所示的轴向送料的钟罩式卷线机上，由轧机来的线材经过导管送入空心旋转轴（钟罩）2。从轴的锥形端的螺旋管 3 出来以后，进入自由地挂于轴上的卷筒 5 与外壳 4 之间的环形空间中成圈地叠起。轴 2 安装在轴承上，是由电动机 7 通过齿轮带动的。

由于线材自顶部轴向进入，并沿着轴体之锥形罩回转成卷，故钟罩式卷线机有以下特点：

（1）卷取时钢材须扭转 360°，故仅能卷取直径 5～12mm 的圆形断面的线材，小断面线材经扭转成卷后，在进一步拔制时，反而有利于拉模的均匀磨损。

（2）卷取时盘卷是不动的，这样既能减小电动

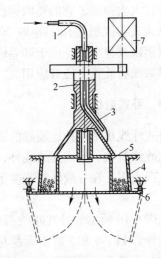

图 6-14 钟罩式卷线机简图

1—导管；2—空心轴；3—螺旋管；4—外壳；
5—卷筒；6—门；7—电动机

机功率，又能使设备工作时有可靠的稳定性。因此，允许采用较高的卷取速度。

（3）线材自导管进入机体，陆续扭转自由落入盘体成卷，故不会因线材直径的变化而影响卷取速度与轧机速度之间产生不协调的情况。两者速度之协调，只需将传动卷线机的直流电动机在工作前做好调整即可。

（4）盘卷可在电动机不停的情况下取出。

综合上述，轴向入线的钟罩式卷线机的结构简单，卸卷辅助时间短，可以一线一台配置，并可适应各种盘重。由于线材从顶部钟罩成环，阻力较大，故卷线机布置时不宜距轧机太远，因此，处理堆钢事故不方便。

19.3.2　托钩式卷线机

在图 6-15 所示的切向送料的托钩式卷线机上，卷筒 1 和托钩 2 一起旋转，钢材经过导管 3 沿切向进入卷筒和外壳 4 之间的环形空间。卷取时，外壳支在托钩上也一同回转。卷取终了时卷线机停车，在曲柄机构 5 的作用下使辊子支架 6 升起，托钩被翻向卷筒内侧，外壳落到圆锥座 7 上，使成品盘卷落到运输机上。

托钩式卷线机通常用直流电动机通过齿轮减速驱动卷筒，使轧制速度与卷取速度一致。其特点有：

（1）卷取时盘卷连同卷筒一起转动，钢材无扭转现象，所以能卷多种断面的小型钢材。

（2）每次卷取终了时须停车，盘卷才能下落，在下一次卷取开始前，卷取机加速到稳定速度。因此，每次需要有 10s 左右的无效停车时间。

（3）盘卷旋转的不稳定性和卷线机外壳定心的不可靠性，大大限制了它的卷取速度（不大于 10m/s）。

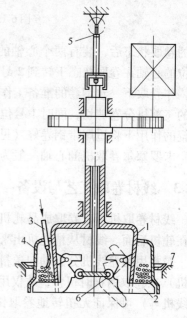

图 6-15　切向送料的托钩式卷线机
1—卷筒；2—托钩；3—导管；4—外壳；
5—曲柄；6—辊子支架；7—圆锥座

托钩式卷线机适用于卷取 20mm 以下的方钢、圆钢、扁钢以及异型钢。由于卸卷停车时间长、速度低，一线需配置两台。一般在生产多品种的少数线材轧机上还有应用。

19.3.3　卧式吐线机

卧式吐线机是一种比较好的适用于高速线材轧机的卷取设备。线材从水平方向导入螺旋盘状吐线机构，形成连续线环，故卧式吐线机一般用于高速线材轧机的散卷成型冷却。生产实践表明，在一般轧制速度下，用卧式吐丝机代替其他形式的卷线机，可取得良好的效果。

在图 6-16 所示的卧式吐线机简图上，线材自成品轧机轧出，经长导管引入吐线机回转中的导管 11、6 和 5 后形成盘卷（导管 5 以圆周切线方向伸向吐线盘 2），再经过螺旋形板状的吐线盘 2 被逐圈推向前方，并逐渐倾倒，即形成连续的线环。吐线盘 2、空心轴 4 和导管 5、6、11 的回转由一台电动机经带传动实现。

卧式吐线机的结构简单，重量轻，不受线材盘重的限制，并便于实现散卷冷却。其结

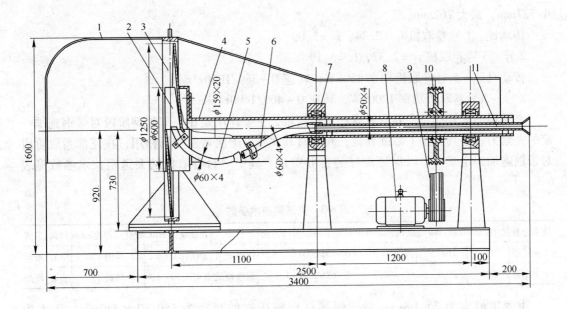

图 6-16　卧式吐线机结构图

1—护罩；2—吐线盘；3—盘座；4—空心轴；5，6，11—导管；7—轴承座；8—电动机；9，10—带轮

构满足以下条件：

（1）在轧机速度很高、线材断面小和材质较软的情况下，吐线盘直径应与盘卷直径相同；反之，应适当增加吐线盘的直径，以改善线环成型的条件。

（2）在线材轧制速度和盘卷直径已定的情况下，吐线机回转速度可以按下式确定：

$$n = 60v/(\pi D) \tag{6-1}$$

式中　　n——吐线机转速，r/min；

　　　　v——线材速度（精轧机出口速度），m/s；

　　　　D——盘卷直径，m。

（3）由导管 5 和 6 组成的螺旋管，是使线材逐渐形成螺旋的曲线状管子。该曲线的设计应使线材在螺旋管中运行时，摩擦阻力均匀分布。

单元 20　卷取机的工作过程与操作

本单元以某热轧带钢钢厂的卷取机为例进行介绍。

20.1　技术参数

带钢单位宽度卷重：23kg/mm；最大卷重：43.6t；带钢厚度：碳素钢 1.2～25.4mm，管线钢 X70 最大厚度 19mm；带钢宽度：600～1900mm；钢卷直径：内径 762mm，外径最大 2150mm，最小 1100mm；卷取周期：不小于 60s；带钢间隔：不小于 5s；带钢温度：最高 850℃，最低 400℃；最高卷取速度：25.1m/s；最高咬钢速度：14m/s；卷筒直径：最小 727mm，最大 762mm。

传动比：1 号卷取机 $i_1 = 2.34$，$i_2 = 5.09$

2 号、3 号卷取机 $i_1 = 2.37$，$i_2 = 5.19$

传动马达：1 号卷取机功率 850kW，转速 0~380/1000r/min

2 号、3 号卷取机功率 1200kW，转速 0~400/1400r/min

夹送辊的配置：每台卷取机有一对夹送辊，主要作用是在头部咬钢阶段对带钢施加一定的夹紧力，将其送至 1 号助卷辊，同时对其实施第 1 次弯曲变形作用；在尾部卷取阶段对带钢施加一定张力，以保证良好的卷形质量。其中一台卷取机的夹送辊技术参数见表 6-3。

表 6-3　夹送辊技术参数

技术参数	直径/mm	长度/mm	电动机功率/kW	转速/r·min⁻¹	转速比	材质	表面硬度 HRC	硬化层厚度/mm	结构	形式
上夹送辊	900	2100	450	0~650/1000	1.82	耐磨硬质	(47~50)±2	单边 15	空心	堆焊
下夹送辊	500	2100	450	0~650/1020	1	耐磨硬质	(47~50)±2	单边 15	实心	堆焊

其速度最大为 25.1m/s；夹送辊摇杆臂液压缸的直径为 180/80×740mm，压力为 21MPa；夹送辊开口度约 440mm；张紧力约 1000kN。

夹送辊正常更换周期为 6 周，但可根据夹送辊辊面的实际情况适当延长或缩短更换周期。

20.2　操作设定

具体操作设定如下：

（1）侧导板开度的设定。

1）在带钢进入卷取机之前：侧导板开度 = 带钢宽度 + 待机附加值 + 短行程 100mm。

2）当带钢头部咬入夹送辊之后，短行程自动关闭，同时计算机自动执行由操作人员预先输入的执行附加值。这时：侧导板的开度 = 带钢宽度 + 执行附加值。

3）当带钢卷取完毕后，短行程自动打开：侧导板开度 = 带钢宽度 + 待机附加值 + 短行程 100mm。

（2）辊道超前、滞后系数设定。根据带钢厚度规格不同，设定辊道的总超前、滞后系数；根据带钢厚度设定辊道分组超前量。

（3）助卷辊压力设定。操作人员可以通过修改助卷辊压力系数的方法来改变助卷辊压力设定，应根据带钢厚度设定助卷辊压力系数，按工艺要求设定。

（4）助卷辊方式选择。助卷辊有踏步和压力两种控制方式。原则上厚度大于 4.0mm 的带钢不能采用压力控制方式卷取；助卷辊踏步控制适用于任何厚度的带钢卷取。

（5）助卷辊开口度设定。助卷辊与卷筒之间的间隙被称为助卷辊开口度或助卷辊辊缝，必须根据带钢厚度设定助卷辊辊缝附加值。根据相关要求进行设定。

（6）冷却圈数的设定。冷却圈数是指带钢尾部进入卷取机后，旋转多少圈后卷筒停车。关于钢卷冷却圈数设定有以下规定：

1）对于厚度不小于 7.0mm 的带钢，冷却圈数设定为 0~2 圈。

2）对于厚度小于 7.0mm 的带钢，冷却圈数设定为 1~2 圈。

3）对于卷取温度不小于700℃的高温钢，冷却圈数设定为2圈。

（7）卷尾定位。卸卷前，必须进行钢卷尾部定位（即定尾）。关于定尾位置选择有以下规定：对于厚度 $d \geqslant 7.0$mm 的钢卷，尾部必须定在时刻 4:30 ~ 5:00 的位置；对于 4.0mm$\leqslant d < 7.0$mm 的钢卷，尾部必须定在时刻 5:00 的位置；对于 $d < 4.0$mm 的薄板，尾部可定在时刻 5:00 或 9:00 的位置。

思考与练习

6-1 试述热带钢的卷取机结构和卷取工艺。

6-2 试述冷带钢的卷取机结构和卷取工艺特点。

6-3 线材卷取机有哪些类型？

6-4 试述卷取机的基本操作。

情景 7　钢材质量与检验操作

+-+

学习目标：

1. 知识目标
   （1）掌握钢材质量标准基本内容；
   （2）掌握钢材尺寸、重量标志和钢材质量检测工具；
   （3）掌握钢材产品缺陷检测方法；
   （4）熟知钢材常见缺陷。
2. 能力目标
   （1）掌握钢材质量标准判定方法及质量缺陷检测方法；
   （2）掌握钢材常见缺陷判定。

+-+

单元 21　钢材质量标准

21.1　标准的作用和分类

21.1.1　标准的作用

产品质量标准是对产品品种规格、交货状态、性能、试验方法、包装方式及标志、检验规则、储存、运输等要求所做的统一的较详细的规定，是企业组织工业生产、检验产品质量以及开展质量管理等的主要技术依据。

判定钢材质量高低，是合格品还是改判品、不合格品的唯一依据，是客户在订货合同中指定的标准或技术要求（也称技术规定、技术协议）。

21.1.2　标准的分类

根据颁布机构和适用范围的不同，目前钢铁企业执行的标准有国际标准、国外先进标准、国家标准（代号 GB）、行业（专业）标准（代号 YB）、企业标准。

（1）国际标准。国际标准是国际标准化组织制定的标准，标准代号为 ISO。于 1987 年首次颁布 ISO9000 质量管理和质量保证系列标准，后逐步发展为 ISO9000 族标准，并于 1994 年、2000 年、2008 年先后三次进行了修改，特别是第 3 版 2000 版 ISO9000 族标准的颁布，标志着质量认证已从单纯的质量保证转为以顾客为关注焦点的质量管理范畴。

ISO9000 族标准包括基础标准、核心标准和支持性技术标准。

1）ISO9000 族标准的基础标准。

A：术语。ISO8402—94《质量管理和质量保证——术语》定义了与质量概念有关的基本术语 67 个。

B：质量管理与质量保证标准选择和实施指南，包括 ISO9000-1 ~ ISO9000-4。

2）ISO9000 族标准的核心标准。

A：质量保证标准。ISO9001、9002、9003 是三个用于外部质量保证的质量体系要素标准。这是三种典型的标准模式，供不同的合同情况、第二方认定和第三方认证时使用。三种模式的要素和包含关系不同。现 2008 版 ISO9000 族标准已将 ISO9002、ISO9003 并入 ISO9001 中。

B：质量管理标准。

ISO9000 族标准中属于质量管理标准的有四个：ISO9004-1 为质量体系要素部分，ISO9004-2 和 ISO9004-3 分别是服务、流程件材料类产品方面的补充指南，ISO9004-4 是质量改进指南。其中最重要的是 ISO9004-1，它是实施质量管理、建立质量体系的基础性标准。它包括两方面内容：质量管理及质量体系要素指南。它首先简要介绍搞好质量管理必须做好的工作，如质量方针和目标、质量体系等。接着就建立质量体系简要地作介绍，包括适用范围、质量体系结构、质量体系文件、质量体系审核、评审和评价、质量改进等。最后是质量体系应展开的具体质量职能活动：财务考虑、营销质量、规范和设计质量等共 15 个要素，并对其作了详细的叙述。

3）ISO9000 族标准的支持性技术标准。目前已制定国家标准的只有两部分：

A：质量体系审核指南，包括 ISO10011-1 ~ ISO10011-3；

B：测量设备质量保证要求，包括 ISO10012-1、ISO10012-2。

4）GB/T 19000 与 ISO9000。我国参照 ISO9000—2008 标准系列在使用上推荐采用 GB/T 19000—2008 系列。

A：GB/T 19000—2008　IDT ISO9000—2008《质量管理体系——基础和术语》；

B：GB/T 19001—2008　IDT ISO9001—2008《质量管理体系标准》；

C：GB/T 19004—2008　IDT ISO9004—2008《质量管理体系标准》。

GB/T 19001—2008 与 GB/T 19004—2008 都是质量管理体系标准，这两项标准相互补充，但也可单独使用。GB/T 19001 规定了质量管理体系要求，可供组织内部使用，也可用于认证或合同目的。GB/T 19001 所关注的是质量管理体系在满足顾客要求方面的有效性。GB/T 19004 对质量管理体系更宽范围的目标提供了指南，除了有效性，该标准还特别关注持续改进一个组织的总体绩效与效率。对于最高管理者希望超越 GB/T 19001 要求，追求绩效持续改进的那些组织，推荐 GB/T 19004 作为指南。然而，用于认证或合同不是 GB/T 19004 的目的。

（2）国外先进标准。国外先进标准是先进国家执行的标准，如日本标准（代号为 JIS）、美国标准（代号为 ASTM）、德国标准（代号为 DIN）、法国标准（代号为 NF）、英国标准（代号为 BS）。

（3）行业（部颁）标准。行业标准指国家标准中暂时未包括的产品标准和其他技术规定，或只用于本专业范围内的标准，由中央各部或行业协会颁发。钢铁企业执行的行业标准代号为 YB。

（4）企业标准。企业标准是指在尚无国家标准和行业标准的情况下由企业制定的标准，可分成两类：一类属于正常产品，有比较成熟的标准；一类属于试生产产品，技术还不够成熟，或为满足个别用户特殊需要的产品而制定的暂行标准。

对于凡是没发布国家标准和行业标准的产品都应制定企业标准。

产品实物质量标准是企业内部实际规定的质量控制标准，它一般严于国标和行业标准。

21.2　钢材产品标准

21.2.1　钢材产品标准内容

就钢材而言，为了满足使用上的需要，对钢材提出一系列技术要求，往往提出必须具备的品种规格和技术性能，如形状、尺寸、表面状态、力学性能、物理化学性能、金属内部组织和化学成分等方面的要求。

钢材技术要求仍由使用单位按用途的要求提出，再根据当时实际生产技术水平的可能性和生产的经济性来制定，它体现在产品的标准上。钢材技术要求有一定的范围，并且随着生产技术水平的提高，这种要求及其可能满足的程度也在不断提高。

钢材的产品标准也有国家标准、行业标准和企业标准之分，一般包括品种（规格）标准、技术条件（要求）、试验标准及交货标准等方面的内容。

（1）品种标准。品种标准主要规定钢材形状和尺寸精度方面的要求。要求形状正确，消除断面歪扭、长度上弯曲和表面不平等。尺寸精度是指可能达到的尺寸偏差的大小。

钢材的技术要求除规定的品种规格要求以外，还规定其他的技术要求，例如表面质量、钢材性能、组织结构及化学成分等，有时还包括某些试验方法和试验条件等。

表面质量直接影响到钢材的使用性能和寿命。表面质量主要是指表面缺陷的多少、表面平坦和光洁程度。产品表面缺陷种类很多，其中最常见的是表面裂纹、结疤、重皮和氧化铁皮等。造成表面缺陷的原因是多方面的，与铸锭、加热、轧制及冷却都有很大关系。

（2）技术条件。钢材的牌号及化学成分与使用的钢坯相同，应符合相应规定。钢材的化学成分允许偏差应符合 GB/T222 的规定。在保证钢材力学性能符合标准规定的情况下，各牌号 A 级碳素结构钢的 C、Si、Mn 含量和各牌号其他等级钢 C、Mn 含量下限可以不作为交货条件。钢以氧气转炉或电炉冶炼。钢材以热轧状态交货。用肉眼检查不得有裂纹、折叠、结疤和夹杂。

钢材表面允许有局部发纹、拉裂、凹坑、麻点和剐痕，但不得使钢材超出允许偏差范围。钢材表面缺陷允许清除，清除处应圆滑无棱角，但不得进行横向清除，清除宽度不得小于清除深度的 5 倍，清除深度从实际尺寸算起不得超过该尺寸钢的允许偏差范围，钢材两端不得有分层和 5mm 以上的毛刺。

（3）钢材性能标准。该标准主要是对其力学性能（强度性能、塑性和韧性等）、工艺性能（弯曲、冲压、焊接性能等）及特殊物理化学性能（磁性、抗腐蚀性能等）的要求。其中最常用的是力学性能，有时还要求硬度及其他性能，这些性能可由拉伸试验、冲击试验及硬度试验确定出来。强度极限（σ_b）代表材料在破断前强度的最大值，而屈服极限（σ_s 或 $\sigma_{0.12}$）表示开始塑性变形的抗力。这是用来计算结构强度的基本参数的。

钢材在使用时还要求有足够的塑性和韧性。伸长率包括拉伸时均匀变形和局部变形两个阶段的变形率，其数值依试样长度而变化；断面收缩率为拉伸时的局部最大变形程度，可理解为在构件不被破坏的条件下金属能承受很大局部变形的能力，它与试样的长度及直径无关，因此断面收缩率能更好地说明金属的真实塑性。在实际工作中由于测定伸长率较为简便，迄今伸长率仍然是最广泛使用的指标，当然有时也要求断面收缩率。钢材的冲击韧性（A_K 值）以试样折断时所耗的功表示，它是对金属内部组织变化最敏感的质量指标，反映了高应变率下抵抗脆性断裂的能力或抵抗裂纹扩展的能力。值得注意的是，对金属材料所要求的综合性能，往往促使强度性能提高的因素却又不利于塑性和韧性，欲使钢材强度和韧性都得到提高，即提高其综合性能，则必须使钢材具有细晶的组织结构。

钢材的组织结构及化学成分直接影响钢材性能，因此在技术条件中规定了化学成分的范围，有时还提出金属组织结构方面的要求，例如晶粒度、钢材内部缺陷、杂质形态及分布等。生产实践表明，钢的组织是影响钢材性能的决定因素，而钢的组织又主要取决于化学成分和轧制生产工艺过程。因此通过控制生产工艺过程和工艺制度来控制钢材组织结构状态，通过对组织结构状态的控制来获得所要求的使用性能，是一项重要的技术工作。

（4）试验标准及交货标准。钢材产品标准中还包括了验收规则和需要进行的试验内容，包括做试验时的取样部位、试样形状和尺寸、试验条件和试验方法，此外还规定了钢材交货时的包装和标志方法，以及质量证明书内容等。某些特殊的钢材在产品标准中还规定了特殊的性能和组织结构等附加要求，以及特殊的成品试验要求等。

21.2.2　钢材尺寸标准

21.2.2.1　钢材长度尺寸

钢材长度尺寸是各种钢材的最基本尺寸，是指钢材的长、宽、高、直径、半径、内径、外径以及壁厚等长度。钢材长度的法定计量单位是米（m）、厘米（cm）、毫米（mm）。在现行习惯中，也有用英寸（in，有人习惯用 ″ 表示）表示的，但它不是法定计量单位。

（1）钢材的范围定尺是节省材料的一种有效措施。范围定尺就是长度或长乘宽不小于某种尺寸，长度或长乘宽从多少到多少的尺寸范围。生产单位可以按此尺寸要求进行生产供货。

（2）不定尺（通常长度）。凡产品尺寸（长度或宽度）在标准规定范围内，而又不要求固定尺寸的称为不定尺。不定尺长度又称为通常长度（通尺）。按不定尺交货的金属材料，只要在规定长度范围内交货即可。例如，不大于 25mm 的普通圆钢，其通常长度规定为 4～10m，则长度在此范围内的圆钢都可以交货。

（3）定尺。按订货要求切成固定尺寸的称为定尺。按定尺长度交货时，所交金属材料必须具有需方在订货合同中指定的长度。例如，合同上注明按定尺长度 5m 交货，则所交货的材料必须都是 5m 长的，短于 5m 或长于 5m 均为不合格。但实际上交货不可能都是 5m 长，因此规定了允许有正偏差，而不允许有负偏差。

（4）倍尺。按订货要求的固定尺寸切成整倍数的称为倍尺。按倍尺长度交货时，所交金属材料的长度必须为需方在订货合同中指定长度（称单倍尺）的整数倍数（另加锯口）。例如，需方在订货合同中要求单倍尺长度为 2m，那么，切成双倍尺时长度即为 4m，切成 3 倍尺时即为 6m，并分别加上一个或两个锯口量。锯口量在标准中有规定。倍尺交货时，只允许有正偏差，不允许出现负偏值。

（5）短尺。长度小于标准规定的不定尺长度下限，但不小于允许的最短长度的称短尺。例如，水、煤气输送钢管标准中规定，允许每批有 10% 的（按根数计算）2 ~ 4m 长的短尺钢管。4m 即为不定尺长度的下限，允许的最短长度为 2m。

（6）窄尺。宽度小于标准规定的不定尺宽度下限，但不小于允许的最窄宽度的称窄尺。按窄尺交货时，必须注意有关标准规定的窄尺比例和最窄尺。

21.2.2.2　钢材尺寸标定（命名）

（1）型钢的尺寸。

1）火车轨的标准长度有 12.5m 和 25m 两种。

2）圆钢、线材、钢丝尺寸以直径 d(mm) 标定。

3）方钢尺寸以边长 a(mm) 标定。

4）六角钢、八角钢尺寸以对边距离 s(mm) 标定。

5）扁钢的尺寸以宽度 b 和厚度 d(mm) 标定。

6）工字钢、槽钢的尺寸以腰高 h、腿宽 b 和腰厚 d(mm) 标定。

7）等边角钢的尺寸以相等边宽 b 和边厚 d(mm) 标定。不等边角钢的尺寸以边宽 B、b 和边厚 d(mm) 标定。

8）H 型钢的尺寸以腹板高度 h、翼板宽度 b 和腹板厚度 t_1、翼板厚度 t_2(mm) 标定。

（2）钢板、钢带的尺寸标定（命名）。

1）一般以钢板的厚度 h(mm) 标定。而钢带则以钢带的宽度 b 和厚度 h(mm) 标定。

2）单张钢板有规定的不同尺寸，如热轧钢板，1mm 厚，有（宽度×长度）：600mm × 2000mm、650mm × 2000mm、700mm × 1420mm、750mm × 1500mm、900mm × 1800mm、1000mm ×2000mm 等。

（3）钢管的尺寸标定（命名）。

1）一般以钢管的外径 D、内径和壁厚 S(mm) 标定。

2）每种钢管有规定的不同尺寸，如无缝钢管外径为 50mm 的，壁厚有 2.5 ~ 10mm 的 15 种；或者说相同壁厚 5mm 的，外径有 32 ~ 195mm 的 29 种。又如焊接钢管公称口径 25mm 的，壁厚有 3.25mm 的普通钢管和 4mm 的加厚钢管。

21.2.3　钢材重量标准

21.2.3.1　钢材的理论重量

钢材的理论重量是按钢材的公称尺寸和密度（过去称为比重）计算得出的重量。这与钢材的长度尺寸、截面面积和尺寸允许偏差有直接关系。由于钢材在制造过程中的允许偏差，用公式计算的理论重量与实际重量有一定出入，所以理论重量只作为估算时的参考。

21.2.3.2　钢材的实际重量

钢材的实际重量是指钢材以实际称量（过磅）所得的重量。实际重量要比理论重量准确。

21.2.3.3　钢材重量的确定

（1）毛重：是"净重"的对称，是钢材本身和包装材料合计的总重量。运输企业计算运费时按毛重计算。但钢材购销中是按净重计算的。

（2）净重：是"毛重"的对称，是钢材毛重减去包装材料重量后的重量，即实际重量。在钢材购销中一般按净重计算。

（3）皮重：钢材包装材料的重量。

（4）重量吨：按钢材毛重计算运费时使用的重量单位。其法定计量单位为吨（1000kg），还有长吨（英制重量单位1016.16kg）、短吨（美制重量单位907.18kg）。

（5）计费重量：也称"计费吨"或"运费吨"，是运输部门收取运费的钢材重量。不同的运输方式，有不同的计算标准和方法。如铁路整车运输，一般以所使用的货车标记载重作为计费重量。公路运输则是结合车辆的载重吨位收取运费。铁路、公路的零担，则以毛重若干公斤为起码计费重量，不足时进整。

21.3　钢材质量判定

21.3.1　钢材质量判定内容

不同类型产品，必须按不同的产品技术标准进行判定，一般分为在线检查判定和成品最终综合判定。在线检查判定主要是检查化学成分、尺寸、表面、外形及标记，其重点是表面质量检查判定。成品最终综合判定主要是对钢材内在质量的判定，如力学、工艺、物理性能及金相显微组织等。

钢的化学成分、力学性能、工艺性能、晶粒度、金相组织、冲击、电磁性能、尺寸、表面、外形等所有这些内容在标准中均有具体指标，且都是单指标否定，即任何一项指标不符合标准规定值，则该批产品判为不合格，或降低一级标准使用或重新组批。产品判定为不合格或判定为改判品等，不等于该产品无使用价值，可判定为让步产品，另签技术协议交货，还可进行重新热处理，作为新的一批验收。

21.3.2　质量判定级别

一般产品依据标准判定为合格品和不合格品。为突出某些方面差别，如表面质量、尺寸偏差等，又把钢材分为若干质量等级。如表面质量分为Ⅰ组、Ⅱ组、Ⅲ组表面；尺寸依据偏差的大小分为 A 级和 B 级精度；按工艺性能分级的，如 ZF、HF、F、Z、P、S；还有按不同的冲击温度分的，对 Q235 等结构钢，有 A、B、C、D 级之分；有的按电磁性能分级，如冷轧硅钢片 30Q150、27Q140 等。

正确判定钢材质量有利于提高和改进产品质量，有利于让用户满意，把不合格品留在厂内，不向社会流通，有利于落实责任，杜绝不合格品的再发生。因此，检查人员应做到：心中有标准，做事有责任，即两熟、三准、三不。两熟是标准熟、操作规程和管理制度熟；三准是记得准、判得准、说得准；三不是不错判、不漏检、不写错。

单元 22　钢材质量检验操作

22.1　质量测量工具

　　一般型钢厂测量产品的形状、尺寸所使用的测量工具多数是刻度尺、卡尺、千分尺；而对于钢轨等的扭曲测量，则使用水平仪；对于缺陷深度和产品的平行度和垂直度的测量，使用度盘式指示器。实际上，在现场检查时，常将测量工具做成该品种的专用量尺，在产品规格范围内进行核对，用这种检查方法可以提高检查效率。表 7-1 给出了形状尺寸的检查方法。

表 7-1　形状尺寸的检查方法

内　容	检　查　工　具
型钢缘和腹板的厚度	千分尺
型钢缘和腹板的宽度、高度	卡尺、千分表
产品长度	卷尺、自动测长装置
断面形状、接手嵌合性	专用嵌合尺、特殊尺
单位重量及捆扎重量	自动秤
垂直度	垂直尺、直角锥度尺
大弯曲、局部弯曲、S 形弯曲、端部弯曲	线、卷尺、直尺
型钢缘和腹板的浪形、缘宽浪形	肉眼、直角锥度尺
反拱形	肉眼、直尺、锥度尺
倒角、缘端形状	肉眼、圆弧尺
扭　曲	卷尺、直尺

　　下面阐述各种测量工具的原理和使用方法。

22.1.1　刻度尺

　　刻度尺有：

　　（1）直尺。直尺是在尺的直线上做出垂直刻度，在工厂里常做成标准长度，精度比较高，称为标准尺。

　　（2）卷尺。卷尺用钢或者纤维制成，带有刻度，成带状，能卷起来。

　　（3）折尺。折尺连接起来即成带有刻度的尺。折尺因有连接误差，所以精度不高。

　　（4）钩尺。钩尺顶端带钩，从钩开始，决定量度，用来测量孔的深度是很方便的。

22.1.2　卡钳

　　卡钳的两脚接触被测物体，用测量器测量其两脚的开度。它不像千分尺和卡尺那样通过刻度直接读数。一般没有刻度，是靠其他的量尺来读数。

卡钳有三种：普通型卡钳、紧闭合卡钳、带弹簧卡钳。

卡钳又分为内卡和外卡，外卡用于测量外径和厚度，内卡用于测量孔径和槽宽。

（1）普通型卡钳是一般的卡钳，用工具钢制成，通过把两脚重合后再张开，与孔贴合，插入销钉锁紧。

（2）紧闭合卡钳其销轴能够做紧固调整，量好后，可通过单手拧螺母固定。

（3）带弹簧卡钳在卡钳的上端，有碟形弹簧，平常是使两脚张开，在两脚间搭上小螺杆，用螺母锁紧。

22.1.3　游标卡尺

卡尺是在刻度尺端部有两个平行卡爪，测量时，把卡爪张开，卡住物体，测量其尺寸，在一个卡爪上带有游标，可用测定器正确读取超过刻度尺精度之外的精密尺寸。JIS（日本工业标准）中规定有 M 型、CB 型和 CM 型三种。

刻度尺不满一个刻度的尺寸，用肉眼估计是不能正确读取的。在图 7-1 中，刻度尺的一格取 1mm，刻度尺上装的游标尺的一个刻度是 0.9mm，即把刻度尺的 9 个刻度（9mm）分成 10 等份而得到，刻度尺的一个刻度与游标尺的一个刻度相差 0.1mm。这样，带游标的卡尺可以测到 0.1mm。

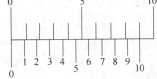

图 7-1　游标卡尺原理图

现在，若移动游标尺的位置，使游标尺的第一个刻度与刻度尺上的第一个刻度重合，游标尺移动的尺寸就是 0.1mm；若游标尺的第 N 个刻度与刻度尺一个刻度重合时，游标尺移动的距离就是 0.1Nmm。也就是说，对于不足刻度尺一个刻度的尺寸，要从游标尺上读出，要看与刻度尺的刻度重合时的游标尺的刻度读数，可读出的最小数加上刻度尺的刻度数，就是被测物体的精确读数。例如把最小刻度 0.5mm 的刻度尺的 24 个刻度（12mm）分成 25 等份，那么游标尺最小数为：

$$\frac{12}{24} - \frac{12}{25} = 0.5 - 0.48 = 0.02\text{mm}$$

若游标尺的第 13 个刻度与刻度尺的刻度重合，游标尺从 0 移动后的尺寸为：

$$0.02 \times 13 = 0.26\text{mm}$$

令刻度尺的最小刻度长度为 A，取游标尺的一个刻度的长度为 B，读到刻度的 $1/N$ 时，B 就是：

$$A - B = A \times \frac{1}{N}, \quad B = \frac{A(N-1)}{N}$$

也就是说，读到刻度尺的一个刻度的 $1/N$ 时，卡尺的游标制作方法，是把刻度尺 $(N-1)$ 刻度分为 N 等份。

22.1.4　千分尺

利用螺杆与螺母配合，使螺母固定，旋转螺杆，螺杆就以相应的螺距前进后退，把这一位移转换为旋转角读出，因此，相对螺杆的端面有一个固定的基准面，它们之间夹持的材料尺寸即可测出，这就是千分尺的原理。

通常所知道的千分尺的结构是在一根量杆上刻有细牙螺纹，在固定螺母中回转。量杆移动用旋转角表示，量杆外边的套管刻有刻度，由此读出量杆的移动长度。目前广泛使用的千分尺结构如图 7-2 所示。

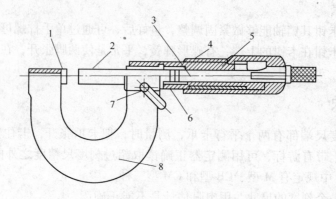

图 7-2　千分尺结构图

1—测量头；2—量杆；3—外螺纹；4—外套管；5—内螺纹；
6—内套管；7—固定销；8—构架

在弯曲的构架上安装测量头和套管，在量杆上约一半的长度上刻有精密螺纹，套管由定向螺母固定。固定销是量杆的固定装置，量杆和测量头两端面非常精确，两个平行平面的距离可以调整。外套管又能随着量杆自由旋转．其一端部的圆周上刻有刻度。在固定的内螺纹中，把外螺纹转动一周，外螺纹（量杆）就前进一个螺距。

若把螺距为 P 的外螺纹转动一个 θ 角时，量杆移动的距离为 S，则：

$$S = P\theta/360$$

因而，可以把量杆的微小变位 S 用螺距比较小的细牙螺纹转换成大的旋转角 θ，从旋转角的读数得出量杆移动的距离。

一般使用的千分尺，螺纹的螺距 P 做成 0.5mm，所以螺纹旋转一周就意味着量杆移动 0.5mm。外套管的圆锥部分的周边做成 50 等分的刻度，所以一个刻度为 0.5/50 = 0.01mm，按刻度分量可以读到 0.001mm。

22.1.5　水平仪

水平仪是把断面相同的玻璃管弯曲成圆弧形，或把玻璃管内表面加工成圆弧形，在玻璃管中封入乙醇或者乙醚，留一小的气泡。由于气泡经常处于水平仪圆弧和水平面（垂直重力作用线的平面）的切点上，所以能测量水平或者与水平成一小的倾斜角度。如图 7-3（a）所示，圆弧半径为 R 的水平仪，在水平面上的气泡在 A 点。

现在，把这一水平仪放在与水平面倾动成一 θ 角的平面上时，气泡移动到 B 点。通过 A 和 B 的重力作用线，一定通过水平仪圆弧的中心，所以从几何学上看，$\angle AOB$ 就等于 θ。

工厂一般使用的是灵敏度为 $20'' \sim 1'$ 的水平仪，而更精密的水平仪有 $2''$ 左右的灵敏度。用水平仪检查任意平台平面是否水平的方法如下：

（1）把水平仪放在平面某一方向上，取气泡的读数，然后在此位置上，再把水平仪变

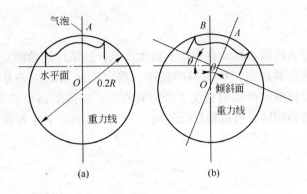

图 7-3　水平仪的原理图

（a）气泡在 A 点；（b）气泡在 B 点

换为左右位置，取读数。

（2）正反调整螺丝的读数，如从刻度的 0 点分开，那么刻度 0 点就表示确实水平。

（3）调整平台的倾斜程度，如使气泡趋于 0 点，那么在这一方向的平板是水平的。

（4）在与此成直角的方向上作同样的调整。

（5）平板的调整效果不好时，这个方法要多次反复进行。

对于型钢产品的弯曲，是沿直角边看或者拉成水平，即能很容易地进行测定。然而对扭曲的测定一般比较困难，因为它要求具有宽而长的精确平面的平台。在这种情况下，如使用水平仪测定，则很简单，如图 7-4 所示。

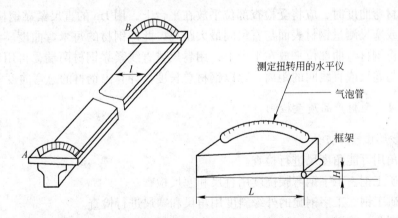

图 7-4　用水平仪测定扭曲

A—在 A 点的刻度数；B—在 B 点的刻度数；L—水平仪框架的长度；
l—产品的宽；H—水平仪每一刻度的倾斜高度（不是很精确
的正比例关系，但因其误差很小，所以取正比例）

产品的扭曲度（倾斜的高度）T 按下式计算：

$$T = (A - B)H - \frac{l}{L}$$

22.1.6　千分表

千分表是把测定头的微小移动在表盘上放大读取，还能作连续测定，是广泛应用的测量仪器。因为千分表能够检查工作机械的精度，测定机械加工时进刀量深度和圆筒的偏心，在型钢车间里能够测定产品的直度、断面垂直度、缺陷的高度和深度以及测定孔等，读数与表针读数的要领相同，所以被广泛使用。图 7-5 示出了千分表的结构。

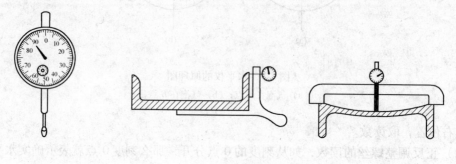

图 7-5　千分表结构

22.2　质量检测技术

22.2.1　产品质量检测

钢材表面质量用肉眼进行检验。

检查钢材弯曲度时，应将受检查部位平放在平台上，用 1m 的直尺紧靠钢材弯曲一侧，再用钢直尺或塞尺测量钢材表面与直尺间最大距离，此即钢材的每米弯曲度。测量钢材总弯曲度时，将钢材弯曲部位平放在平台上，用卷尺或直线紧靠钢材两端，再用钢直尺测量钢材最弯处与卷尺或直线间的距离，除以钢材总长度，计算出钢材的总弯曲度（％）。

22.2.1.1　型材产品质量检测

A　外形尺寸检测方法

角钢顶角用万能角度尺进行检查。

槽钢、矿工钢、工字钢弯腰挠度用直尺和塞尺检查。

槽钢、矿工钢、工字钢腿的外缘斜度用角尺和塞尺进行检查。

角钢的顶角、槽钢和矿工钢的弯腰挠度和外缘斜度、U 型钢的高度和外窗口宽度，在距端头不小于 750mm 处进行检查。

B　力学及工艺性能检测要求

碳素结构钢、低合金结构钢及矿工钢的力学及工艺性能检验项目、取样方法、取样数量及试验方法应符合表 7-2 的规定。

现场取正样一根、复样两根，正、复样应为不同根钢材，并做好轧钢批号标志，试样长度为（400±10）mm。

钢材力学及工艺性能试验结果中若有一项试验不合格，就应在该批钢材的复样上进行不合格项目的复验，复验结果若有一个试样不合格，则该批钢材不得交货。此时由公司质监中心根据标准改判或判废。

表 7-2　检验规定

检验项目	取样方法	取样数量	试验方法
拉　伸		1	GB/T 228
冷　弯	GB/T 2975	1	GB/T 232
常温冲击		3	GB/T 229

C　钢材外形尺寸、重量允许偏差检测要求

角钢、槽钢、矿用工字钢、U 型钢、工字钢成品允许偏差如表 7-3～表 7-7 所示。

表 7-3　角钢成品允许偏差

型　号	边宽 b/mm	边厚 d/mm	顶　角
10～14	±1.8	±0.7	90°±35′

表 7-4　槽钢成品允许偏差

型　号	高度 h/mm	腿宽 b/mm	腰厚 d/mm	腿均厚 t/mm	重量偏差/%
10～14	±2.0	±2.0	±0.5	±0.06t	+3 -5
16～18	±2.0	±2.5	±0.6	±0.06t	+3 -5
20	±3.0	±3.0	±0.7	±0.06t	+3 -5

表 7-5　矿用工字钢成品允许偏差

项　目	腰宽 h/mm	腿高 b/mm	腿厚 d/mm	腿均厚 t/mm
允许偏差	±2.0	±2.0	±0.6	0 -1.0

表 7-6　U 型钢成品允许偏差

型　号	高度 H_1/mm	底厚 H_3/mm	外开口宽 B_1/mm	立腰厚 M/mm
29U	+0.8 -1.3	+0.5 -1.1	+1.0 -3.0	+0.8 -0.5
25U	+0.8 -1.3	+0.2 -0.7	±1.2	-0.2

表 7-7　工字钢成品允许偏差

项　目	腰宽 h/mm	腿高 b/mm	腿厚 d/mm	腿均厚 t/mm
允许偏差	±2.0	±2.5	±0.5	+0.6 -0.6

22.2.1.2　线材产品

A　盘条外形尺寸及表面质量检验

盘条直径及椭圆度采用千分尺检查，热轧带肋钢筋用游标卡尺测量。

盘条表面质量用肉眼进行检查。

8 号、12 号、16 号取样点中间试样用游标卡尺进行检查。

B　产品检验方法

产品的检验项目和检验方法见表 7-8。

表 7-8　产品的检验项目和方法

序　号	检验项目	取样方法	取样数量	试验方法
1	化学成分（熔炼分析）	GB/T 222	1（每炉）	GB/T 223
2	拉伸试验	GB/T 2975 不同根	2	GB/T 228、GB/T 6397
3	冷弯试验	不同根	2	GB/T 232
4	尺　寸	GB/T 14981	逐　盘	千分尺、游标卡尺
5	表　面	—	逐　盘	目　测

复验处理：盘条力学及工艺性能试验结果中如果有一项试验不合格，应在该批盘条中取双倍数量的试样进行该不合格项目的复验，复验结果即使有一个试样不合格，则该批钢材也不得交货，此时供方有权将该批盘条重新分类，并作为新的一批再提交检验。

C　产品质量检验执行标准

产品质量检验执行标准见表 7-9。

表 7-9　产品质量检验执行标准

序　号	标准号	标准名称	代表钢牌号
1	GB/T 14981	热轧盘条尺寸、外形、重量及允许偏差	所有产品
2	GB/T 4354	优质碳素钢热轧盘条	45
3	GB/T 701	低碳钢热轧圆盘条	Q235
4	GB 1499	钢筋混凝土用热轧带肋钢筋	HRB335
5	GB/T 3429	焊接用钢盘条	H08A

表面质量应符合标准要求。

脱碳层应符合标准要求。

线材尺寸公差见表 7-10。

表 7-10　线材尺寸公差

直径/mm	允许偏差/mm			不圆度/mm			截面面积 /mm^2	理论重量 /kg·m^{-1}
	A 级	B 级	C 级	A 级	B 级	C 级		
6.0							28.3	0.222
6.5							33.2	0.260
7.0							38.5	0.302
8.0	±0.3	±0.25	±0.15	≤0.5	≤0.4	≤0.24	50.3	0.395
9.0							63.6	0.499
10.0							78.5	0.617
11.0							95.0	0.746
11.5							104	0.815
12.0	±0.4	±0.3	±0.2	≤0.6	≤0.48	≤0.32	113	0.888
12.5							123	0.963
13.0							133	1.04

22.2.2　产品缺陷及其理化检验方法

22.2.2.1　产品的表面缺陷

产品的表面缺陷是出现在钢材和有色金属加工产品表面并影响产品质量的各种疵病的统称。表面缺陷的种类很多，大多以该缺陷的形貌来命名，也有的以其产生的原因命名。生产中常以缺陷的产生工序将产品表面缺陷分成两大类：一类是材质不良的缺陷，如离层、结疤、拉裂、裂纹、发纹、气泡等，这些缺陷大多是铸锭质量不良造成的；另一类是加工操作不良的缺陷，包括折叠、耳子、麻点、凸包、刮伤、压痕、压入氧化铁皮、毛刺等，这类缺陷是在压力加工过程中产生的。对各种用途产品的表面缺陷所采取的检查方法，在相应的产品标准中皆有明确规定，包括：

（1）肉眼检查。对普通用途的产品，以目视检查表面缺陷，有时也借助"试铲"或"试磨"的方法来鉴别缺陷。

（2）酸洗检查。适用于重要用途的产品。

（3）喷丸检查。

（4）无损探测。对特别重要用途的产品，根据其质量要求，分别采用超声波探测、涡流探测、磁粉探测、渗透显示探测等方法。

22.2.2.2　产品的内部缺陷

产品的内部缺陷是钢材和有色金属加工产品内部破坏金属基体完整性的、影响产品质量的各种疵病的统称，包括局部不连续破裂、成分或结晶不均匀及外来异物等。内部缺陷需要用取样或探测的办法来判断。有的缺陷由表面延伸到内部，既是表面缺陷又是内部缺陷。内部缺陷严重影响金属的性能。内部缺陷可归纳为两类：一类是宏观缺陷，可以通过酸浸低倍试样用断口进行观察，用无损探伤等办法，以肉眼检查和判别，如缩孔、疏松、分层、白点、大块夹杂、冷隔（双浇或重铸）和过烧等；另一类是微观缺陷，需要借助显微镜、X光、电子技术观察判别，如晶粒粗大、混晶、细小夹杂、带状组织和网状组织等。

22.2.2.3　产品缺陷的理化检验

产品缺陷的理化检验是用物理和化学的方法对钢材和有色金属加工产品的表面缺陷和内部缺陷进行检验的过程。检验的具体方法有酸浸法、断口法、塔形车削法、硫印法、显微显示法、电解分离法、硬度试验法和各种无损探伤法。

A　酸浸法及操作

冶金行业标准规定，结构钢、滚珠轴承钢、弹簧钢、不锈耐酸钢等需经酸浸检验。钢材的很多缺陷，如疏松、偏析、气泡、白点、夹杂物等在用酸浸后的试样中能明显地显示出来。

酸浸方法又分为热酸浸法和冷酸浸法。热酸浸法是：试片一般在相当于钢锭缺陷最严重的头部的钢材上截取，将截取并磨好的试片，放在温度为65~80℃的酸液中（通常取酸液成分为50%盐酸水溶液），保温浸泡，直至宏观组织清晰显示取出，用70~80℃水冲净，吹干后，即可按技术要求进行评定。

加工件过大或已加工好的工件不使用热酸浸，可用冷酸浸法检验。

一些表面缺陷如发纹，由于氧化铁皮掩盖使肉眼不易发现，采用酸洗或喷砂清去氧化铁皮而使缺陷暴露，便于检查、清理。一些内部缺陷需截取横断面试样，抛光后经酸洗，使缺陷暴露、肉眼判别。试样的截取、加工和酸浸蚀方法，由产品标准规定。酸浸法可检验的缺陷有疏松、偏析、气泡、翻皮、白点、内裂、非金属夹杂、异金属夹杂等。根据评级图片，用比较法评定级别。

B　断口法

断口试验用于评定钢材中的缩孔痕迹、收缩疏松、非金属夹杂、分层、白点、片状组织、黑色断口和岩石状断口等，也可以评定气泡、脱碳层、淬透性和晶粒度大小等。

断口试样是取自钢材的横向试样，厚度为 15～30mm。试验方法是将所取之试样按直径或按对角线方向切一个口，然后折断。根据标准的规定，试验可以在交货状态下进行，也有的规定要在冷空气、水或在中和液中进行。

断口试验的评定方法是观察折断后试样断面上的纤维性质、颜色、光泽等，用以判断钢材质量。在评定片状组织、分层、晶粒度、气泡夹杂等的级别时，应按分级标准比较后确定。

在试样长度方向中间部位开一个尖锐槽口，深度为试样厚度、直径或垂直于试样表面一侧宽度的 1/3。将试样在室温下用动载荷折断，用肉眼或 10 倍以下放大镜观察断口的形貌。取样方法、加工试样方法和判别均按产品标准的规定进行。断口法可检验出疏松、缩孔、夹杂、白点、气泡、内裂、晶粒粗大、过热组织等缺陷。

C　塔形车削法

塔形车削发纹检验也称为阶梯式车削检验。

此法用于检查暗藏于圆钢坯或钢材内部的缺陷。试样分三级和五级进行车削，每一级的长度约 50mm。经过加工后的试样，可以直接用放大镜观察。对于结构用的钢材，经酸洗后再进行观察。按产品标准和订货协议，各个级和每一级上允许有不超过一定条数和长度的发纹。超出规定范围时即改为一般用途的钢种。

此法主要用于检验发纹及非金属夹杂。试样用车床车成塔形（板材试样用刨床刨出三个阶梯），用酸浸法或磁粉探伤法检验每个阶梯上的发纹数和长度，以及全部阶梯上的发纹总数和总长度，按标准规定或供货协议判定产品是否合格。

D　硫印法

硫印试验的目的是检查钢中的硫含量及其分布情况。

硫印试验的方法是将照相纸先在 3%～5% 的硫酸水溶液中湿润，然后取出贴在已加工好的试样表面上，使照相纸的药面（即涂有银盐的一面）与试样表面紧密贴合，经 3～5min 后揭下水洗，并按处理一般照相的过程进行定影、水洗和烘干。此时在照相纸上即出现棕褐色的斑点，可以借此斑点的分布情况及其色泽的深浅，获得钢中硫的分布情况与含量高低。

硫印试验可检验产品中硫的偏析，并可间接地检验其他元素的偏析和分布，它对评价产品的质量有重要意义。试样根据需要截取，试样加工与酸浸法要求相同。将溴化银光面印相纸浸入稀硫酸液中 1～2min，然后贴在试样的加工面上，赶出中间的气泡和空隙，使相纸完全接触产品表面。3min 后，取下用清水冲洗，放进定影液中定影，定影后再冲洗干净并烘干。印相纸上的硫酸与试样面上的硫化物反应产生硫化氢，它与相纸上的溴化银反应生成硫化银，沉积于相纸上形成棕色及褐色斑点。根据斑点的分布来判定硫偏析程度以及缩孔和夹杂，按标准分级评定。

E 显微显示法

金属内微观的缺陷，无法用肉眼直接判别，只有用显微镜放大才能观察清楚。显微设施有金相显微镜、电子显微镜、电子探针、扫描电子显微镜、X 射线衍射仪等。借助光学、电子技术、X 射线技术进行显微观察和分析。试样从缺陷部位截取，也可借用拉伸和冲击试样充当。按标准规定，试样表面须经粗磨、细磨、机械抛光或电解抛光。为了能显示其组织，可对试样加工面进行化学浸蚀、物理显示或覆膜。电子显微镜试样要做成极薄的薄膜，或用复型技术将试样观察面上的蚀刻复制下来，对复型进行观察。一般缺陷检验多用金相显微镜。显微显示法可检验晶粒度、混晶、脱碳层、过热组织、带状组织、网状组织、异金属夹杂物、非金属夹杂物的鉴定工作。

F 电解分离法

电解分离法主要用于金属内夹杂物的检验。将基体金属用电解法溶入溶液，夹杂物从金属基体中分离出来，以残渣形态收入胶囊中，处理后测其含量、化学成分，并经岩相、金相或 X 射线分析测定其晶体结构及矿物组成。分离法还有酸溶法、化学置换法、卤素法和氯化法等。

G 硬度试验法

金属内不同的组织和夹杂物有着不同的硬度，一些用肉眼和金相显微镜难以判定的组织和异物，可用硬度法来鉴别和判定。比如根据基体珠光体与脱碳层铁素体有着不同的硬度来测定脱碳层的深度等。

H 无损探测法

在不取样、不破坏金属完整性的前提下可以探测出金属内部和表面的缺陷。还可对金属进行整体探伤检测，以防止用取样法检验造成局部漏检。无损探测法有超声波探测法、涡流探测法、磁粉探测法、渗透显示法、磁敏传感器法、中间存储漏磁法、光学法、电位探针法、射线探测法等。各种探测方法均按有关标准作为判定依据。无损探测的各种方法分别介绍如下：

(1) 超声波探测法。超声波探伤法可以在不破坏被检验钢件组织的情况下，检查内部有无缺陷。超声波是频率在 20000Hz 以上的弹性振动波，它能在同一种均匀介质中作直线传播，但在不同的两种物质交界面上（如材料内部有气孔、夹杂、裂纹、缩孔等存在时，在这些缺陷的边界和零件的边界上）会出现部分或全部反射。从超声波探伤仪的荧光屏上反映出不同的波形，就可得出内部缺陷的大小、位置和数量。超声波探伤法设备简单、操作方便，缺点是不能精确判断缺陷的种类。

(2) 涡流探测法。一些浅表性缺陷发生在超声波的盲区，可用涡流探测法检验。把试样放在产生交变磁场的线圈内，由电磁感应在试样内产生涡流磁场。涡流磁场与线圈磁场交互作用，又使线圈的阻抗矢量发生变化。用电子仪表显示其变化，就可判定出缺陷的有无和大小。

(3) 磁粉探测法。此法主要用于发现金属表面或接近表面的微小缺陷如裂纹、折叠、夹杂、气泡等。首先把试样进行磁化，若试样表面或内部有缺陷时，磁通量的均匀性受到破坏，磁力线偏离原来方向，绕过缺陷处。此时若把磁粉喷撒在试样表面上，有缺陷处的磁漏，就会吸引磁粉而显示出缺陷的痕迹和轮廓。这种方法对棒材、管坯和方坯的探测很有效。

（4）渗透显示法。此法用于探测肉眼不易发现的表面裂缝，用于轴件、轧辊、齿轮等的检查。将荧光液或着色液（红色）涂在金属材料的表面上，也可以把金属材料浸入这些液体内。表面裂缝处由于毛细作用而渗入这些溶液。取出冲净表面上的溶液后，裂缝内会残留有这种溶液，并且渗漏出来。残留有荧光液的材料表面在紫外线照射下显示出清晰的荧光勾画出的缺陷的位置和形状。经着色剂着色的材料表面，冲净后再涂一层锌白作为显示剂，裂缝内存留的红色着色剂就会渗漏出来。渗透显示法无损探测也称着色探测。

（5）磁敏传感器法。将传感器置于被磁化的材料表面，用于检验表面缺陷的漏磁，不仅可测出缺陷的存在，并可进行缺陷的定量分析。可测出长度 $1\mu m$、深度 $10\mu m$ 的表面缺陷。

（6）中间存储漏磁法。将录音磁带放在被磁化的材料表面上并记录下由缺陷引起的漏磁，然后用磁敏传感器测量磁带记录下的信息。检测过程与记录漏磁过程可以在不同时间和地点分别进行。

（7）光学法。对被检材料表面用激光束扫描。大部分缺陷与基体之间存在着一定的光学反差，而各表面缺陷之间又可以通过它们在金属材料表面上的长度、宽度、形状、位置等的反光差异而加以区别。因此，通过利用光反射原理所获得的光学信号，就可以得到对缺陷照射下显示出清晰的荧光勾画出的缺陷的位置和形状。

（8）电位探针法。该法的基础是测量受检表面某一固定检验段的电压降。利用两个探针去接触被测体并保持一定间隔，使电流流入试样表面。如果没有缺陷则两个探针测得的电压降总是相同的。如果两个探针之间有裂纹等缺陷时，则由于电流绕着裂纹流动的路程较长，而出现较大的电压降。所测得的电压降变化同裂纹深度成正比。用此法可以较准确地测定裂纹深度。

（9）射线探测法。此法是利用 X 射线和 γ 射线能穿透物体并被部分吸收后穿透力衰减的特性而进行探测的方法。在金属材料内部有缺陷处，由于有空洞或密度减少，射线穿透的量多，吸收的量少，这样在射线接收屏幕或感光胶片上便能显示出缺陷的部位和形状。

22.2.3　产品性能检验

产品性能检验是对金属压力加工的各类产品进行的力学性能、物理性能、化学性能、工艺性能和金属组织检验。产品性能检验的目的是保证产品质量符合规定诸多内容的标准，防止不合格产品出厂后进入流通领域。

（1）力学性能检验指对金属产品在承受包括拉伸试验、压缩试验、扭转试验、冲击试验、硬度试验、应力松弛、疲劳试验等各种力学试验时所显示的各种力学性能的检验。

（2）物理性能检验指对金属产品磁性能、密度、弹性模量、线膨胀系数、电阻等物理性能指标的检测。

（3）化学性能检验指金属在周围介质作用下对抗腐蚀能力的检测，使用的方法有晶间腐蚀法、盐雾试验法、抗阶梯型破裂试验法、应力腐蚀试验法等。

（4）工艺性能检验指在模拟的加工和使用条件下而不是在常规的力学试验条件下，检测同材料的力学性能有关的各种工艺性能，诸如冷弯、热弯、反复弯曲试验、落锤撕裂试验，板材的各种杯突试验、双向拉伸试验、扩孔试验、起皱试验，管材的扩口、缩口、压扁、卷边、水压试验，钢丝的扭转、缠绕、弹性试验；钢轨的落锤试验等。

（5）金属组织检验用以测定金属内部结构、晶粒、宏观和微观缺陷，分低倍、高倍和电镜显微组织检验等。

单元 23　钢材常见缺陷及检查判定

23.1　线棒材产品常见缺陷

23.1.1　线材产品缺陷及控制

线材产品质量要求有外形、尺寸精度、表面质量、化学成分、金相组织和力学性能。下面对线材产品的各种缺陷及控制分述如下。

（1）耳子。

1）缺陷特征：盘条表面沿轧制方向的条状凸起称为耳子（见图 7-6），有单边耳子，也有双边耳子。在高速线材轧机（连轧）生产中，最终产品头尾两端很难避免耳子的产生。

2）产生原因：孔型调整不当、孔型过充满产生耳子；轧槽导位安装不正及放偏过钢，使轧件产生耳子；轧制温度的波动或局部不均匀，影响轧件的宽展量，产生耳子；坯料的缺陷，如缩孔、偏析、分层及外来杂物，影响轧件正常变形，形成耳子。

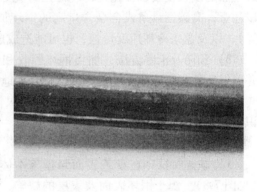

图 7-6　耳子缺陷

3）预防及消除方法：正确安装和调整入口导位；提高钢坯加热质量，确保钢材轧制温度。

4）检查判断：用肉眼检查，头尾耳子应切尽，通长耳子应整盘判废。

（2）折叠。

1）缺陷特征：盘条表面沿轧制方向平直或弯曲的细线，在横断面上与表面呈小角度交角状的缺陷多为折叠。折叠两侧伴有脱碳层，折缝中间常存在氧化铁夹杂。

2）产生原因：前道次的耳子及其他纵向凸起物再轧轧入本体，形成折叠；导位板安装不当，有棱角或粘有铁皮使轧件产生划痕，再轧形成折叠。

3）预防及消除方法：找出耳子产生的原因，消除耳子；正确安装导位板，发现问题及时修磨或更换。

4）检查判断：大、中等尺寸的折叠可直接用肉眼检查，一般较小折叠可用扭转实验法，也可通过观察横断面识别。发现应降级或判废。

（3）麻面。

1）缺陷特征：盘条表面连续出现或局部周期性出现的许多细小凹凸点为麻面。

2）产生原因：表面粘贴氧化铁皮压入或轧槽严重磨损所造成。

3）预防及消除方法：控制加热温度和加热时间，防止铸坯表面氧化铁皮过厚；加热出炉后的氧化铁皮要清理。及时检查、更换轧槽。

4）检查判断：样品经除鳞处理，可用肉眼和低倍放大镜检验，发现应降级或判废。

（4）裂纹。

1）缺陷特征：盘条表面沿轧制方向上有平直或弯曲、折曲的细线，这种缺陷多为裂纹（见图7-7）。裂纹多为直线形，也有呈 Y 字形的。钢坯上的缺陷经轧制后形成的裂纹常伴有氧化圆点、脱碳现象，裂纹中间常存在氧化亚铁。轧后控冷不当形成的裂纹无脱碳现象伴生，裂缝中一般无氧化亚铁。

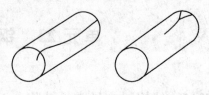

图 7-7　裂纹

2）产生原因：钢坯上未消除的裂纹（无论纵向或横向）、皮下气泡及非金属夹杂物都会在盘条上造成裂纹缺陷；钢坯上的针孔如不清除，经轧制被延伸、氧化、熔接就会造成成品的线状发纹；针孔是铸坯常见的重要缺陷之一，不显露时很难检查出来，应特别予以注意；高碳钢盘条或合金含量高的钢坯加热工艺不当（预热速度过快、加热温度过高等），以及盘条冷却速度过快，也可能造成成品裂纹，后者还可能出现横向裂纹。

3）预防及消除方法：加强钢坯验收和装炉前的质量检查；钢坯加热温度尽量均匀，并确保开轧和终轧的温度；根据钢种合理地调整控冷工艺。

4）检查判断：一般裂纹可直接用肉眼检查，较隐蔽裂纹需要借助金相检验显微特征识别，发现应判废。

（5）结疤。

1）缺陷特征：在盘条表面与盘条本体部分结合或完全未结合的金属片层称为结疤（见图7-8）。源于钢坯表面及表层的缺陷，其形状、大小、厚薄均无规律性，有的生根，有的不生根，在线材全长呈有规则或无规则分布。

2）产生原因：铸坯表面及表层缺陷轧后残留或暴露在钢材表面上。

3）预防及消除方法：提高钢坯质量；加强钢坯验收和装炉前的质量检查。

4）检查判断：肉眼检查，发现结疤应判废。

（6）分层。

1）缺陷特征：盘条纵向分成两层或更多层的缺陷称为分层（见图7-9）。

图 7-8　结疤

图 7-9　分层

2）产生原因：钢坯皮下气泡，严重疏松，在轧制时未焊合，严重的夹杂物会造成分层；化学成分严重偏析（如硫等），轧坯时造成金属不连续，也是造成分层的原因。

3）预防及消除方法：提高钢坯质量；加强钢坯验收和装炉前的质量检查。

4）检查判断：肉眼检查，发现分层应判废。

（7）表面夹杂。

1）缺陷特征：暴露在钢材表面上的非金属物质称为表面夹杂。

2）产生原因：

①盘条表面所见夹杂（这里是指肉眼可见的非金属物质）多为铸坯时耐火材料在钢坯表面、钢坯入炉加热时漏检所致。

②在钢坯加热过程中，炉顶耐火材料或其他异物被轧在盘条表面，也可形成夹杂缺陷。

3）预防及消除方法：加强钢坯验收和装炉前质量检查，不采用有表面夹杂的钢坯。

4）检查判断：肉眼检查，发现表面夹杂应判废。

（8）轧痕（凸起、压痕、轧入异物）。

1）缺陷特征：盘条表面呈现的一些连续性、周期性的凸起或凹下的印痕（某些印痕无规律性）称为轧痕（见图7-10），缺陷形状、大小相似。

2）产生原因：

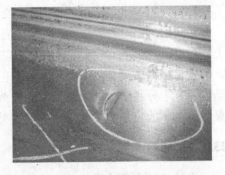

图7-10 轧痕

①凸起、压痕主要是轧槽损坏或磨损造成的。成品轧槽表面碰伤或剥落、砂眼造成凸起。粘贴在轧件表面上细小的杂物被带入轧槽轧制，轧制后与轧材分离，致使线材表面出现了凹坑。

②在轧制过程中，氧化铁皮或其他物料轧入轧件，形成缺陷。

3）预防及消除方法：经常检查孔型是否有掉肉或结瘤现象，一旦发现及时处理或更换孔型。

4）检查判断：肉眼检查或借助放大镜检验，并按相应标准判级。

（9）划痕。

1）缺陷特征：划痕一般呈直线或弧形沟槽，其深浅不等，连续或断续地分布于盘条的局部或全长。

2）产生原因：成品通过有缺陷的设备，如水冷箱、夹送辊、吐丝机、散卷输送线、集卷器及打捆机等造成的。

3）预防及消除方法：加强设备点检，发现问题及时更换设备。

4）检查判断：肉眼检查，并按相应标准判级。

（10）缩孔。

1）缺陷特征：盘条截面中心部位的疏松或空洞称为缩孔，缩孔处存在非金属夹杂，同时某些非铁元素富集。

2）产生原因：连铸方坯按"小钢锭理论"有时出现周期性的缩孔，轧后不能焊合。

3）预防及消除方法：提高钢坯质量；加强钢坯验收和装炉前的质量检查。

4）检查判断：显微观测，发现缩孔整盘判废。

（11）偏析。

1）缺陷特征：在盘条的断面上存在着元素不均匀的现象，称为偏析。常见的碳、硫、磷偏析最为严重。

2）产生原因：钢液在冷却凝固过程中，元素在结晶与余液中分配不一致造成的；元素的偏析程度与钢种、浇注方法、元素成分含量、浇注工艺操作有关。

3）预防及消除方法：改善浇注工艺，提高铸坯内部质量；线材控制冷却，降低偏析程度。

4）检查判断：显微观测，发现应降级或判废。

（12）脱碳。

1）缺陷特征：用光学显微镜检查没有珠光体的区域，其大小沿圆周的长超过 0.2mm、径向深度大于 0.02mm 者称为全脱碳。伴随着折叠或裂纹而产生的脱碳称为局部脱碳。在光学显微镜下，盘条表面显示碳含量减少，但其程度较轻，称为部分脱碳。

2）产生原因：钢坯加热时间过长或温度过高。

3）预防及消除方法：合理控制钢坯在炉时间和温度。

4）检查判断：显微观测，发现应降级或判废。

通常标准中没有内部质量之称，但将缩孔、中心疏松、夹杂等缺陷完全归并于表面缺陷也并非十分科学，这类缺陷不通过截面检查也很难发现。有些缺陷如脱碳，不借助金相显微镜也不能定量准确地判定，但这类缺陷在评价线材质量中占重要地位。

23.1.2　棒材产品缺陷及控制

棒材成品主要缺陷分类有性能超标、米重超差、横纵肋尺寸超差、凸块超标、折叠、结疤、裂纹。

（1）性能超标。排除原料冶炼方面原因，轧钢方面应着重注意钢坯的加热温度及终轧后穿水是否按规定执行。

（2）米重超差。国标中规定：各种规格棒材重量偏差为：$\phi12$　　±7%；$\phi14\sim20$　　±5%；$\phi22\sim50$　　±4%；对按理论重量交货部分，既要保证负偏差有一定量，又不能超过标准。控制措施：控制好换辊、换槽后的负偏差轧制；控制好活套波动。

（3）横纵肋尺寸超差。纵肋尺寸超差原因为成品前红坯尺寸偏小或张力及活套存在拉钢。横肋尺寸超差原因为成品前 K2 的红坯两侧尺寸偏小。控制措施为控制好红坯尺寸、张力及活套。

（4）凸块超标。国标中规定棒材成品表面允许有凸块，但不得超过横肋高度。控制措施为生产中成品上有小凸块时应尽早更换成品槽，防止凸块不断增大。

（5）折叠。

1）概念：指钢材表面形成各种角度折线，这种折线往往很长几乎通向整个产品的纵向。

2）产生原因：由于轧辊调整不当或钢料使用不合理，金属在孔型中过充满而从辊缝溢出；因入口导卫板安装不当或磨损严重，轧件产生耳子，在下一孔型中形成折叠。

3) 控制措施：正确安装导卫板，对准孔型；调整好轧辊，合理使用各槽钢料；随时检查入口导卫板磨损情况。

（6）麻点。

1）概念：孔型表面粗糙导致的棒材表面不规则凹凸缺陷。

2）产生原因：孔型轧制量过多；轧槽冷却方法或水量控制不当；轧辊材质软，组织不均匀。

3）控制措施：适当规定每个轧槽轧制吨位；改善轧槽冷却水的水量、水压、冷却方法；选择适当材质。

（7）"S"弯。其产生原因：坯料温度不均，造成条形在轧制中延伸系数变化，致使条形抖动；轧制线不对中或进出口导卫没对正；电动机转速波动大；轧辊出现椭圆度超差；料形收得太小，致使进口夹板夹持不稳；轧辊速度没控制好，堆拉关系不平衡。

23.2　型材产品常见缺陷

23.2.1　普通型材产品缺陷及控制

普通型材产品缺陷及控制分述如下。

（1）耳子。

1）缺陷特征：在型钢表面上与孔型开口处相对应的地方，出现顺轧制方向延伸的凸起部分称为耳子。有单边，也有双边，有时耳子产生在型钢的全长，也有局部或断续的，方、圆钢产生较多。

2）产生原因：轧机调整不当或孔型磨损严重，使成品前孔来料过大或成品孔压下量过大，产生过充满，多产生双边耳子；成品孔前因事故造成轧件温度偏低，进入成品孔时延伸降低，宽展过大，多产生双边耳子；成品孔入口夹板向孔型一侧安偏或松动，金属挤入孔型一侧辊缝里，产生单边耳子；成品入口夹板间隙过大或松动，进钢不稳，易产生双边断续耳子。

3）预防及消除方法：加强对轧机的调整，对磨损严重的孔型应及时更换，适当加大成品前孔的压下量；提高钢坯加热质量，尽量减少事故，确保钢材轧制温度；正确安装和调整入口夹板；完善孔型设计，合理调整压下量；轧制过程中用木棒检查，必要时上缓冷台架进行检查。

4）检查判断：按标准进行检查判级，耳子一般可采用风铲和砂轮清除。

（2）折叠。

1）缺陷特征：沿轧制方向与型钢表面有一定倾角，近似裂纹，一般呈直线状也有呈锯齿状，出现在型钢的全长或局部，深浅不一，内有氧化铁皮。

2）产生原因：主要是由于成品前孔某一道次轧件出现耳子，再轧形成折叠；由于孔型设计和调整不当，成品孔型严重磨损，将轧件表面啃伤，再轧形成折叠；因导卫板安装不当，有棱角或粘有铁皮使轧件产生划伤，再轧形成折叠。

3）预防及消除方法：找出产生耳子的原因，消除耳子；完善孔型设计，加强轧机调整，及时修磨或更换孔型；正确安装导卫板，发现问题及时修磨或更换；严格检查钢坯质量，不合格钢坯严禁入炉。

4）检查判断：用肉眼检查，也可根据锯切横断面开裂情况进行判断，必要时用砂轮或锉刀等工具打磨钢材横断面检查缺陷，并用量具测量其深度，按产品标准规定进行判级。注意勿将裂纹、划伤判为折叠。

（3）波浪。

1）缺陷特征：型钢局部截面沿长度方向的波浪起伏，统称为波浪。多产生于工、槽钢和球扁钢。工、槽钢产生在腰部的称腰波浪；产生在腿部的称腿波浪，球扁钢多产生腹波浪。

2）产生原因：波浪主要是由各部位延伸系数不一致产生的，一般产生在延伸较大的部位；压下量分配不合理；轧辊窜动，轧槽错牙造成两侧侧压不均，侧压大者有可能产生波浪；孔型配置不当，例如槽钢成品前孔为已磨损的孔，而成品孔用新孔易产生波浪；轧件温度不均匀，造成变形不均；球扁钢因镰刀弯太大，矫直后也会产生腹波浪。

3）预防及消除方法：加强轧机调整，使各道次压下量分配合理；经常检查各部件，发现松动应及时紧固，以防轧辊窜动；合理配置孔型，换成品孔时，如成品前孔磨损超差，必须同时更换；轧制球扁钢时，必须正确安装导板，防止镰刀弯过大。

4）检查判断：依据波幅的大小，按标准进行判级。

（4）尺寸超差（尺寸不合、规格不合）。

1）缺陷特征：尺寸超差是指型钢截面几何尺寸不符合标准规定要求的统称。这类缺陷名目繁多，大部分以产生部位以及其超差程度加以命名。例如工、槽、角钢的腿长、腿短、腰厚、腰薄及一腿长、一腿短。

2）产生原因：工字钢成品孔腿长往往表现在开口腿上，主要由于腰部压下量不够，角钢和槽钢成品孔压下量的大小，直接影响腿长和腿短；切深孔切入太深，造成腿长无法消除；轧辊不水平或有轴向窜动以及咬入不正、成品孔夹板上偏等都会造成一腿长、一腿短等；腰的厚、薄主要是成品孔及成品前孔压下量不合理造成的。

3）预防及消除方法：合理分配各孔的压下量；按规程进行轧制；注意装辊质量，保持轧辊水平、孔型对中，紧固支持板螺丝，防止轴向窜动；钢坯加热温度要均匀，确保终轧温度；轧制过程中，开轧头几支钢应逐支取样进行检查并通知热锯返回长样；对各部位尺寸逐点进行测量，合格后方能大量生产；在生产中要做到定时取样，发现问题及时调整。

4）检查判断：成品检查应用样板和卡尺对各部位尺寸进行逐支卡量或抽查，并按标准判级。

（5）裂纹。

1）缺陷特征：顺轧制方向出现在型钢表面上的线形开裂，一般呈直线形，有时呈Y形，多为通长出现，有时局部出现。

2）产生原因：钢坯有裂缝、皮下气泡或非金属夹杂物，经轧制破裂暴露；加热温度不均匀，温度过低，轧件在轧制时各部位延伸与宽展不一致；加热速度过快、炉尾温度过高或轧制后冷却不当，易形成裂纹，此种情况多发生在高碳钢和低合金钢上。

3）预防及消除方法：加强钢坯验收和装炉前的质量检查，裂缝超过标准规定的钢坯不投料；钢坯加热温度尽量均匀，并确保开轧和终轧温度，轧制过程中，遇有卡钢现象，应马上关闭轧辊冷却水；对不同的钢质采用不同的加热工艺。

4）检查判断：用肉眼检查，必要时用砂轮横向打磨，测量其裂纹深度，按有关产品标准判级。

（6）麻点。由孔型表面磨损起毛造成的，控制方法是换辊或换孔型；由氧化铁皮压入造成的，控制方法是消除铁皮。

（7）裂边。工业纯铁（开轧温度过高）或高速钢（轧制温度过低）易产生裂边，控制方法是轧此类钢最好用菱方孔型系统。

（8）鳞层。

1）缺陷特征：黏附于型钢表面与其本身相连接金属片。

2）产生原因：轧件表面有凸块，轧后压成薄片，黏附于表面；轧件表面皮下气泡破裂压成薄片，黏附于表面；轧制中铁皮压入；轧件在孔型内打滑，金属局部堆积，轧后形成。

3）预防及消除方法：及时更换轧槽、导卫及粘物；及时清理坯料缺陷。

（9）划伤（擦伤、划痕）。

1）缺陷特征：一般呈直线或弧形的沟槽，其深度不等，通长可见沟底，长度从几毫米到几米，连续或断续地分布于钢材的局部或全长，多为单条，有时出现多条。

2）产生原因：导卫板安装不当，对轧件压力过大，将轧件表面划伤；导卫板加工不良，口边不圆滑，或磨损严重，粘有氧化铁皮，将轧件表面划伤；孔型侧壁磨损严重，当轧件接触时产生弧形划伤；钢材在运输过程中与表面粗糙的辊道、地板盖、移钢机、活动挡板等接触划伤。

3）预防及消除方法：导卫板、辊道、地板盖、移钢机、活动挡板应加工光滑、平整，不得有尖锐棱角等；导卫板应安装正确并经常调整；及时更换磨损严重的孔型；在轧制过程中，发现划伤应及时进行处理。

4）检查判断：根据划伤深度，依据产品标准判级。

（10）碰伤（刮痕）。

1）缺陷特征：钢材表面被碰压、刮拉而形成的各种局部伤痕称碰伤（包括热态伤和冷态伤）。随产生原因的不同，其大小形状位置不同，各种碰伤均无热加工变形的痕迹，在热态产生的碰伤表面发暗，在冷态产生的碰伤表面呈银亮的金属光泽。

2）产生原因：钢材与地板盖、挡板、移钢设备相互碰撞及中间堆放吊运过程中，表面被碰压而产生；钢材在输送台架传送过程中，拉钢小车划爪不齐，同时拉钢根数太多、速度过快或长短钢材相夹，均能产生碰伤。

3）预防及消除方法：钢材在辊道中运行接近挡板时，应减慢辊道速度，并垫平地板盖，以防碰伤钢材；冷床拉钢小车划爪应调整在一条线上，每次拉钢数量不应太多，速度不应太快，避免拉伤钢材；吊运钢材时，一次吊运重量不宜太多，起、落要轻，堆放钢材各层之间要垫平、防止损伤钢材。

4）检查判断：碰伤中的局部变形，一般不能消除，应根据整体情况进行局部切除或判废。碰伤中的局部表面凹陷，按标准中对凹坑的规定判定产品等级。

（11）缺肉。

1）缺陷特征：型钢一侧面沿轧制方向全长或周期性的缺少金属称缺肉（见图 7-11）。

2）产生原因：孔型设计不良，轧辊车削不正确及轧机调整不当，使轧件进入成品孔

图 7-11　缺肉

时因金属量不足，造成孔型充填不满；轧槽错牙或入口导板安装不当，造成轧件某一面缺少金属，再轧时孔型充不满；对于工、槽钢，因钢坯不清理，往往出现结疤掉到闭口腿内，在轧制过程中便会出现周期性的腿尖缺肉。

3）预防及消除方法：完善孔型设计，使成品孔充填良好；紧固轧机各部件，防止轧辊轴向窜动，正确安装入口导板；及时更换磨损严重的孔型；经常检查闭口腿是否有粘肉现象，一旦发现应及时进行处理。

4）检查判断：按照缺肉的存在部位或严重程度，依据产品标准规定判级。

（12）圆角（角不满、钝角、塌角、偏角）。

1）缺陷特征：因成品孔充填不满，造成棱角缺少金属称为圆角（见图 7-12），其表面粗糙，多为通长出现，有时局部或断续出现，槽钢和角钢较为多见。

2）产生原因：槽钢圆角主要是两角部充填不满，成品孔轧辊轴向窜动，使槽钢变成一腿厚、一腿薄、腿厚一侧角部变圆；另外，成品孔磨损严重也会造成金属不够充填角部。角钢的圆角主要是顶角金属不够造成的；成品孔压下量小使顶部金属不够造成圆角；成品孔入口导板偏向

图 7-12　圆角

一侧，引导不正，造成全长的偏角；夹板松动，轧件在孔型内左右摆动，形成断续偏角。

3）预防及消除方法：上、下轧槽对正，紧固螺丝，防止轧辊窜动。合理分配压下量，使角部有足够的金属充填；正确安装入口导板或夹板；选用合理的钢坯长度，以防止轧件移送时拉弯。

4）检查判断：不同产品有不同程度的要求，应依据产品标准判级。

（13）扭转。

1）缺陷特征：型钢绕其轴线扭成螺旋状称为扭转。

2）产生原因：导卫板安装不良，使轧件出孔时受到力偶的作用产生扭转；两侧延伸不一致，主要是压下不均或辊子有轴向窜动；方、圆钢由于入口夹板安装不正确，使钢料进孔不正，造成延伸不一致；轧辊安装不正确，上、下轧辊轴线不在同一垂直平面内，即上、下辊成水平投影交叉，使轧件扭转；矫直机调整不当。

3）预防及消除方法：加强轧机和导卫板的安装调整，不使用磨损严重的导卫板，消除加在轧制上的力矩；发现有矫扭现象应及时调整矫直机，使之正常矫钢；扭转严重的钢材有时无法进矫，有时虽能进矫也较难消除，因此用肉眼观察成品孔的轧件，不得有明显扭转。

4）检查判断：型钢的扭转，在型钢台架上检查，以钢材一端在台架上翘起缝隙衡量扭转程度，并按产品标准规定进行判级。

（14）结疤。

1）缺陷特征：结疤是型钢表面上的疤状金属薄块。其大小、深浅不等，外形极不规则，常呈指甲、鱼鳞状、块状、舌头状无规律地分布在钢材表面上，结疤下常有非金属夹杂物。

2）产生原因：由于钢坯不清理，原有的结疤轧后仍残留在钢材表面上。

3）预防及消除方法：钢坯表面的结疤一定要用火焰枪进行清理，并要注意深宽比。加强钢坯验收和装炉前的质量检查，按有关钢坯标准及协议进行验收和装炉。

4）检查判断：按标准用肉眼检查，必要时用深度尺进行测量。当局部结疤超过标准规定时，在确保交货长度的前提下给予切除，否则整支钢判废。

（15）表面夹杂。

1）缺陷特征：暴露在钢材表面上的非金属物称为表面夹杂，一般呈点状、块状和条状分布，其颜色有暗红、淡黄、灰白等，机械地黏结在型钢表面上，夹杂脱落后出现一定深度的凹坑，其大小、形状无一定规律。

2）产生原因：钢坯带来的表面非金属夹杂物；在加热或轧制过程中，偶然有非金属夹杂物（加热炉的耐火材料及炉渣等）粘在钢坯表面上，轧制时被压入钢材，冷却经矫直后部分脱落，工、槽钢多见于腰部。

3）预防及消除方法：加强钢坯验收和装炉前的质量检查，不采用有表面夹杂的钢坯；两道轧制后翻钢，采用高压风吹铁皮和粘在钢材表面上的耐火材料。

4）检查判断：用肉眼检查，按有关标准规定判定。

（16）分层。

1）缺陷特征：此缺陷在型钢的锯切断面上呈黑线或黑带状，严重的分离成两层或多层，分层处伴随有夹杂物。

2）产生原因：主要是由于镇静钢的缩孔未切净；钢坯的皮下气泡、严重疏松等在轧制时未焊合，严重的夹杂物也会造成分层；钢坯的化学成分偏析严重，当轧制较薄规格时，也可能形成分层。

3）预防及消除方法：加强钢坯验收和装炉前的质量检查，不采用不合格的钢坯。

4）检查判断：用肉眼检查，必要时用砂轮打磨或酸洗后进行观察。凡发现分层现象都应判废。

（17）气泡（凸包）。

1）缺陷特征：型钢表面呈现的一种无规律分布的圆形凸起称为凸包，凸起部分的外缘比较圆滑，凸包破裂后成鸡爪形裂口或舌形结疤，称气泡。多产生于型钢的角部及腿尖。

2）产生原因：钢坯有皮下气泡，轧制时未焊合。

3）预防及消除方法：加强钢坯验收和装炉前的质量检查，不采用气泡暴露的钢坯。

4）检查判断：用肉眼检查，按有关标准判定。

（18）轧痕（辊印、压痕）。

1）缺陷特征：在型钢表面呈现一些连续性、周期性的凸起或凹下的印痕（某些印痕无规律性），其深度一般较浅，且无尖棱和金属撕裂现象。

2）产生原因：周期性的凸包或凹坑是由于成品孔或成品前孔"掉肉"或结瘤产生的；氧化铁皮被压入钢材表面，冷却后氧化铁皮脱落形成凹坑，无一定规律。

3）预防及消除方法：经常检查孔型是否有"掉肉"或结瘤现象，一旦发现应及时进行处理，或者更换孔型。

4）检查判断：用肉眼检查，并测量其高度或深度，然后依据产品标准判级。

（19）弯曲（弯头）。

图 7-13　弯曲

1）缺陷特征：型钢沿垂直或水平方向呈现不平直的现象称为弯曲（见图 7-13），一般为镰刀形或波浪形。仅头部的弯曲称为弯头。

2）产生原因：轧机调整不当，轧辊倾斜或跳动，上、下辊径差大，造成速度差大；出口导卫板安装不正确，导卫板梁过低或过高；轧件温度不均匀，使金属延伸不一致；运输辊道速度过快，容易把钢材头部撞弯；矫直温度过高，冷却后容易产生弯曲；锯片用得太老，也容易产生弯头。

3）预防方法：加强轧机调整，提高换辊质量；确保钢坯加热均匀；接班后马上检查冷床拉钢划子是否完好，滑轨应经常保持光滑；按规程规定进行矫钢、包装和堆垛。

4）检查判断：用肉眼检查，必要时测量其弯曲度，根据标准规定判定。

（20）形状不正。

1）缺陷特征：型钢断面几何形状歪斜不正，这类缺陷对不同品种各异，名称繁多。如工槽钢的内并外斜，弯腰挠度；角钢顶角大、小腿不平等。

2）产生原因：矫直辊孔型设计不合理；矫直机调整操作不当；矫直辊磨损严重；轧辊磨损或成品孔出口卫板安装不良。

3）预防及消除方法：完善矫直辊孔型设计，按轧制产品的实际尺寸合理选用矫直辊；加强矫直机的调整、操作；按规定更换孔型和正确安装导卫装置。

4）检查判断：根据产品标准规定，对不同产品或不同部位，使用规定的工具和方法进行测量和判级。

（21）矫裂（矫断）。

1）缺陷特征：钢材在冷状态矫直过程中，产生的直线形或折线形的裂缝，其裂缝口棱角尖锐，呈银亮光泽、裂缝内无氧化铁皮，严重时钢材劈裂或碎断。

2）产生原因：矫直机调整操作不当，矫直次数过多产生加工硬化，矫直前钢材严重弯扭，通过矫直机时矫裂；钢材内部有缺陷或局部冷却淬火，钢中含磷较多，高碳钢、合金钢采用不合理的冷却制度，矫直压力过大，矫直时都易产生矫裂。

3）预防及消除方法：提高矫直机调整操作技术，防止矫直次数过多，矫直压力过大，型钢最多只能矫三次；矫直含磷较高钢种时，钢材最好缓冷，对较高温度的高碳钢和合金钢避免堆放在有水或潮湿的地方。发现大批有脆裂趋势的钢材，可采用热处理办法挽救。

4）检查判断：用肉眼检查，发现矫裂判为废品，对局部裂纹，可根据具体情况切除。

（22）矫痕（矫伤）。

1) 缺陷特征：钢材在冷矫过程中造成的表面刮痕，一般呈块状、长条状、鱼鳞状的凹陷，常具有银亮的金属光泽，周期性分布，有一定规律性。

2) 产生原因：矫直机局部损伤，磨损严重，辊面黏结金属块，辊面局部凸起，产生周期性或单个分布的矫痕。矫直前钢材弯曲严重，矫直时喂钢不正，易产生局部矫痕。

3) 预防及消除方法：矫直辊局部损伤或黏结有金属块时应及时打磨光洁；矫直辊磨损老化；矫痕严重时，不应继续使用；改进矫直辊材质或对矫直辊表面淬火，增加表面硬度或耐磨性。

4) 检查判断：根据矫伤的具体情况，依照标准，矫痕轻微者可按正品入库，但必须对矫直辊认真检查修磨，找出问题所在，以免发生大深度的矫痕。出现大深度矫痕，可用砂轮打磨钢材后，在清除深度或宽度没有超过该品种允许偏差的情况下，可按正品入库。发现大批有脆裂趋势的钢材，可采用热处理方法挽救。

(23) 切割缺陷（锯伤、切斜、切头短、毛刺、压溃等）。

1) 缺陷特征：因锯切不良造成的各种缺陷统称为切割缺陷。在热状态下，锯切型钢时被锯片损伤，造成钢材表面深浅不一、外形不规则的伤痕称为锯伤；型钢头、尾部切割面与纵向轴线不垂直称为"锯斜"或"切斜"；轧件端部热轧拉缩部分未切净称为"切头短"或"尖头"；锯切后附留在钢材表面上的金属落片（飞边）称为"毛刺"；钢材端部受锯切面的压陷称为"压溃或压偏"。

2) 产生原因：从设备上看，锯片安装不当，锯切机各部位磨损老化，使锯片瓢曲度大，造成锯片磨损快，对钢材的不规则切损也就大。从轧件上看，轧件头部弯曲大及轧件与锯片不垂直都能造成切斜和压溃。从操作上看，各锯切推进步调不一致，根数太多时，端部不齐造成端部切除太少，未切净。

3) 预防及消除方法：改善来料状况，避免轧件头部弯曲过大，使轧件与锯片保持垂直；经常检查热锯设备，正确安装调整刀片，磨损时及时更换；提高技术操作水平，避免各种误操作，各锯推进步调必须一致，保证尖头切除量。

4) 检查判断：切割缺陷可用肉眼或角尺卡量检查，依照标准判级，切割缺陷允许修磨消除。

23.2.2　H 型钢产品缺陷及控制

H 型钢生产的主要缺陷，按工艺流程可以分为钢质缺陷、轧制缺陷和精整缺陷三大类。

(1) H 型钢的钢质缺陷。

1) 夹杂。夹杂是指在 H 型钢的断面上有肉眼可见的分层，在分层内夹有呈灰色或白色的杂质，这些杂质通常为耐火材料、保护渣等。造成夹杂的原因是在出钢过程中有渣混入钢液，或在铸锭过程中有耐火材料、保护渣混入钢液。夹杂会破坏 H 型钢的外观完整性，降低钢材的刚度和强度，使得钢材在使用中开裂或断裂，是一种不允许有的钢材缺陷。

2) 结疤。结疤是一种存在于钢材表面的鳞片状缺陷。结疤有与钢材本体连在一起的，也有不连为一体。造成结疤的主要原因是浇注过程中钢水喷溅，一般沸腾钢多于镇静钢。局部、个别的结疤可以通过火焰清除挽救，但面积过大、过深的结疤只能判废。为防止带有结疤的钢坯进入轧机，通常采用火焰清理机清理钢坯表面，或采用高压水将已烧成氧化铁皮的结疤冲掉。在成品钢材上的结疤需要用砂轮或扁铲清除。

3）分层。分层是存在于 H 型钢断面上的一种呈线纹状的缺陷。通常它是因炼钢浇铸工艺控制不当或开坯时钢锭缩孔未切干净所致。在分层处夹杂较多，尽管经过轧制也不能焊合，严重时使钢材开裂成两半。分层使钢材强度降低，也常常造成钢材开裂。带有分层的 H 型钢通常要挑出判废。分层一般常出现在模铸相当于钢锭头部的那段钢材中，或发生在用第一支连铸坯或最后一支连铸坯所轧成的钢材上。

4）裂纹。H 型钢裂纹主要有两种形式：一种为在其腰部的纵向裂纹；另一种为在其腿端的横向裂纹。腰部的纵向裂纹来自浇铸中所形成的内部裂纹，腿端的横向裂纹来自钢坯或钢锭的角部裂纹。无论是哪种裂纹均不允许存在，它都破坏钢材本身的完整性和强度。

（2）H 型钢常见的轧制缺陷。

1）轧痕。轧痕一般分为两种，即周期性轧痕和非周期性轧痕。周期性轧痕在 H 型钢上呈规律性分布，前后两个轧痕出现在轧件同一部位、同一深度，两者间距正好等于其所在处轧辊圆周长。周期性轧痕是由轧辊掉肉或孔型中粘有氧化铁皮而造成的在轧件表面的凸起或凹坑。非周期性轧痕是导卫装置磨损严重或辊道等机械设备碰撞造成钢材刮伤后又经轧制而在钢材表面形成棱沟或缺肉，其大多沿轧制方向分布。

2）折叠。折叠是一种类似于裂纹的通常性缺陷，经酸洗后可以清楚地看到折叠处断面有一条与外界相通的裂纹。折叠是因孔型设计不当或轧机调整不当，在孔型开口处因过盈充满而形成耳子，再经轧制而将耳子压入轧件本体内，但不能与本体焊合而形成的，其深度取决于耳子的高度。另外，腰、腿之间圆弧设计不当或磨损严重，造成轧件表面出现沟、棱后，再轧制也会形成折叠。

3）波浪。波浪可分为两种：一种是腰部呈搓衣板状的腰波浪；另一种是腿端呈波峰波谷状的腿部波浪。两种波浪均造成 H 型钢外形的破坏。波浪是由于在热轧过程中轧件各部伸长率不一致所造成的。当腰部压下量过大时，腰部延伸过大，而腿部延伸小，这样就形成腰部波浪，严重时还可将腰部拉裂。当腿部延伸过大，而腰部延伸小时，就产生腿部波浪。另外还有一种原因也可形成波浪，这就是当钢材断面特别是腰厚与腿厚设计比值不合理时，在钢材冷却过程中，较薄的部分先冷，较厚的部分后冷，在温度差作用下，在钢材内部形成很大的热应力，这也会造成波浪。解决此问题的办法是：首先要合理设计孔型，尽量让不均匀变形在头几道完成；在精轧道次要力求 H 型断面各部分腰、腿延伸一致；要减小腰腿温差，可在成品孔后对轧件腿部喷雾，以加速腰部冷却，或采用立冷操作。

4）腿端圆角。H 型钢腿端圆角是指其腿端与腿两侧面之间部分不平直，外形轮廓比标准断面缺肉，未能充满整个腿端。造成腿端圆角有几方面原因：其一是开坯机的切深孔型磨损，轧出的腿部变厚，在进入下一孔时，由于楔卡作用，所以腿端不能得到很好的加工；其二是在万能机组轧制时，由于万能机架与轧边机速度不匹配，而出现因张力过大造成的拉钢现象，使轧件腿部达不到要求的高度，这样在轧边孔中腿端得不到垂直加工，也会形成腿端圆角；其三是在整个轧制过程中入口侧腹板出现偏移，使得轧件在咬入时偏离孔型对称轴，这时也会出现上述缺陷。

5）腿长不对称。H型钢腿长不对称有两种：一种是上腿比下腿长；另一种是一个腿上腿长，而另一个腿则下腿长。一般腿长不对称常伴有腿厚不均现象，稍长的腿略薄些，稍短的腿要厚些。造成腿长不对称也有几种原因：一种是在开坯过程中，由于切深时坯料未对正孔型造成切偏，使异形坯出现一腿厚一腿薄，尽管在以后的轧制过程中压下量分配合理，但也很难纠正，最终形成腿长不对称；另一种是万能轧机水平辊未对正，轴向位错，造成立辊对腿的侧压严重不均，形成呈对角线分布的腿长不对称。

（3）H型钢常见的精整缺陷。

1）矫裂。H型钢矫裂主要出现在腰部。造成矫裂的原因：其一是矫直压力过大或重复矫次数过多；其二是被矫钢材存在表面缺陷（如裂纹、结疤）或内部缺陷（如成分偏析、夹杂），使其局部强度降低，一经矫直即造成开裂。

2）扭转。H型钢扭转是指其断面沿某一轴线发生旋转，造成其形状歪扭。造成扭转的原因：一是精轧成品孔出口侧导卫板高度调整不当，使轧件受到导卫板一对力偶的作用而发生扭转；二是矫直机各辊轴向错位，这样也可形成力偶而使钢材发生扭转。

3）弯曲。H型钢弯曲主要有两种类型：一种是水平方向的弯曲，俗称镰刀弯；另一种是垂直方向的弯曲，也叫上、下弯或翘弯。弯曲主要是由矫直机零度不准，各辊压力选择不当而造成的。

4）内并外扩。H型钢的内并外扩是指其腿部与腰部不垂直，破坏了其断面形状，通常呈上腿并下腿扩或下腿并上腿扩状态。内并外扩是因成品孔出口导卫板调整不当造成的，以后虽经矫直，但很难矫过来，尤其是上腿并下腿扩这种情况，矫直机很难矫，因为矫直机多采用下压力矫直。

23. 2. 3　钢轨产品缺陷及控制

钢轨产品缺陷有如下几种情况：

（1）轧制重轨时，出现"头大"、"头小"。产生原因及控制措施为：

1）轧制温度的影响。温度高，金属变形抗力小，轧辊受力小，辊跳值小，所以出现头小。另外，温度高、收缩大，也会出现头小；当温度低时易出现头大。调整方法：当温度变化时，应相应调整成品前孔的压下量。

2）轧钢机零件的松动。轧钢机零件的松动，包括轧辊辊颈与瓦的间隙、压下螺丝和安全臼的间隙、压下螺丝和螺母的间隙、抵抗板和机盖楔等机件的松动，都会造成轧辊的辊跳值增大，影响了重轨的几何尺寸，有时出现头大。吊瓦弹簧螺丝松动，使对孔尺寸大，也容易出现头大。轧重轨时，各部分机件必须达到良好的工作状态，防止跳动值大。

3）轧辊车削不良的影响。轧辊车削不精确，不符合孔型设计尺寸，轧机是无法调整的，这时应换孔或换辊。

4）轧辊材质硬度不均。由于轧辊材质不好，局部磨损严重，有时引起周期性头大或头小，如果磨损比较严重，只好更换孔型及换辊。在控制头部尺寸时，应使空冷的尺寸小0. 15～0. 30mm。

（2）轧制重轨时，出现"轨高"、"轨低"。产生原因及控制措施为：

1）温度的影响。温度高时展宽量小，轧后收缩量大，产生轨低。温度低时展宽量大，轧后收缩量小，产生轨高，有时出耳子。调整方法为温度高时，放成品前孔，增加成品孔压下量；温度低时，压成品前孔和前前孔，一方面减少成品孔的压下量，另一方面可以减少头部的金属量。

2）孔型磨损的影响。①成品前孔磨损严重，造成成品前孔来料轨高，在成品孔继续展宽，使成品出现轨高。调整方法：当轨高不严重时，且头部尺寸允许时，可减少一点成品孔压下量，减少成品孔展宽量；将成品前孔上辊紧住，防止产生轴向窜动。这两种方法无效，且轨高仍然超差时，可换孔和换辊。②成品前孔斜壁车削不当，四个斜壁仅有一个靠上，必然引起磨损快，上辊产生轴向窜动，使轨高尺寸加大，在成品孔仍然出现轨高。调整方法：将上辊向轨底方向窜动，减少成品前孔的轨高，使成品轨高降低。③成品孔磨损。由于成品孔轧出量过多，孔型轨底中央处因磨损凹下去，使成品底凸造成轨高。调整方法：上辊向轨头方向窜动，只能解决少量的轨高，而且这不是长远之计，最佳办法是换孔和换辊。

3）加热炉温度不均的影响。三段连续式加热炉中有滑铁管，在钢与滑铁管接触部分，温度较低，使钢坯全长温度不均匀，这样在成品上出现周期性轨高，严重时轨高尺寸相差 $0.5 \sim 1.0\text{mm}$。出现这种缺陷，轧机是无法调整的，只能要求加热炉加热温度均匀。

4）不合理的换孔和换辊。孔型磨损后，换孔和换辊时只换成品孔而不换成品前孔，易出现轨高。成品前孔来料各部分尺寸均增大，在成品孔变形时，头部、腰部及腿部的侧压量均增加，展宽量也增加，因此出现轨高。调整方法为正确合理地更换孔型。

5）压下量分配不当。根据调整经验，出现轨高时，只是在成品孔和成品前孔的范围内调整，这是不全面的。如果成品前前孔以前的孔压下量小，头部金属量过多，出现轨高，调整成品孔是无效的。调整方法：必须合理分配压下量，才能保持轨高稳定。利用第二个轨形孔增加压下量的方法，效果较好。

6）轧辊车削不良的影响。轧辊车削时，将成品前孔的轨高度车大，这样成品轨高就高。调整方法：换辊前要仔细检查新辊各孔车削得是否正确，否则拒绝装入机架，以保证重轨尺寸合格，能保持轨高稳定。利用第二个轨形孔增加压下量的方法，效果较好。

（3）轧制重轨时，出现"头平"。产生原因及控制措施为：

1）成品前孔压下量过大，头部金属量少，在成品孔充填不满，成品产生头平。调整方法：放大成品前孔，增加成品孔压下量。

2）成品前孔斜壁未靠上，上辊向腿部方向窜动，成品前孔轧件轨低，在成品孔充填不满，产生头平。调整方法为上辊向头部方向窜动，使斜壁靠上即可解决。

3）成品前前孔对孔尺寸小，头部金属量少，在成品前孔头部充填不满，在成品孔仍然充不满，成品出现头平。调整方法：减少成品前前孔的压下量，增加成品前孔头部金属量，使成品孔头部充满。

4）轧辊车削不良。如轧辊车修时，头部尺寸车小，轧件在成品孔充填不满，因此成品出现头平。这是由于样板磨损严重而出现头部尺寸车小的现象。

5）温度高时头部金属延伸大，展宽量小，成品上仍然出现头平。调整方法：放大成品前孔，增加头部金属量，使成品孔压下量增加，使展宽量增加，头部充满。有时成品前孔压下量过大，也出现上述头平现象，采取同样方法即可解决。

（4）轧制重轨时，出现"头部耳子"。

常出现的头部耳子，有下列两种形状，如图 7-14 所示。

产生原因及控制措施为：

1）成品前孔头部金属量过多，在成品孔过充满，因此头部出耳子。调整方法：增加成品前孔的压下量，减少头部金属量，防止过充满即可消除耳子。

2）成品孔上辊向头部窜动严重，在下辊开口的作用下出现头部耳子。调整方法：成品孔上辊向轨底方向窜动，使斜壁靠上，耳子即可消除。

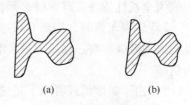

图 7-14　头部耳子

(a) 轧辊倾斜时出的耳子；

(b) 过充满时出的耳子

3）温度低，轧件在成品孔中变形时展宽量大，在成品上出现耳子。调整方法：当温度低时，增加成品前孔的压下量或减少成品孔的压下量，防止过充满，即可消除耳子。

4）由于两轧辊不水平，头部辊缝小，轨底辊缝大，在成品孔变形时，由于头部开口的作用，产生头部半面耳子。调整方法：将轧辊调整水平，放头部压轨底，直到耳子消除。轧辊车修时，将成品腿部斜度车大了，或者头部开门斜度车小了，轧出成品后头部出偏耳子（即半面耳子），见图 7-14（a）。调整方法：增大头部侧辊缝，减小轨底侧辊缝。其调整量为两侧辊缝差值可达 7mm。

（5）轧制重轨时，出现"轨头周期性折叠"。轨头折叠有周期性折叠和全长性折叠两种，如图 7-15 所示。

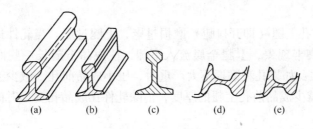

图 7-15　头部折叠

(a) 头部周期性折叠；(b) 头部全长折叠 (c) 两侧头部折叠；

(d) 头部锁口掉肉；(e) 头部出耳子

产生原因及控制措施为：

1）落辊时落偏将头部开口小台碰坏或掉肉，轧制时金属流到开口外面，成为不规则的耳子，在下道次轧制时便出现折叠，在成品上也存在折叠，在成品前孔和再前孔较常见。折叠长度可达 20～50mm。

2）轧辊产生轴向窜动，使轨头向轨底方向窜动，而且支持板过深，轧辊转动时，将头部开口小台局部辗坏，出现掉肉现象，轧制时，金属充出形成耳子，而后再轧制时，耳子变为折叠。这种折叠有时达半周。

3）轧辊存放或吊运时，两辊相碰，将头开口小台碰坏，在轧制时形成耳子而后形成折叠。这种原因产生的折叠很短，其长度有 20～50mm。调整方法：掉肉严重，并能产生凸棱者必须换孔，若轧制时不产生凸棱者可用砂轮将尖棱磨平。

（6）轧制重轨时，出现"轨头全长性折叠"。产生原因及控制措施为：

1）轧辊车修时将头部开口小台车大，轧制时金属流入锁口中，出现耳子，耳子被压回成为全长性折叠。严重时必须换孔。

2）轧辊车修时，头部开口小台未倒棱而成尖棱，轧制时出现微小的耳子，而后在成品上出现轻微折叠，在压下量大时产生的耳子则严重些。清除方法：用砂轮将尖棱磨平即可消除。

3）由于温度低或者压下量过大，也产生小耳子，在成品上出现通长性折叠。

（7）轧制重轨时，出现"轨头与轨腰相接处的全长性折叠"。产生原因及控制措施为：

1）轧出量过多，孔型磨损过老，在轨头和轨腰相接处出现尖棱，在轧件上出现一条无规则的沟痕，在继续轧制时将沟痕压回成为一条折缝，但不是直线状的。

2）辊身冷却水不足，在轧制中轨腰楔子部位粘铁皮，在轧件上有时产生通长沟痕，有时产生断断续续的沟痕，在成品上形成通长或断续而且弯弯曲曲的折叠。消除方法：如果轧出量不多，而又出现尖棱，是可以用砂轮将尖棱磨平的；轧出量较多，轧辊磨损确实很严重，就不能用磨修的方法来处理，必须采取换辊的办法来解决；对容易粘铁皮的部位，应加强冷却水，防止轧辊发热而易于粘氧化铁皮。

（8）轧制重轨时，出现"底宽"。产生原因及控制措施为：

1）由于成品孔对孔尺寸大，或者轧机各零件松动而产生底宽。调整方法：根据试样几何尺寸应将成品孔压下，以消除底宽；如果影响其他部位尺寸变化，也可采取压成品前孔的方法来解决。

2）由于成品前孔上腿（即开口腿）磨损过老，上腿过肥，当轧件进入成品孔时，上腿进入闭口腿产生楔卡现象，上腿金属流入下腿，使成品下腿长一些而出现底宽，如图7-16所示。调整方法：如果孔型磨损不太严重时，压小成品前孔，减少上腿厚度，同时将上辊向腿部窜动，减少成品前孔上腿的厚度，消除轧件在成品孔变形时的楔卡现象，即可消除上述缺陷。

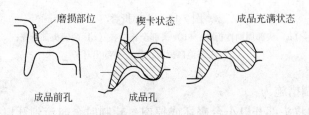

图7-16　楔卡现象

3）成品前孔闭口腿（下腿）磨损后，下腿过肥，在成品孔中变形时，下腿侧压加大，因此使下腿过长，出现底宽。调整方法：只能换辊或换孔，没有其他调整方法。

4）成品孔轧出量过多，上腿端部磨损严重，造成上腿长。在生产中，成品孔和两个成品前孔配用，换成品前孔后，使成品孔侧压减小，腿端直压增加，因此出现腿端磨损现象，使成品上腿长。调整方法：在成品孔腿端磨损不严重时，可放大成品前孔，增加侧压减少直压，减少腿端磨损；当腿端磨损过老时，应换成品孔。

5）当成品孔和成品前孔均磨损，但只换成品孔，轧件在成品孔轧制时，下腿（开口腿）侧压增加，使下腿过长。同时上腿在闭口腿中出现楔卡现象，下腿也相应增长。调整方法：应同时更换成品孔和成品前孔。

6）轧辊在车削时，将下腿车长而出现腿长（底宽）。调整方法：要控制前一孔腿长，严重时换孔。

7）轧制低温钢时，易产生底宽腰厚和头大。调整方法：当温度低时，必须及时增加成品前孔及成品孔的压下量。

（9）轧制重轨时，出现"底窄"。

1）上腿短且有圆角。开坯机第二个箱形孔和梯形孔过压，使进入帽形孔的轧件宽度不够，致使帽形孔充填不满，使腿部金属量不够，在轧件进入切深孔时，上腿（闭口腿）充填不满，腿端得不到加工，因而在成品上出现底窄现象而且有圆角，如图7-17所示。调整方法：放大箱形孔和梯形孔，增加帽形孔宽度，使腿部有足够的金属量，以保证切深孔充填良好，腿尖得到加工，则能够消除上腿圆角和底窄现象。

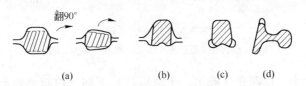

图7-17　产生圆角的过程

（a）箱形、梯形孔过压；（b）轧件车帽形孔欠充满；
（c）帽孔轧件；（d）成品腿出现圆角

由于第三个帽形孔和第二个轨形孔大，轧件进入第一个轨形孔时产生楔卡，在第二个轨形中上腿得不到加工，上腿金属流入腰及下腿而延伸，因此，在成品上腿出现圆角而且底窄，如图7-18所示。调整方法：将第三个帽形孔和第二个轨形孔压小，使进入第一个轨形孔的轧件上腿不产生楔卡，在第二个轨形孔中得到加工，即可消除。

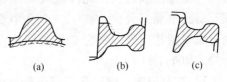

图7-18　上腿短变形过程

（a）第三个帽形孔大；（b）第一个切深孔
楔卡；（c）第二个切深孔加工状态

2）下腿短且有圆角。由于第三个帽形孔下腿一侧过厚，轨形孔开口腿磨损，使下腿增厚，当增厚的开口腿进入闭口腿时产生楔卡现象，而使下腿金属流入腰部延伸，腿部尖部充填不好，形成下腿圆角且腿短，如图7-19所示。

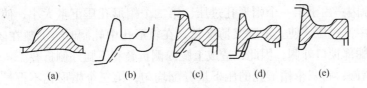

图7-19　闭口腿中楔卡状况

（a）第三个帽形孔；（b）第一个轨形孔；（c）第二个轨形孔；
（d）第三个轨形孔；（e）第四个轨形孔

如果成品前孔上辊斜壁未靠上，而且上辊向轨底方向窜动，使成品前孔上腿减薄，在成品孔轧制时，下腿金属流入上腿和腰部，使下腿出现圆角且腿短。一般这种缺陷不经常出现。调整方法：将帽形孔压水平，避免一侧薄一侧厚，减少在轨形孔中楔卡现象。为防止出现楔卡现象，应减少轨形孔下腿厚度。如果下开口腿磨损过老应换辊；如由于斜壁未靠上，应窜辊保持斜壁靠住。

3）一腿圆角一腿折叠。出现这种缺陷有两种原因：由于钢坯脱方，在帽形孔中一侧充满另一侧未充满，在以后各孔变形时，产生一腿折叠一腿圆角（见图 7-20a）。由于帽形孔导板偏向一侧，出现一侧腿尖折叠，另一腿出现圆角（见图 7-20b）。调整方法：如果是由轧辊轴向窜动造成的，可将轧辊窜正，应当将导板向出圆角侧移动。

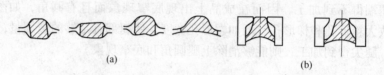

图 7-20　导板装偏状况
（a）一腿折叠一腿圆角；（b）一侧腿尖折叠一腿圆角

4）下腿短且底小。切深孔（和第一个轨形孔）下腿开口腿磨损严重，使轧件下腿过肥，在第二个轨形孔中变形时，下腿在闭口腿中产生楔卡，使下腿长度不够，在以后各孔变形时产生下腿短，而造成底窄的现象。调整方法：增加切深孔的压下量，使开口腿减薄，避免在轧制中产生楔卡；如果无效，应更换轧辊或换孔。

（10）轧制重轨时，出现"腿外部折叠"。

1）产生原因：腿外侧折叠一般多出现在下腿，而且在折叠处还有沟痕。由于帽形孔过压，腿过薄和过长，轧件进入切深孔时下腿金属充出腿部锁口外侧，在下一个孔中变形时，在闭口腿中将超出锁口部分金属折回压合，便产生折叠，如图 7-21 所示。

图 7-21　腿外折叠

2）控制措施：帽形孔不得压得过小，避免腿过薄和过长，应按轧制图表合理分配帽形孔压下量，避免腿薄而过长；帽形孔不得倾斜，避免帽形孔轧件一侧过薄和过长，腿尖充不到锁口外面即可消除。

（11）轧制重轨时，出现"上腿内侧折叠，下腿外侧折叠"。

1）产生原因：由于第一个帽形孔过压，第二个帽形孔压下量太小，使腿部过厚，在第三个帽形孔中又过压，使上下腿又薄又长，在轨形孔中轧制时，上腿在闭口腿中折回，开口腿又充出腿部锁口外侧，因此，造成上腿内侧折叠和下腿外侧折叠。

2）控制措施：将三个帽形孔的压下量分配均匀，第三个帽形孔不得过压，防止腿过长和过薄，使轧件在轨形孔中变形时，上腿不折回，下腿又不能充填到孔型锁口外侧，这样，可以消除上腿内侧折叠和下腿外侧折叠。

（12）轧制重轨时，出现"上、下腿内侧小折叠"。

1）缺陷特征：上下腿内侧小折叠一般是通长的，有时是断断续续的，折叠宽度在 1～3mm，深度小于 0.5mm。

2）产生原因：由于帽形孔过压，底部尺寸超出底长外侧（即孔型和辊环过渡直径不一样），腿尖稍厚一点，在进入轨形孔时便折回，即成为小折叠。

3）控制措施：减少帽形孔压下量使帽形孔底宽在设计范围之内，使其不出现尖棱便可消除。有时是单侧出现此种缺陷，哪一侧有小折叠就应放哪一侧，减少压下量即可消除。

（13）轧制重轨时，出现"腿和腰圆弧处折叠"。

1）缺陷特征：腿和腰圆弧处折叠产生的原因是帽形孔上辊腿和腰圆弧处出现尖棱，或轨形孔楔子上出现尖棱，在轧制中轧件上出现深沟，而后形成折叠（见图 7-22）。

图 7-22　腿腰圆弧处折叠

2）产生原因：帽形孔上辊腰腿圆弧处磨损后，出一道尖棱，轧件上出现通长的小沟痕，在轧制中形成折叠。在轨形孔中楔子部位磨损，出现尖棱，轧件上出现沟痕，形成折叠。由于冷却水不足，在轨形孔或帽形孔中轨底和轨腰处粘铁皮，在轧件上出现断续沟痕，出现断续折叠轧辊车制时，在圆弧处出尖棱，轧件上出现沟痕，形成折叠。

3）控制措施：对孔型磨损不严重而出尖棱或因缺水粘铁皮者，可用砂轮将尖棱磨掉，即可消除上述缺陷。若轧辊磨损严重，必须通过更换孔型和换辊来消除。

（14）轧制重轨时，出现"腰薄"、"腰厚"。

1）产生原因：由于腰和轨头伸长率不同，腰厚薄超正负偏差。轧件在成品孔中变形时，头部延伸大，腰部随头部而延伸，因此，腰部变薄，形成腰薄。当成品前孔腰部伸长率大大超过头部时，由于腰部面积小，在延伸时拉不动头部，腰部金属增多而使腰变厚，形成腰厚。重轨的腰部有辊身冷却水流入腰部，因此，轨腰温度比轨头和轨底都低，使成品孔腰部磨损最快，产生腰厚。

2）控制措施：调整成品前孔时，头部压下量不可过大，要保证成品孔变形时头和腰的延伸关系，防止出现腰薄腰厚的缺陷。成品孔磨损过老时应更换孔型或换辊。

（15）轧制重轨时，出现"腹高"、"腹低"。

1）产生原因。孔型设计是斜轧法，在轧辊上孔型是斜方向配置，再加上出口导板的控制，因此，钢轨在出成品孔时，头部向下倾倒直到与辊道面接触，头部向下而使轨腰弯曲，而造成上腹大、下腹小的缺陷。由于卫板安装不当，头部上、下卫板低，腿部上卫板也低的情况下，头部上卫板和腿部上卫板的作用，使钢轨向下弯曲，也造成上腹大、下腹小的缺陷。

2）控制措施：增加轧辊的"下压力"，使 $D_{腰下} - D_{腰上} = 24 \sim 26mm$。防止头部向下倾倒而造成弯曲，则克服了上腹大、下腹小的缺陷。在孔型设计时，下腹尺寸应大于上腹的尺寸，其值为 $0.3 \sim 0.4mm$。在安装卫板时，头部上下卫板受力要均，腿部压力不可过大，因此，导板梁高低必须合适，防止产生扭转。

（16）轧制重轨时，出现"轧痕"。

产生原因及控制措施为：

1）轨底外侧轧痕。由于轧辊磨损过老，在开口腿斜壁上出现鱼鳞状沟痕，在成品上便出现轧痕，如图 7-23 所示。由于轧辊开口腿部直径大，线速度大，其他部位直径小，线速度小，轧制时，线速度大的部位和轧件产生摩擦，轧辊上出沟痕，而使轧件出现鱼

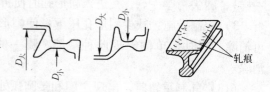

图 7-23　　轧痕部位

鳞状轧痕。调整方法：加大冷却水，加强辊身冷却质量，减少磨损；如果磨损过老要更换孔型或换辊。

2）由于轧辊冷却水不足，辊身上粘铁皮，铁皮压在轧件表面上或将轧件表面压出沟痕，在轧制中便形成轧痕，这种轧痕是无一定位置、无一定规律的。调整方法：加强辊身冷却水，保证轧辊在良好的冷却条件下工作，既增加耐磨性又避免粘铁皮。

3）由于设备表面不光滑，轧件在运行中出现严重刮伤和掉肉现象，在成品上出现凹坑，形成轧痕。调整方法：加强设备维护，防止刮钢现象出现。

（17）轧制重轨时，出现"底凸"。

1）缺陷特征：标准中规定，轨底中央较两边凸出不得超过 0.5mm，否则为底凸。

2）产生原因：在重轨轧制中，成品孔是限制展宽，轨底中央受很大的摩擦力而磨损严重，在成品的轨底中央凸出，形成底凸，如图 7-24 所示。

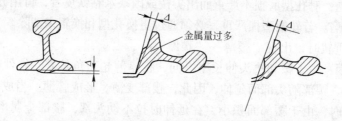

金属量过多

图 7-24　底凸位置

在轧制中轨底侧压下量过大、腰部延伸时，腿部金属流入腰部，使轨底中央处金属量过多，因而造成底凸。轧制中成品孔中腰压下量过大，使轨底两腿尖部金属流入腰部时，腿尖部充填不好，因而形成轨底中央凸出，形成底凸。

3）控制措施：在成品几何尺寸允许的条件下，减少成品孔的压下量，减少展宽量，或加强冷却水减少磨损量，使其底凸不大于 0.5mm。在孔型设计时，轨底中央应凹入 0.5mm。增加轧出量，轨底又不凸，轨高也不易超差，增加了成品孔轧出量。孔型磨损过大应通过换孔和换辊来解决。在轧制时成品孔斜壁应靠好，防止轨底增加侧压。

（18）轧制重轨时，出现"下腿底不满"。产生原因及控制方法为：

1）帽形孔压下量太大，将腿压得太薄，在轨形孔中变形时，下腿尖无侧压，受腰拉缩而成底不满。调整方法：减少帽形孔的压下量，增加腿部厚度，使轧件在轨形孔中有足够的侧压。把上腿紧一点，使下腿略肥稍短一点，增加在轨形孔侧压，使腿部得到良好的加工，同时使帽形孔导正，如图 7-25 所示。

2）第一轨形孔的工作斜壁磨损，使下腿过薄，造成腿尖部无侧压，腿尖部分金属流

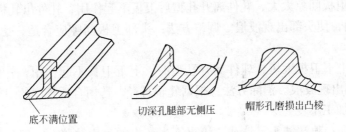

底不满位置　　切深孔腿部无侧压　　帽形孔磨损出凸棱

图 7-25　下腿底不满原因图

入腰部，因此出现不满缺陷，见图 7-25。调整方法：将下辊向头部方向窜动，增加下腿的厚度，如果工作斜壁磨损过多无法调整时，可换孔或换辊。由于帽形孔底部腿尖磨损，出现凸肚现象，见图 7-25。调整方法：更换孔型。由于帽形孔倾斜，使下腿部分压得过薄，进入轨形孔中，下腿尖部充填不满。调整方法：轧辊调整水平，使两侧腿厚度相等，并达到设计厚度。

（19）轧制重轨时，出现"扭转"。产生原因及控制方法为：

1）由于卫板安装不合适，产生一种力偶，造成扭转，如图 7-26 所示。调整方法：轧件产生顺时针扭转时，应垫头部下卫板，撤头上卫板，压腿部上卫板，形成逆时针扭转方向来克服顺时针的扭转。如果产生逆时针扭转，则将卫板调成顺时针扭转方向来克服逆时针的扭转。

2）腰部压下量和腿侧压下量配合不好，也同样产生扭转。在轨形孔中如果开口腿无侧压，轧件向轨底方向扭转；相反，腿部侧压过大，轧件即向轨头方向扭转。调整方法：利用增加开口腿侧压的方法来解决。可根据不同轨形孔，利用审辊的方法增加腿部侧压。

3）轧件温度不均或温度低也能引起延伸的改变，温度高延伸大，温度低延伸小，产生了金属变形速度差，引起轧件出孔扭转。消除方法：应确保钢坯温度均匀，并符合钢轨加热工艺要求。

4）导板斜度和孔型侧壁斜度不符，使导板局部接触轧件，也会产生力偶作用，使轧件出孔后产生扭转，如图 7-27 所示。调整方法：导板下面加垫。

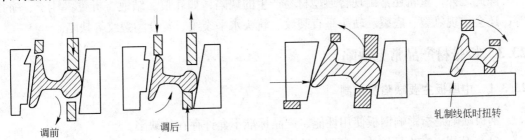

调前　　调后　　　　　　　　　　　　　　轧制线低时扭转

图 7-26　成品孔轧件扭转　　　　图 7-27　导板斜度及轧制线低时轧件扭转图

5）轧制线过低时，下腿受辊道力的作用，使轧件向轨头方向扭转。调整方法：轧制线必须平或高于辊道面，而且腿上卫板和头上卫板不得压得过紧，使轧件不上翘即可消除。

（20）轧制重轨时，出现"轨头波浪"。产生原因及控制方法为：

1）成品孔卫板间隙太大，轧件离开孔型后卫板不起作用，轧件出轧机后顶在辊道上，而产生上下跳动，使头部出现波浪。调整方法：头部卫板间隙应合适，比轨头尺寸大 3～5mm 为宜。

2）成品孔上下卫板太短，轧件离开孔型时，上下卫板不起作用，轧件在卫板之间产生跳动，使头部出现波浪。消除方法：根据轧辊直径，选用合适长度的卫板。

（21）钢轨加工不良。

1）缺陷特征：轨端铣头、钻孔、淬火不当产生的表面缺陷，一般称铣坏、钻坏、淬坏，统称加工不良（见图 7-28）。铣坏包括铣斜、铣不平及轨端铣后留有毛刺等。钻坏包括螺栓孔尺寸超差，各孔之间、孔与端部之间超差，上下串，钻孔斜，螺栓孔表面不平整，孔不圆及钻孔后边缘留有毛刺等。淬坏包括淬火层形状不合、淬火硬度过高或过低等。

图 7-28　加工不良

2）产生原因：设备老化，时好时坏，带病作业；调整操作不认真，操作工艺不合规定。

3）预防及消除方法：提高操作技术水平，认真检查，加强设备维护保养，不合要求零件及时更换；精心操作，操作工艺要符合规定。

4）检查判断：在钢轨端面（任何方向）用角尺、卷尺度量铣斜和不平，各种等级钢轨其尺寸偏差范围均不得超过 1.0mm，否则应判废。

除此之外，重轨还常出现普通型材易产生的缺陷，如轧痕、结疤、折叠、耳子、缩孔等，还会出现氢裂、底裂、轨头垂直裂纹、轨头水平裂纹、复合型裂纹等缺陷。

23.3　板带材产品常见缺陷

23.3.1　中厚板主要缺陷及控制

钢板缺陷是指影响钢板使用性能、产品标准不允许存在的缺陷。

（1）分层。产生原因为：原料中有气泡、缩孔、夹杂等，而在轧制时又未能焊合。控制方法为：剪切消除。

（2）气泡。产生原因为：原料中有气泡，轧制时未能焊合且中间还有气体，使轧后钢板表面有圆包出现。控制方法为：切除。

（3）夹杂。夹杂分内部夹杂和表面夹杂。产生原因为：原料中带有非金属夹杂物或将非金属夹杂物等压入钢板表面。控制方法为：面积较小、深度较浅者可清理修磨消除，严重者需切除。

（4）发纹。发纹指钢板表面细小的裂纹。产生原因为：原料中皮下气泡在轧制中未能焊合，在钢板表面形成细小裂纹。控制方法为：切除。

（5）裂纹。产生原因为：轧制中原料中的气泡破裂，内表面暴露氧化，轧后在钢板表面形成裂纹；原料清理时，由于沟槽过深。控制方法为：裂纹较浅者可修磨消除，否则需切除。

（6）结疤。产生原因为：原料表面质量不好或原结疤未彻底清除。控制方法为：轻微者修磨清除，严重者需切除。

（7）凸包。在钢板表面形成有周期的凸起。产生原因为：轧辊或矫直辊表面破坏，形成凹坑，轧后轧件表面呈凸包。控制方法为：凸包轻微者（指不超过允许偏差）可修磨清除，凸包点多者可降级，严重者改尺或报废。

（8）麻点。麻点指在钢板表面形成粗糙表面。产生原因为：加热时燃料喷溅侵蚀表面或氧化严重。控制方法为：加热时应控制好加热炉温度波动，喷油量要均匀，防止氧化严重并加强除鳞。

（9）铁皮压入。钢板表面黏附一层灰黑色、红棕色铁皮，呈块状、条状分布，深度较麻点浅。产生原因为：轧制时由于铁皮没有清除干净，压入钢板表面，形成粗糙平面。控制方法为：及时清除铁皮，轻微铁皮压入可通过修磨清除，严重者要切除。

（10）划伤。划伤指在钢板表面留有深浅不等的划道。产生原因为：纵向划伤多为辊道、导板等部位的不光滑棱角刮伤；横向划伤多为钢板横移时产生。控制方法为：轻微划伤可修磨，否则要切除；要及时跟踪划伤的原因，加以防范。

（11）折叠。板面及边部呈局部性折叠，即局部折合，外形与裂纹相似。产生原因为：轧制中钢板形成的局部凸起被压平；清理原料时沟槽过深；原料带有尖锐棱角。控制方法为：深度不超过负偏差允许范围时用砂轮修磨，否则要切除；如连续出现应查明原因，清除根源后再生产。

（12）瓢曲与波浪。沿纵、横向同时出现同一方向板形翘曲，呈瓢形。产生原因为：轧薄规格板，终轧压下量太小，辊型不合易产生瓢曲；凸型辊易产生中间浪，凹型辊易产生双边浪，辊缝不平易产生单边浪。控制方法为：合理调整压下量，保证辊型正常，按计划及时换辊；较轻微瓢曲与波浪可通过矫直来消除，矫直后仍严重要进行补矫；最根本的消除方法是轧制时钢板平直，冷却时均匀。

（13）镰刀弯。沿长度方向在水平面上向一边弯曲。产生原因为：轧辊调整不当，使钢板一边压下大，一边压下小；板两边温度不均。控制方法为：控制好辊型和温度，使变形均匀；严重时改判规格。

（14）剪切不良。其包括剪斜、剪窄、剪短、剪切错位等。产生原因为：画线不准，剪机控制不准，剪刃间隙过大或压板器失灵。控制方法为：保证画线准确，剪机、定尺机调整控制得当；对剪切不良钢板可改判规格后重新剪切。

23.3.2　热轧带钢常见缺陷及控制

热轧带钢常见缺陷有：

（1）横折。钢板宽度方向上不规则出现的弯折、折纹，程度轻的呈皱纹。横折容易产生于低碳钢和带钢卷内部。产生原因为：开卷时（横切、纵切时需要开卷）张力辊和压力辊的空气压力不适当；原材料屈服点变化；带钢卷形状不良；卷取温度过高。控制方法为：开卷时适当使用压力辊；改善带钢板形；降低卷取温度；完全冷却后开卷。

（2）结疤。钢板两边都有完全剥离而凸起的东西，仅头部剥离成鳞状。产生原因为：加热炉炉底擦伤；铸模破碎，浇注时溅渣和钢渣的注入；钢渣清理不彻底。控制方法为：加热炉炉底、滑轨的检修改造；彻底清理钢渣；合理铸锭。

（3）卷痕。钢卷卷到几圈后头部和卷筒扇形体压出的大块凹形伤痕。产生原因为：卷取时带钢卷到头部第二圈以后被压成这种缺陷；卷筒扇形体压印而形成。控制方法为：适当调整助卷辊的辊缝和空气压力；提前打开助卷辊；提高卷筒椭圆度的精度。

（4）辊印（辊痕）。其为连续或间断的痕迹，见图 7-29。产生原因为：工作辊或者卷取机前的夹送辊缺陷，轧制和精整线上的各种辊子附有杂物（凹辊印）；轧制和精整线上的各种辊子有凹形缺陷而印到钢板上（凸辊印）。卷取机前的夹送辊打滑。预防及消除方法为：对特定的辊印缺陷特征进行测量（重复图案→辊子直径）；检查相邻辊印之间的距离并转换回机架对应的辊子直径；检查卷取机之前的夹送辊的表面。

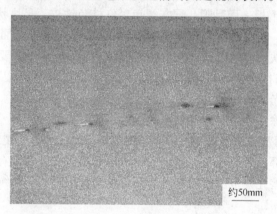

约50mm

图 7-29 辊印

（5）铁鳞。有多种形态，比如散砂状、流星状、纺锤状、线状、带状、波状、鳞状、痕迹状铁鳞和红铁皮。散砂状的铁鳞是较圆的、细的、呈黑褐色的铁鳞，缺陷深度较浅，平均轧制温度高的地方缺陷严重，多数是沿着带钢全宽方向上出现，也有出现带状，含碳量大的容易出现这种缺陷。产生原因为：高温的轧材在粗糙表面的轧辊上轧制，精轧机间形成的二次氧化铁皮咬入而成；精轧机组前面机架工作辊表面粗糙，铸铁轧辊显著；后面机架的麻口合金铸铁轧辊的表面粗糙。控制方法为：加强轧辊冷却水，防止精轧工作辊表面粗糙；换辊的管理；控制轧制温度；考虑压下分配。

（6）刮伤。不规则的、不定型的锐角划伤，正反面同时发生的情况多，多数出现在带卷的内部。产生原因为：开卷时带卷过松，装卸钢卷时在宽度方向发生滑动。控制方法为：良好的带钢卷形状，开卷时给一定的张力，装卸时要注意产生滑动。

（7）划伤。较浅的擦伤，在轧制方向连续或不连续出现一条或几条，主要产生在反面，光泽时有时无。产生原因为：输送辊道辊子回转不良，轧制和精整作业线上的固定突出物擦伤。控制方法为：辊道辊子彻底检修，保证良好的轧制线，可能与钢板接触的部件要水冷，清除固定突出物。

（8）斑点。钢板表面不规则不定形地出现凹状斑点，裂边的带钢卷中出现这种缺陷的较多。产生原因为：裂边的铁屑等杂物在轧制中附着在钢板上而被压入形成。控制方法为：清理板坯侧面，防止裂边，侧导板不要关闭过严，对机架、辊道等进行清扫。

（9）边部折叠。带钢的边部折叠，见图7-30。产生原因为：最后一台机架的侧导位开口度太小或者带钢尾部太宽而造成带钢与导位之间发生挤压；与卷取机前的导位发生挤压。预防及消除方法为：检查最后一台机架或者卷取机前的侧导位的调整量，如果必要，重新调整侧导位；检查侧导位上是否残留有新的金属碎片；检查轧制程序表；检查带钢板形坡度。

（10）侧边裂缝。边缘沿轧制方向折叠，带钢卷边缘被削掉，边缘形成锯齿状。产生原因为：精轧机及其他的侧导板强烈地撞击折弯边缘后，继续轧制和切断形成；装卸中相撞击嵌入而折弯；板坯边部清理不良和过热。控制方法为：适当调节侧导板的宽度，防止带钢冲击，防止产生塔形；装卸时特别注意，适当地清理板坯边部和选定加热制度。

（11）卷取不良。卷取过程中周期性的偏移，见图7-31。产生原因为：末架和卷取机之间的张力不足；压头缺陷或者压头信号不稳；检查卷取机TDC控制。预防及消除方法为：根据安装手册一步一步检查各个控制回路，保证压头工作正常。

图7-30 边部折叠

图7-31 卷取不良

（12）厚度偏差。产生原因为：压头安装不正确，标定不正确，液压系统发生问题，活套出故障，末架后测厚仪产生故障。预防及消除方法为：检查压力板是否正确插入，检查辊缝标定，检查HGC设定点/实际值位置，检查HGC/弯辊的功能，检查板厚仪功能，必要时检查伺服液压系统，检查轧机间带钢张力。

（13）平直度不良。产生原因为：板坯楔度不良，标定不正确，CVC辊型磨削不良，CVC设定值不正确，末架后板形仪产生故障，液压系统故障。预防及消除方法为：检查板坯楔度，检查平直度测量仪的功能，检查HGC设定点/实际值位置，检查CVC辊身磨削情况，检查CVC设定点/实际值位置，必要时检查伺服液压系统。

（14）凸度不良。产生原因为：板坯楔度不良，标定不正确，末架后板形仪故障，L2设定值不正确，CVC曲线磨削不良，CVC设定值不正确，液压系统故障。预防及消除方法为：检查板坯楔度，检查辊缝标定情况，检查板形仪的功能，检查HGC设定点/实际值位置，检查 CVC 辊身磨削情况，检查 CVC 设定点/实际值位置，必要时检查伺服液压系统。

（15）宽度不正确。产生原因为：板坯初始宽度不正确，立辊辊缝标定不正确，测宽仪故障，立辊 HGC 设定值不正确，液压系统故障。预防及消除方法为：检查板坯的初始尺寸，检查立辊辊缝的标定情况，检查测宽仪的功能，检查 HGC 设定点/实际值位置，必要时检查伺服液压系统。

23.3.3　窄带钢主要缺陷及控制

窄带钢主要缺陷有：

（1）厚度、宽度超公差。产生原因为：宽度超公差是由于立辊调整不当，连轧时产生拉钢使宽度拉窄；厚度超公差是由于压下量调整不当，温度过低或加热不均匀，轧辊、轴承严重磨损未及时调整。控制方法为：改判或报废。

（2）镰刀弯和"S"弯。沿带钢平面方向发生弯曲，向一个方向弯曲称镰刀弯，向两个方向反复弯曲称 S 弯。产生原因为：调整不当，使轧件两侧压下量不均或来料厚度不均；温度不均；两轴承磨损不均未及时调整；进口导卫间隙过大；轧辊磨损严重。控制方法为：及时更换轧辊和轴承；保证变形均匀。

（3）波浪弯。垂直方向呈现不平直弯曲或高低起伏状态（一般出现在 $H=4mm$ 以下成品孔及成品前孔）为波浪弯。产生原因为压下量不均、来料厚度不均；轧辊横向窜动；轧辊及导卫磨损严重；轧辊辊身有椭圆形；轧辊冷却水分配不均。控制方法为：及时更换轧辊和导卫；保证来料厚度和轧制变形均匀；防止轧辊横向窜动。

（4）三点差。三点差指带钢沿长度方向任一横截面上厚度差（经常测量两边与中间三点厚度差）超差。产生原因为：轧辊车削精度差，轧辊磨损严重，轧辊弧度不准确。控制方法为：确保轧辊辊型和精度。

（5）同条差超差。此为边部等距离的任意点厚度最大值与最小值之差超过允许公差范围。产生原因为：轧辊车削精度差；轧件温度不均；轧制温度过低；加热炉水印；板坯厚度不均或压下调整不当。控制方法为：确保轧辊车削精度、轧件温度和板坯厚度，严格执行压下规程。

（6）夹杂。夹杂指在带钢表面红色或黄色疤形物。产生原因为：加热制度不当，炉顶墙积灰与铁皮作用黏附于带钢表面；原料本身非金属夹杂。控制方法为：严格检查原料质量；确保加热质量。

（7）氧化及麻点。铁皮严重压入带钢表面。产生原因为：高压水压力低喷嘴角度不适或水量不足及低温轧制。控制方法为：消除干净铁皮。

（8）折叠。折叠一般呈周期性表面指纹并合现象。产生原因为：原料表面结疤，精整深宽比不当；立辊孔型或侧槽错位严重；轧辊严重龟裂或爆辊使轧后产生凸块后压叠而成。

（9）红斑。红斑指红色的一条条或一片片氧化物夹杂。产生原因为：加热制度不当，生成大量氧化亚铁不易脱落而轧入带钢表面。

（10）裂边。边部有裂口呈不规则状或锯齿状为裂边。产生原因为：加热不当；坯料过烧；气泡暴露或边部结疤等。

（11）划伤。带钢表面呈纵横不一的沟状缺陷为划伤。产生原因为：在带钢输送过程中，导卫或扭转导槽、辊道、夹送辊等粗糙部分尖角等划伤。

（12）拉钢。带钢宽度不一致，一般是中间窄。产生原因为：连轧中或活套轧制中造成各架秒流量不等，张力过大而产生拉钢。

（13）带卷外形不正。此种情况有塔形卷、松卷、扁卷。产生原因为：塔形卷是轧件镰刀弯、卷取张力过大及卷取机设备故障造成；松卷是因为低温卷取；扁卷是运输和吊装过程中处理不当造成。

23.3.4　宽带钢轧制缺陷及控制

宽带钢轧制缺陷有：

（1）轧件头部上翘下弯。产生原因为：热温差；轧件上下表面散热不均；冷却（除鳞）水使轧件上表面温度低头部上翘；上辊面粗糙引起头部上翘；轧制线低引起上翘（反之引起下弯）；铁皮残留在轧件表面引起上翘下弯，轧件向有铁皮一侧弯曲；轧制中辊表面油滴造成板形形状变化。控制方法为：均匀加热；轧件在辊道上不要停留过长时间；轧件不要喷射过多冷却水；采用速度平衡动作进行平衡调节消除。

（2）镰刀弯、"S"弯、弓背、木耳边。弓背指中间波浪形；木耳边指两边波浪形。产生原因为：轧辊表面粗糙（辊身中央粗糙形成弓背，辊身两侧粗糙形成木耳边）；坯料宽度方向温度差；立辊中央失调，侧导板中心偏移使轧制偏移。控制方法为：变更道次、减轻板形弯曲较大道次压下负荷、及时换辊或调整（重磨）辊型；改善加热温度，改变轧制节奏，严封炉门；及时校正侧导板，定期对各立辊中心位置进行检查，保证轧辊车削质量，确保辊型。

23.3.5　冷轧钢卷常见缺陷及控制

冷轧钢卷常见缺陷有：

（1）折皱。薄钢板表面呈现凹凸不平的折皱（见图7-32），多发生在小于0.8mm以下的薄板，皱纹边部成一定角度，严重折皱成压褶。

产生原因为：钢跑偏，一边拉伸，另一边产生褶皱；板形不良，有大边浪或中间浪，带钢过平整机、矫直机或夹送辊时，有浪形处产生褶皱；矫直机调整不当，变形不均造成。控制措施为：精心操作，防止跑偏；加强板形控制。

（2）浪形（边浪）。钢板（带）外形沿轧制方向高低起伏弯曲，形如波浪，俗称浪形（见图7-33）。出现在带钢中间部位的浪形称为中（间）浪，出现在带钢一边或两边的称为单或两（或双）边浪，出现在边、中之间的称为二勒浪（1/4浪）。

产生原因为：辊缝形状与轧件入口凸度

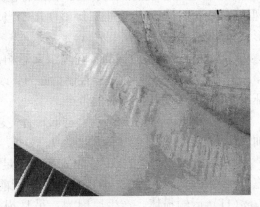

图7-32　折皱

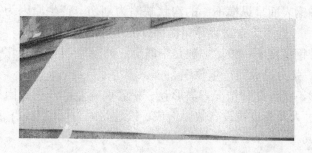

图 7-33　浪形

不匹配造成；入口凸度或辊缝设置不合理；支承辊凸度或支承辊位置不合适；来料板形不良或板凸度不好；辊型配置不当；倾斜、弯辊的调整不当。控制措施为：控制来料板形和板凸度；根据轧制周期、原料情况合理配置辊凸度；出现中浪用负弯，出现边浪用正弯，当带钢跑偏或一边浪时，调整单侧倾斜。

（3）擦划伤。产生原因为：松卷、内径松动未胀紧产生的擦伤；来料浪形过大或设备突起点而引起的断续或连续划伤；辊系的速度不同步。控制措施为：控制并处理平整原料质量（扁卷、松卷、内径破损）；对来料松卷要求减小张力、低速生产、避免开卷擦伤；检查与钢板接触辊辊面是否有突起点、带钢上下表面的设备位置是否正确；设备检查辊系是否同步。

（4）辊印。产生原因为：钢跑偏，勒辊；在轧制中，脏物黏附在轧辊表面。控制措施为：装辊前仔细检查辊面，有伤辊不用；每卷检查钢板表面，有问题及时发现、处理；定期清洗机组，保持轧制现场清洁；按工艺规定检查、使用平整液系统。

（5）横向条纹。产生原因为：辊使用时间过长，超过换辊周期；轧制过程中产生振动；轧辊磨削精度不好。控制措施为：严格执行换辊制度；定期测量、调整牌坊、辊系间滑板间隙；提高磨辊质量。

（6）黄膜。产生原因为：整液吹扫不净，杂质过多。控制措施为：加强检查系统吹风，保证吹风效果；冬季平整液加热、降低浓度；定期清洗平整液原液箱、混合箱、工作箱；停机 1h 后，再生产时必须无带钢吹风、喷液 5min，根据情况可适当加长。

（7）塔形。产生原因为：带钢板形有较大的蛇形；助卷器故障或破损，抱紧张力不合理；张力不稳；操作中弯辊、倾斜使用不当。控制措施为：严格控制板形，减少带钢蛇形；保证设备精度；合理操作。

（8）锈蚀。产生原因为：环境因素影响，平整液浓度低于工艺要求，平整液吹扫不净；中间产品存放时间过长。控制措施为：改善库区存放条件，加强湿平整系统点检，保证工艺要求；顺畅中间产品的生产。

（9）卷轴印。产生原因为：卷取轴有突起，不圆；卷取张力大。控制措施为：保证卷轴表面无突起、凸棱；减小卷取张力。

（10）滑移线。产生原因为：平整力不足；退火温度过高而引起的晶粒粗大。控制措施为：采用适当大的平整大的伸长率；冲压前进行矫直加工。

（11）运输损坏。产生原因为：吊具损伤；放置场硌伤；汽车运输损伤。控制措施为：减少钢卷吊运次数；平整后钢卷吊运必须加护圈；平整后放置场内应有防护垫，且保持清洁。

23.4　钢管产品常见缺陷

钢管缺陷产生的原因有：钢质不良；工艺不合理，工具质量不良；违反操作规程。因此，为避免缺陷的产生，应选择优质管坯，严格按技术规程进行操作，采用质量好的工具。对轧制过程中出现的缺陷，应正确分析判断产生的原因，及时采取措施加以消除。钢管常见的缺陷有如下形式：

（1）轧卡。

1）缺陷特征：轧制过程中钢管突然停滞不前，使顶头卡在管子里称为轧卡（见图7-34）。穿孔、轧管和均整过程中都能产生轧卡事故。轧卡按轧卡的部位可分为前卡、中卡和后卡。凡是促使顶头阻力增加或摩擦拽入力减小的因素，都将导致轧卡；轧卡的钢管有的局部报废，有的则整根报废。

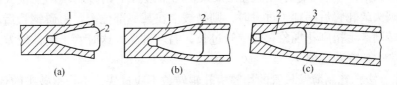

图 7-34　轧卡

（a）穿孔机前卡；（b）穿孔机中卡；（c）穿孔机后卡

1—管坯；2—顶头；3—毛管

2）产生原因：穿孔后荒管外径太大，壁厚太厚，内径小，导致压缩量过大和延伸系数过大；顶杆位置过前或过后；原料端部破裂或温度过低；新轧槽摩擦系数小，轧制时打滑；上、下辊错位；后卡常由顶头破裂或上辊抬起过早以及润滑不良等原因造成。

3）消除方法：

①按轧制表选择合适的工艺参数，合理选择轧辊倾角和转数，选择适当的顶头位置；及时更换磨损严重的轧辊；管坯加热温度要均匀适当。

②选择适当的毛管尺寸；顶杆位置要合适；调整好孔型和轧制线。

③按轧制表选择合适的工艺参数；应减小轧管后管子前端的椭圆度；合理调整好均整机的轧制线。

（2）链带。

1）缺陷特征：链带是穿孔机出现的一种重大事故，它不仅造成中间轧废，而且易造成人身事故，并且需停车处理，影响生产。

2）产生原因：导板或出口槽严重磨损，有小的尖棱、破口或转动的轧件有破头，以及导板与轧辊的间隙过大等；钢管被尖棱部分切割，使金属进入导板与轧辊的间隙中，产生链带；钢质不良，有严重非金属夹杂，使金属产生离层时更易发生。

3）消除方法：经常检验导板，及时修磨更换；正确调整轧机，轧辊与导板的间隙要适当，禁用破头的管坯。

4）检查判定：用肉眼观察，发现链带应判废。

（3）挤皱。

1）缺陷特征：挤皱又称"手风琴"，这种缺陷是在轧管机上产生的事故。轧管时由于某种原因钢管前端卡（或顶）在后导板上，而轧辊继续旋转，强迫钢管前进而挤皱，尤其生产薄壁管时，易发生这种事故。

2）产生原因：轧机调整不当、转速调整不合理等；在机架间堆钢，将钢管挤皱。

3）消除方法：正确调整轧机，使管子咬入平稳；防止钢管出孔型后产生上下弯曲；调整托辊位置；不轧严重破头钢管。

4）检查判定：一般判为中间废品。

（4）扭麻花。

1）缺陷特征：轧制薄壁管时，在均整机上出现的扭曲事故，呈"麻花"状。

2）产生原因：均整机前台压盖内径太大，均整过程中钢管后端产生很大的甩动，当钢管后端有破头或轧管后端耳子过大时，则易被卡在某一部位上，阻碍钢管后端旋转，而前段继续旋转则产生扭麻花现象；薄壁管过长，温度过高，这时管子刚性较差，若轧辊转速太高则易产生扭麻花现象。

3）消除方法：轧制薄壁长管的均整机轧辊转数不应过快；不均整破头的荒管。

4）检查判定：一般判废。

（5）外折。

1）缺陷特征：在钢管外表面上呈现螺旋形的片状折叠，其螺旋方向与穿孔时钢管旋转方向相反，且螺距较大，这种缺陷称外折，如图 7-35 所示。

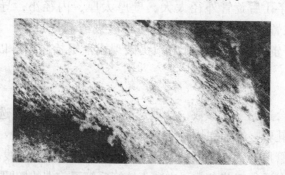

图 7-35　管穿孔后外折缺陷

2）产生原因：由管坯表面存在着严重的裂纹、尖锐的铲痕、皮下气泡或夹杂等造成。这些缺陷在穿孔时被反复拉应力及扭转剪切应力的作用暴露扩大，继续加工不能焊合形成外折。

3）消除方法：清除管坯表面缺陷，如裂缝、折叠、耳子、错面等；清除后的铲痕深度不超过管坯直径的 5%，铲痕宽深比为 6:1；严格检查管坯低倍组织，皮下气孔或皮下夹杂超过标准规定的管坯不投产。

4）检查判定：用肉眼检查，钢管表面不允许存在外折叠。钢管外折叠允许修磨，但修磨后的钢管外径与壁厚应不超过允许的负偏差范围。

（6）内折。

1）缺陷特征：在钢管的内表面呈现螺旋形、半螺旋形、无规则分布的锯齿状折叠，在自动轧管机组钢管生产中十分常见。

2）产生原因：管坯加热温度过高、时间过长或温度过低、时间过短都将降低金属的塑性，在穿孔时管坯中心破裂形成内折，温度过高将产生大片的鱼鳞状内折，温度过低则产生细小的片状内折；金属内部组织不良，如中心疏松或偏析以及非金属夹杂等使钢的高温塑性下降，导致穿孔时过早形成空腔，中心疏松形成内折；轧机调整不当，这也是形成内折的主要因素，如顶头前压下量过大使变形区增加或椭圆度过大以及轧辊转数太高等，都能促使孔腔过早形成而产生内折；管坯定心孔过小或不光滑，穿孔时与顶头接触局部擦破，在钢管头部形成半圈或一圈的内折；顶头磨损严重，穿孔时擦伤钢管内壁促使内折的形成。

3）消除方法：选择适当的顶头前压下量；不使用不合格的顶头；按规定进行定心；执行加热规程，精心加热操作，确保管坯加热质量。

4）检查判定：用肉眼检查，钢管内表面不允许有内折叠。局部内折叠应切除，全长内折叠应判废。钢管内折叠允许内磨清除，但清除后钢管壁厚不允许超过负偏差的范围。

（7）发纹。

1）缺陷特征：在钢管外表面出现连续或不连续的细小发状裂纹，其旋转方向与穿孔时钢管的旋转方向相反，且螺距较大。

2）产生原因：由于钢质不良管坯表面存在皮下气泡、皮下夹杂和细小裂纹等未去除，在穿孔时表面受反复拉应力及扭转剪切应力的作用，暴露破裂而形成的，穿孔延伸越大、暴露越厉害。发纹一般可以磨修挽救。

3）消除方法：加强对管坯的低倍检验工作，皮下气泡、皮下夹杂超过标准规定的管坯不应投产；消除管坯表面的发纹；要求管坯加热温度均匀。

4）检查判定：钢管表面不允许存在肉眼可见的发纹。若有发纹应清除干净，清除后钢管的壁厚与外径均不得超过负偏差。

（8）离层。

1）缺陷特征：在钢管内表面出现螺旋形状或块状的金属分层或破裂称离层。

2）产生原因：由于钢质不良，在管坯中存在着非金属夹杂物，残余缩孔或严重疏松，在穿孔时被撕裂后不能焊合形成离层。

3）消除方法：保证并提高管坯的冶金质量；加强管坯低倍组织的检验工作。

4）检查判定：用肉眼检查，局部分层应切除，轻微分层用镗磨修整。

（9）结疤（轧疤）。

1）缺陷特征：在钢管的内外表面呈现有棱角的斑疤（见图 7-36）。

2）产生原因：当顶头或钢管尾端破碎的金属掉在均整辊之间，均整辊压到钢管外表面形成外结疤，当破碎金属掉

图 7-36　轧疤

入管内则形成内结疤；轧制时，轧管机轧辊或定、减径辊被卡伤，在钢管外表面形成等距离的结疤；斜算条、翻料钩等输送部位有凸出的尖棱角会卡伤钢管外壁形成结疤；加热炉炉底步进梁表面不光滑有尖锐棱角，或炉底受料槽有耐火砖渣、铁皮等硬物划伤钢管外壁或粘在管子上被压入钢管外壁而产生炉底结疤；管坯质量不良，金属表面非金属夹杂物经轧制后焊合不好，脱落形成结疤。

3）消除方法：及时清除均整机下导板面上的铁耳子；经常检查辊面和顶头，使用清洁润滑剂。

4）检查判定：用肉眼检查钢管表面允许有轻微小轧疤。严重者修磨后钢管应保证尺寸规格。

（10）麻面。

1）缺陷特征：在钢管的内外表面呈现有棱角的斑疤；钢管表面呈现高低不平的麻坑，这种缺陷产生在轧管和定、减径工序中。

2）产生原因：轧管机轧辊和定、减径轧辊轧槽严重磨损，表面粗糙凹凸不平，轧后钢管表面也产生凹凸不平的麻面缺陷；由于钢管在加热炉中加热温度过高或停留时间过长，表面产生较厚的氧化铁皮，轧制时压入钢管外表面，矫直时脱落形成麻面。

3）消除方法：发现轻微麻点时，可用砂轮修磨轧槽，当麻点严重时，必须更换轧槽；当减径机发生故障时，要降低再加热炉的炉温；保持再加热炉炉底的清洁。

4）检查判定，用肉眼检查，轻微者允许存在，严重者不允许存在，并根据缺陷程度决定是否进行修磨。

（11）擦伤。

1）缺陷特征：钢管外表面呈现螺旋形伤痕，以及其他有规律或无规律分布的沟痕。

2）产生原因：穿孔机、均整机导板，出门槽损坏或黏结金属擦伤表面，另外穿孔机、均整机定心辊或升降辊表面不光滑及轧辊表面损伤等都能引起擦伤。

3）消除方法：及时更换磨损严重的导板、出口嘴子、顶头和轧辊等；正确调整轧管机；防止钢管在输送、吊运过程中被机械设备等物损伤。

4）检查判定：用肉眼观察，并用量具测量擦伤深度。擦伤深度小于 0.1mm 的允许存在；对其他擦伤应及时修磨，但修磨后的钢管外径与壁厚均不允许超过负偏差的范围。

（12）撕破。

1）缺陷特征：钢管被撕开破裂的现象，多发生于薄壁管。

2）产生原因：由于钢管局部冷却被水浇黑，塑性显著降低，均整时被撕裂。特别轧低温的高碳钢、合金钢薄壁管尤其显著。

3）消除方法：正确调整轧机，注意冷却水的使用；管坯端面有裂纹不轧（或应及时修磨）。

4）检查判定：用肉眼检查，钢管表面不允许存在撕破，局部撕破应予切除。

（13）内螺旋。

1）缺陷特征：在钢管内表面出现螺旋状凹凸不平。

2）产生原因：缺陷产生于均整机，由于均整机顶头严重磨损，直径减少后端面与圆柱面接触圆周锐利，且后端偏斜，均整时产生内螺旋；在圆盘延伸轧机上，由于圆盘轧制延伸太小，不能消除穿孔后的螺旋而残留在钢管内壁。均整机顶杆弯曲，均整时引起强烈抖动也能产生内螺旋。

3）消除方法：采用合适的工具；应及时更换严重磨损的轧辊与顶头；轧管机应给予一定的延伸系数以利于消除毛管内螺旋；合理控制均整的扩径量。

4）检查判定：用肉眼或手摸检查。螺旋高度应小于 0.2mm，超过者判废。

（14）轧折。

1）缺陷特征：沿管壁纵向局部或通长呈现外凹里凸的皱折，外表面呈条状凹陷（见图 7-37）；轧折产生于定、减径工序。

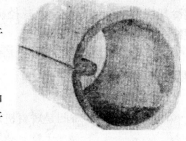

图 7-37　轧折

2）产生原因：由于均整后钢管外径大于第一架定、减径轧辊孔型宽度，减径时钢管被挤到辊缝中，再进入下一架时又被压向内壁形成轧折；定、减径轧机调整不当，压下量分配不均，孔型严重错位，孔型设计宽展系数不适及轧制线错乱也能引起轧折；有时减径管操作不良，出炉推弯料，弯曲处易产生轧折。

3）消除方法：要严格控制均整后的钢管外径，不允许超过定、减径机的第一架孔型宽度；正确调整轧机，合理分配压下量及各架间的速度关系；当查不清原因时，可将管子轧卡停留在各机架中并打上标志，再反转倒出管子，然后逐架检验缺陷产生的部位及原因，并采取相应消除措施。

4）检查判定：用肉眼判断，钢管不允许有轧折。通常，轧折不易修磨精整，往往被判废。

（15）青线。

1）缺陷特征：钢管外表面呈现对称或不对称的线形痕迹。沿纵向分布，有的带有指甲状压印，这种缺陷产生在定、减径工序。

2）产生原因：定、减径孔型错位或严重磨损（在孔型开口处的侧壁尤其严重）；轧低温钢，变形抗力大所致。

3）消除方法：正确调整孔型，及时更换轧辊；不轧低温钢。

4）检查判定：用肉眼检查，钢管表面允许存在深度小于 0.1mm 的青线。对于一般用管其青线不予考虑。

（16）凹面。

1）缺陷特征：钢管外表面局部向内凹陷，管壁呈现外凹里凸而无损伤现象。

2）产生原因：由于生产过程中管壁被硬物碰瘪，特别是大直径薄壁管；在矫直时，由于钢管比较弯曲，咬入后甩动剧烈易被辊道碰瘪。

3）消除方法：矫直前的管子不应有过大的弯曲；避免管子与外物相撞。

4）检查判定：钢管外径不超过负偏差的凹面允许存在，超过者应予以切除。

（17）弯曲。

1）缺陷特征：钢管沿长度方向不平直。仅是钢管端部呈现鹅头状的弯曲称为"鹅头弯"。

2）产生原因：矫直时压下量太小；矫直辊角度调整不当，角度太大时与钢管的接触面积太小而矫不直。

　　3）消除方法：钢管在冷床上应转动前进，使其冷却均匀，防止弯曲过大；正确调整矫直机。防止产生"鹅头弯"的主要措施有：轧制中心线调整正确；保持定、减径机上下辊冷却均匀；合理分配定、减径机各架的压下量；出口辊道高度要适合；增加精轧机架以便减小端部弯曲。

　　4）检查判定：用 1m 平尺检查，弯曲度超过标准规定时，应重新矫直。无法矫直的"鹅头弯"应予切除。

　　（18）矫凹。

　　1）缺陷特征：矫凹是矫直机产生的缺陷，是钢管表面呈现的螺旋状凹陷（见图7-38）。

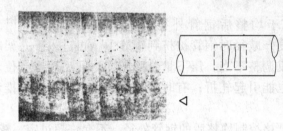

图 7-38　矫凹

　　2）产生原因：角度小、在矫直过程中压下量又较大时，辊子的边棱把管子的表面压成凹痕；矫直辊磨损严重，轧辊表面中间和一端磨成了棱角，钢管表面和棱角接触时局部受力过大，将钢管表面压成凹痕。

　　3）消除方法：正确调整矫直机的倾角与压下量；及时更换磨损严重的矫直辊。

　　4）检查判定：无明显棱角或内表面不凸起者可判为合格品，反之判为不合格品。

　　（19）毛刺。

　　1）缺陷特征：毛刺是切管时产生的缺陷，钢管端部沿圆周方向出现整圈或局部的切削时残留的锯齿状薄片。

　　2）产生原因：切管机刀倾角不适当，切刀严重磨损或刀尖损伤。

　　3）消除方法：切刀的刀刃要磨得合理；及时更换磨损严重或损伤的刀具。

　　4）检查判定：钢管端部的毛刺应予清除。

　　（20）壁厚不均。

　　1）特征：钢管同一截面上或沿长度方向壁厚不等，并超过正偏差或负偏差者称为壁厚不均。钢管壁厚不均是自动轧管机组最常见的缺陷之一。壁厚不均可分为横向壁厚不均和纵向壁厚不均两种。横向壁厚不均有对称的和不对称的，纵向壁厚不均有局部的或全长的。

　　2）产生原因：管坯加热时温度不均匀，有阴阳面，温度高的地方易变形，温度低的地方变形相应减小，造成全长性的螺旋状壁厚不均；穿孔机轧制中心线不正，两辊倾角不等，顶杆弯曲，轧制时产生过大震动以及顶头、导板过分磨损和顶头偏等都能造成全长壁厚不均；管坯端头切斜度、压扁度及弯曲度太大，定心孔不正，易引起前端壁厚不均；管坏切斜度大，温度不均，顶头过后造成穿孔即将结束时轧制过程不稳定；轧辊转速过高，入口嘴过大，穿孔时甩动剧烈等，都能引起后端壁厚不均；穿孔机顶杆过细，定心辊打开过早，顶杆发生颤动所致。

3）消除方法：管坯加热温度要均匀；穿孔机调整参数及使用工具要正确；轧管机按90°翻钢；合理分配各架减径机的转数。

4）检验判定：采用千分尺测量，壁厚不均部位应切除。

（21）壁厚超差。

1）缺陷特征：钢管壁厚超出预定的规格尺寸。钢管壁厚超差一般为单向超差，超正偏差者称为壁厚；越负偏差者称为壁薄。

2）产生原因：轧管机轧管时，长度控制不准，轧得长即壁薄，轧得短即壁厚。

3）消除方法：管坯加热温度要均匀；正确调整穿孔机和轧管机；合理分配各架减径机的转数。

4）检查判定：采用千分尺测量，端部壁厚超差应予以切除，全长壁厚超差的钢管可改判为其他尺寸的钢管。

（22）外径超差。

1）缺陷特征：钢管外径超过预定的规格尺寸，主要产生于定、减径机组。

2）产生原因：轧机调整不当，压下量分配不合理；换钢种、规格时，轧机后三架调整不当，放开和压下不适量，易产生外径大或小；加热炉温度波动大或局部加热不均，两端温差大，易产生外径大或小；精轧辊车削不正确或磨损严重；均整不良扩径量小，定径时易产生外径小，定径前钢管温度低易产生外径大尤其是薄壁管；不经均整轧制的厚壁管，由于轧管机回送辊调整量不当，夹得太紧，易产生局部外径小。

3）消除方法：正确调整轧管机、均整机和定、减径机；定、减径机的精轧孔型尺寸要精确；再加热温度要稳定。

4）检查判定：采用卡规测量，局部外径超差应切除，全长外径超差可改判为其他尺寸的钢管。

思考与练习

7-1　试述质量标准分类和所包含的基本内容。

7-2　试述 ISO9000 族标准的结构和核心标准内容。

7-3　质量判定有几种级别？

7-4　测量产品的形状、尺寸使用的工具有哪些？

7-5　产品的表面缺陷和内部缺陷常用的检验方法是什么？

7-6　试分析线材"耳子"、"折叠"、"分层"缺陷的成因与控制方法。

7-7　试分析 H 型钢常见的轧制缺陷成因与控制方法。

7-8　试分析轧制重轨时出现"轨头周期性折叠"的成因与控制方法。

7-9　试分析中厚板产品"瓢曲与波浪弯"的成因与控制方法。

7-10　何谓板材"三点差"、"弓背"、"木耳边"？

7-11　如何控制管材生产中的"链带"事故？

情景 8　钢材热处理操作

学习目标：

1. 知识目标
   （1）掌握钢材热处理基本方法及基本原理；
   （2）了解钢在加热和冷却过程中的组织和性能转变；
   （3）了解钢材热处理新工艺；
   （4）掌握常用热处理设备性能结构及使用方法；
   （5）掌握热处理常见问题产生原因及影响因素。
2. 能力目标
   （1）掌握钢材退火、正火、淬火与回火、表面热处理操作技术；
   （2）掌握常用热处理设备操作与维护技术；
   （3）掌握热处理常见问题的控制与处理。

单元 24　钢材热处理原理

　　热处理是通过加热和冷却固态金属的操作方法来改变其内部组织结构，并获得所需性能的一种工艺。热处理不仅可以强化金属材料、充分发挥其内部潜力、提高或改善工件的使用性能和工艺性能，而且还是提高加工质量、延长工件和刀具使用寿命、节约材料、降低成本的重要手段。

　　根据热处理的目的、要求以及加热和冷却条件的不同，金属材料热处理可分为退火、正火、淬火、回火及表面热处理等五种基本方法。

　　钢的热处理原理主要是利用钢在加热和冷却时内部组织发生转变的基本规律，根据这些基本规律和要求来确定加热温度、保温时间和冷却介质等有关参数，以达到改善材料性能的目的。

　　热处理方法虽多，但任何一种热处理都是由加热、保温和冷却三个阶段组成的，因此可以用"温度-时间"曲线图表示，如图 8-1 所示。

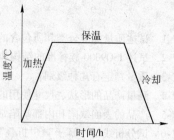

图 8-1　热处理的基本工艺曲线

24.1　钢在加热时的组织转变

　　碳素钢的室温组织基本上是由铁素体和渗碳体两个相组成，只有在奥氏体状态才能通过不同冷却方式使钢转变为不同组织，获得所需性能。所以，热处理时需将钢加热到一定温度，使其组织全部或部分转变为奥氏体。现以共析碳钢为例讨论钢的奥氏体化过程。

24.1.1 奥氏体的形成

根据 Fe-Fe₃C 相图，共析碳钢的室温组织为珠光体，其奥氏体化的温度应在 A_1 线上。因此，奥氏体的形成必须经过原来晶格（铁素体和渗碳体）的改组和铁、碳原子的扩散来实现。从室温组织珠光体向高温组织奥氏体的转变，也遵循"形核与核长大"这一相变的基本规律。其奥氏体形成的全过程应包括四个连续的阶段，如图8-2所示。

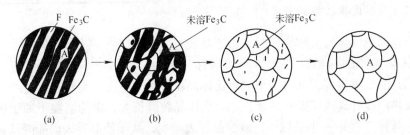

图8-2 共析碳钢的奥氏体形成过程示意图

（a）奥氏体形核；（b）奥氏体晶核长大；（c）残余渗碳体的溶解；（d）奥氏体成分均匀化

（1）奥氏体形核。钢在加热到 A_1 时，奥氏体晶核优先在铁素体和渗碳体的相界面上形成，这是因为相界面的原子是以铁素体和渗碳体两种晶格的过渡结构排列的，原子偏离平衡位置处于不稳定状态，具有较高能量；再则，与晶体内部比较，晶界处碳的分布是不均匀的，这些都为形成奥氏体晶核在成分、结构和能量上提供了有利条件。

（2）奥氏体晶核长大。奥氏体形核后的长大，是新相奥氏体的相界面向着铁素体和渗碳体这两个方向同时推移的过程。通过原子扩散，铁素体晶格先逐渐改组为奥氏体晶格，随后通过渗碳体的连续不断分解和铁原子扩散而使奥氏体晶核不断长大。

（3）残余渗碳体的溶解。由于渗碳体的晶体结构和含碳量与奥氏体差别很大，所以，渗碳体向奥氏体的溶解必然落后于铁素体向奥氏体的转变。在铁素体全部转变消失之后，仍有部分渗碳体尚未溶解，因而还需要一段时间继续向奥氏体溶解，直至全部渗碳体消失为止。

（4）奥氏体成分均匀化。奥氏体转变刚结束时，其成分是不均匀的，在原来铁素体处含碳量较低，在原来渗碳体处含碳量较高，只有继续延长保温时间，通过碳原子扩散才能得到均匀成分的奥氏体组织，以便在冷却后得到良好组织与性能。

亚共析钢和过共析钢的奥氏体形成过程基本上与共析钢是一样的，所不同之处是有过剩相的出现。

亚共析钢的室温组织为铁素体和珠光体，因此当加热到 A_1 以上保温后，其中珠光体转变为奥氏体，还剩下过剩相铁素体，需要加热超过 A_3，过剩相才能全部消失。

过共析钢在室温下的组织为渗碳体和珠光体。当加热到 A_1 以上保温后，珠光体转变为奥氏体，还剩下过剩相渗碳体，只有加热超过 A_{cm} 后，过剩渗碳体才能全部溶解。

这里还要说明，在 Fe-Fe₃C 相图中，A₁、A₃、A_cm 是平衡时的转变温度，称为临界点。但在实际生产中加热速度都比平衡状态下的快，因此相变的临界点要高些，分别以 A_c1、A_c3、A_ccm 表示；相反，在冷却时其速度也较平衡状态的快，因而相应的临界点下降，分别以 A_r1、A_r3、A_rcm 表示，如图 8-3 所示。加热越迅速，转变温度越高；冷却越快，转变温度越低。

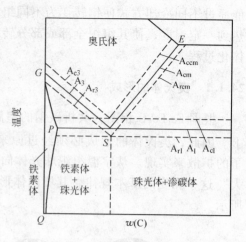

图 8-3　加热和冷却时 Fe-Fe₃C
相图上临界点位置图

24.1.2　奥氏体晶粒的长大及控制

24.1.2.1　奥氏体晶粒的长大

当珠光体向奥氏体转变刚完成时，由于奥氏体是在片状珠光体的两相（铁素体与渗碳体）界面上形核，晶核数量多，获得细小的奥氏体晶粒，称为奥氏体起始晶粒度。

随着加热温度升高或保温时间延长，奥氏体晶粒就长大，因为高温下原子扩散能力增强，通过大晶粒"吞并"小晶粒可以减少晶界表面积，从而使晶界表面能降低，奥氏体组织处于更稳定的状态。由此可见，奥氏体晶粒长大是个自然过程，而高温和长时间保温只是个外因或外部条件。加热温度越高，保温时间越长，奥氏体晶粒就长得越大。钢在某一具体加热条件下实际获得的奥氏体晶粒，称为奥氏体实际晶粒度，其大小直接影响到热处理后的力学性能。

24.1.2.2　奥氏体晶粒度（晶粒大小的尺度）

奥氏体晶粒大小通常采用晶粒度等级来表示。按照《金属平均晶粒度测定法》（GB6394—86）规定，标准晶粒度分为 10 级，如图 8-4 所示。在生产中，是将钢试样在金相显微镜下放大 100 倍，全面观察并选择具有代表性的晶粒与国家标准晶粒度等级图进行比较，以确定其级别。若已知晶粒度等级 G，便可按下列公式计算每 $645\,\text{mm}^2$（$1\,\text{in}^2$）试样面积上的平均晶粒数，即

$$n = 2^{G-1}$$

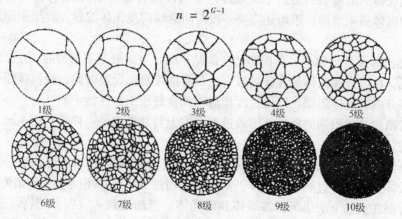

图 8-4　标准晶粒度等级示意图

显然，晶粒度等级越大，平均晶粒数越多，则晶粒越细。一般 1~4 级称粗晶粒；5~10 级称细晶粒（其中 5~8 级称细晶粒，9 级以上称超细晶粒）。

不同钢的奥氏体晶粒，加热时长大的倾向也不同。奥氏体晶粒随温度升高而迅速长大的钢，称为本质粗晶粒钢；奥氏体晶粒随温度升高长大倾向小，只有加热到 930~950℃ 才显著增长的钢，称本质细晶粒钢，如图 8-5 所示。

钢的本质晶粒度，主要取决于炼钢时加入的脱氧剂和合金元素。用 Al、Ti 等脱氧的或加有 W、V、Nb 等元素的钢，属于本质细晶粒钢。奥氏体的本质晶粒度与实际晶粒度是不同的：前者只表示在规定加热条件下奥氏体晶粒长大的倾向；后者是指在具体热处理或热加工条件下获得的奥氏体晶粒大小，它决定了工件热处理或热加工后的晶粒大小。要注意的是，由于加热时超过某一温度，使细小碳化物溶解、聚集长大，从而使奥氏体晶粒突然增大，也可以使本质细晶粒钢的实际晶粒反而比本质粗晶粒钢的晶粒大。

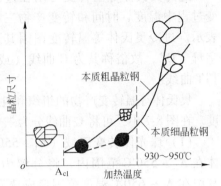

图 8-5 奥氏体晶粒随加热温度
变化趋势示意图

24.1.2.3 奥氏体晶粒度对钢在室温下组织和性能的影响

奥氏体晶粒细小时，冷却后转变产物的组织也细小，其强度与塑性、韧性都较高，冷脆转变温度也较低；反之，粗大的奥氏体晶粒，冷却转变后仍获得粗晶粒组织，使钢的力学性能（特别是冲击韧性）降低，甚至在淬火时产生变形、开裂。所以，热处理加热时获得细小而均匀的奥氏体晶粒，往往是保证热处理产品质量的关键之一。

24.1.2.4 奥氏体晶粒度的控制

热处理加热时为了使奥氏体晶粒不致粗化，除在冶炼时采用 Al 脱氧或加入 Nb、V、Ti、Zr 等合金元素外，还需制定合理的加热工艺，主要是：

（1）加热温度和保温时间。加热温度越高，晶粒长大越快，奥氏体晶粒越粗大。因此，必须严格控制加热温度。当加热温度一定时，随着保温时间延长，晶粒不断长大，但长大速度越来越慢，不会无限长大下去，所以延长保温时间的影响要比提高加热温度小得多。

（2）加热速度。当加热温度一定时，加热速度越快，则过热度越大（奥氏体化的实际温度越高），形核率越高，因而奥氏体的起始晶粒越小；此外，加热速度越快，则加热时间越短，晶粒越来不及长大。所以，快速短时加热是细化晶粒的重要手段之一。

24.2 钢在冷却时的组织转变

加热时钢的奥氏体化仅为冷却转变做准备，一般不是热处理的目的。热处理生产中，钢在奥氏体化后的冷却方式有两种：一种是等温冷却，如等温淬火、等温退火等；另一种是连续冷却，如炉冷、空冷、油冷、水冷等，如图 8-6 所示。

24.2.1　过冷奥氏体的等温转变

过冷奥氏体等温转变可用在过冷奥氏体等温转变过程中温度、时间和转变产物三者之间的关系图表示。过冷奥氏体等温转变图因其形状通常像英文字母"C"，故俗称其为 C 曲线（或 S 曲线），也称 TTT 曲线。

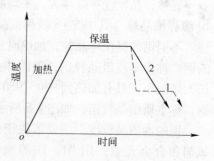

图 8-6　奥氏体不同冷却方式示意图
1—等温冷却；2—连续冷却

奥氏体等温转变产物的组织和性能取决于转变温度。在图 8-7 中，可将 C 曲线分为三个温度范围。

（1）珠光体转变区域（A_1 ~ 550℃）。过冷奥氏体在 A_1 ~ 550℃范围内，将分解为珠光体型组织。其中在 A_1 ~ 650℃温度范围形成珠光体（P）。这时由于过冷度小，转变温度高，形成珠光体的渗碳体和铁素体呈片状。在 650 ~ 600℃温度，转变得到较薄的铁素体和渗碳体片，只有在高倍显微镜下才能分清此两相，称为索氏体，可用符号 S 表示。在 600 ~ 550℃内，获得铁素体和渗碳体片更薄，用电子显微镜才能分清此两相，称这种组织为托氏体，可用符号 T 表示。

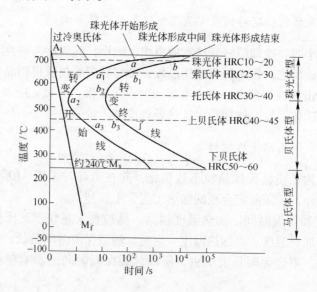

图 8-7　共析碳钢奥氏体的等温转变曲线

珠光体型组织的力学性能主要取决于其粗细程度，即珠光体层片厚度。珠光体型组织中层片越薄，则塑性变形的抗力越大，强度及硬度就越高，而塑性及韧性则有所下降。在珠光体型组织形态中，托氏体组织最细，即层片厚度最小，因而它的强度和硬度就较高，如硬度可达 HBS 300 ~ 450，比珠光体的硬度大得多。

（2）贝氏体转变区域（550 ~ 230℃）。在曲线鼻部（550℃）与 M_s 点之间的范围内，过冷奥氏体等温分解为贝氏体，可用符号 B 表示。贝氏体的形态主要取决于转变温度，而这一温度界限又与钢中含碳量有一定关系。含碳量 $w(C) > 0.7\%$ 以上的钢，大致以 350℃

为界（钢的成分变化时，这一温度变化不大），高于350℃的产物，组织呈羽毛状，称为上贝氏体，低于350℃的产物，组织呈针叶状，称为下贝氏体。

从性能上看，上贝氏体的脆性较大，基本上无实用价值；而下贝氏体则是韧性较好的组织，是热处理时（如采用等温淬火）经常要求获得的组织。对某些钢种来说，形成下贝氏体组织是钢材强化的一条途径。由于上贝氏体的渗碳体分布在铁素体板条之间，且又不均匀，使板条容易发生脆废，故硬度虽高，但塑性和韧性差，裂纹容易扩展。下贝氏体的强度、塑性、韧性均高于上贝氏体，这是由于碳化物均匀弥散分布在铁素体针叶内造成沉淀硬化，以及铁素体本身过饱和造成固溶强化综合作用的结果。

（3）马氏体转变区域。在图8-7上有两条水平线，一条是约240℃，一条为 – 50℃。若将奥氏体过冷到这样低的温度，它将转变为另一种组织，称为马氏体，可用符号 M 表示。M_s 表示马氏体转变开始温度，M_f 表示马氏体转变终了温度。

钢的马氏体转变是一种非扩散性转变。转变前后，母相和新相成分基本相同，没有成分上的变化。因此，马氏体实际上是碳在 α-Fe 中的过饱和固溶体。马氏体组织有两种形态：

1）针状马氏体。主要出现在高碳钢，所以又称高碳马氏体。针状马氏体组织硬度高、脆性大。

2）板条状马氏体。主要出现在低碳钢，故又称低碳马氏体，板条状马氏体在提高强度和硬度的同时，塑性和冲击韧度甚至断裂韧度均不降低。它打破了马氏体"硬而脆"的传统概念。近年来，随着对板条马氏体研究的不断深入，在生产中已日益广泛地采用低碳钢和低碳合金钢进行马氏体淬火，以获得良好力学性能的低碳马氏体组织，这对节约钢材、减轻机械重量和延长使用寿命等方面都具有很大意义。

从图8-7中还可以看出，马氏体转变是在一个温度范围内进行的，含碳量对 M_s 和 M_f 点有较大影响，当过冷奥氏体达到 M_f 终点时，仍然有一部分奥氏体不能发生转变，因此马氏体转变不能完全进行，而且 M_f 点越低，未转变的奥氏体越多。这种未转变的奥氏体，称为残余奥氏体。在高碳钢的淬火显微组织里，位于马氏体针叶之间存在着的白色小块，便是残余奥氏体。

残余奥氏体对钢性能的影响，应根据具体情况具体分析，不能一概而论。总的来说，它可降低硬度、强度和耐磨性，但可提高钢的塑性和冲击韧度，甚至在一定条件下对提高断裂韧性也有利。

24. 2. 2 过冷奥氏体在连续冷却条件的转变

在实际生产中，过冷奥氏体的转变大多是在连续冷却过程中进行的（见图8-8）。钢在连续冷却过程中，只要过冷度与等温转变相对应，则所得到的组织与性能也是相对应的。因此生产上常常采用 C 曲线来分析钢在连续冷却条件下的组织。

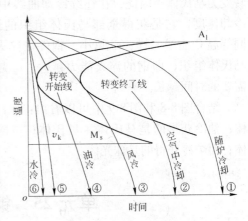

图8-8 过冷奥氏体在连续冷却条件下的转变

图 8-8 中曲线①是共析钢加热后在炉内冷却，冷却缓慢，过冷度很小，转变开始和终了的温度都比较高。当冷却曲线与转变终了曲线相交，珠光体的形成即告结束，最终组织为珠光体，硬度最低为 HBS180，塑性最好。曲线②为在空气中冷却，冷却速度比在炉中快，过冷度增加，在索氏体形成温度范围与 C 曲线相割，奥氏体最终转变产物为索氏体，硬度比珠光体高（HRC 25 ~ 35），塑性较好。曲线③是在强制流动的空气中冷却，比在一般的空气中冷却快，过冷度比曲线②大，所以冷却曲线相交于托氏体形成温度范围，最终组织是托氏体，硬度较索氏体高（HRC 35 ~ 45），而塑性较其差。曲线④表示在油中冷却，比风冷更快，以致冷却曲线只有一部分转变为托氏体，而剩下的部分奥氏体冷却到 M_s ~ M_f 范围内，转变为马氏体。所以最终组织是托氏体 + 马氏体，其硬度比托氏体高（HRC 45 ~ 55），但塑性比其低。曲线⑥系在水中冷却，因为冷却速度很快，冷却曲线不与转变开始线相交，不形成珠光体型组织，直接过冷到 M_s ~ M_f 范围转变为马氏体，其硬度最高（HRC 55 ~ 65），而塑性最低。

由上可知，奥氏体连续冷却时的转变产物及其性能，取决于冷却速度。随着冷却速度增大，过冷度增大，转变温度降低，形成的珠光体弥散度增大，因而硬度增高。当冷却速度增大到一定值后，奥氏体转变为马氏体，硬度剧增。

从图 8-8 可以看出，要获得马氏体，奥氏体的冷却速度必须大于 v_k（与 C 曲线鼻尖相切），称 v_k 为临界冷却速度。当 $v > v_k$ 时，获得的钢的组织是马氏体。临界冷却速度在热处理实际操作中有重要意义。临界冷却速度小，钢的淬火能力就大。

用等温 C 曲线来估计连续冷却时的转变过程，虽然在生产上能够使用，但结果很不准确。20 世纪 50 年代以后，由于实验技术的发展，才开始精确地测量很多钢的连续冷却转变曲线（又称"CCT"曲线），直接用来解决连续冷却的转变问题。

P_s 线表示珠光体开始形成，即 A→P 转变开始线；P_f 线表示珠光体全部形成，即 A→P 转变终了线；K 线表示珠光体形成终止，A→P 终止线，冷却曲线碰到 K 线，过冷奥氏体就不再发生珠光体转变，而是保留到 M_s 点以下转变为马氏体。因此，在连续冷却曲线中也称 v_k 为临界冷却速度，它是获得全部马氏体组织的最小冷却速度；同等温 C 曲线一样；v_k 越小，钢件在淬火时越容易得到马氏体组织，即钢的淬火能力越大。v_k 越小，则退火所需要的时间越长。

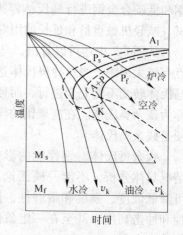

图 8-9　共析钢的连续冷却转变曲线（虚线是 C 曲线）

结合图 8-8 和图 8-9 中可以看出：水冷获得的是马氏体；油冷获得的是马氏体 + 贝氏体；空冷获得的是索氏体；而炉冷获得的是珠光体。

单元 25　钢材热处理方法

钢的热处理分类如图 8-10 所示。

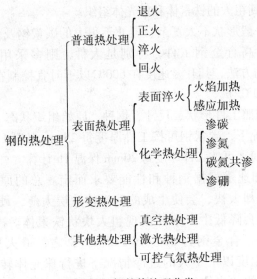

图 8-10　钢的热处理分类

25.1　钢的退火

退火是将钢加热到高于钢的临界点（在某些情况下也可加热到临界点以下），保温后使其缓慢冷却，获得近似平衡状态的组织。

退火的目的是：使钢件软化便于切削加工；消除内应力以防工件加工后尺寸变化；细化晶粒；使钢的成分均匀；改善组织，为以后的热处理作准备。

退火的种类很多，常用的有：扩散退火、完全退火、不完全退火、等温退火、球化退火、再结晶退火和去应力退火等。

25.1.1　完全退火

把钢加热到 A_{c3} 以上，保温一定的时间，使其完全转变成奥氏体并使奥氏体均匀化，然后缓慢冷却的退火方法称为完全退火。完全退火工艺如图 8-11 所示。

（1）完全退火的目的：一是细化晶粒，采用完全退火，即把工件加热到 A_{c3} 以上保温，使原先粗大的晶粒通过重结晶转变为细小的奥氏体晶粒，在随后冷却时便能获得细晶粒组织；二是降低钢的硬度使之易于切削加工，由于退火是把钢重新加热和随后缓冷，这就使得钢件因变形或快冷而造成的残余应力，能通过高温下原子扩散和组织转变予以消除。

（2）完全退火工艺参数的确定：

1）加热温度。完全退火温度必须适当地高于 A_{c3} 点，原则上是碳钢为 $A_{c3} + (30 \sim 50)℃$，合金钢为 $A_{c3} + (50 \sim 70)℃$，并经一定时间的保温才能使钢完全奥氏体化，并得到细小均匀的奥氏体组织。但是退火加热温度又不能太高，否则会引起奥氏体晶粒

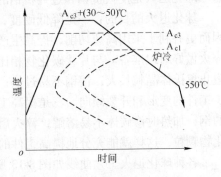

图 8-11　完全退火工艺图

长大，以致使冷却后得到粗大的铁素体和珠光体组织。

　　2）加热速度。对一般形状不太复杂、尺寸不很大的碳素钢及低合金钢工件，加热速度可不控制。但对中、高合金钢工件，特别是大件，则多采用低温装炉、分段装炉（≤250℃）、分段升温的方法，其升温速度在 600℃ 以下时宜控制在 30～70℃/h，高于此温度时可控制在 80～100℃/h。

　　3）保温时间。应依照工件形状、尺寸、钢种、原始组织状态、装炉量和加热设备等因素来确定，在一般情况下，碳素钢可按工件厚度每 25mm 保温 1h 计算。对合金钢，由于还要考虑奥氏体化时间，可按工件厚度每 20mm 保温 1h 计算。

　　4）冷却速度。冷却速度根据钢种和性能要求而定。总的原则是使其组织在珠光体区域进行转变。若冷却太快，会使生成的珠光体片层太薄，硬度过高，不利于切削加工；若冷却太慢，则会降低生产率并出现粗大块状铁素体。冷却大致可这样控制：碳素钢为100～200℃/h，合金钢为 50～100℃/h。总之，退火后的冷却应当充分缓慢，以保证奥氏体 A_1 温度以下不大的过冷情况下进行珠光体转变，否则将因过冷度较大而获得弥散度较大的珠光体组织，使硬度偏高。温度降至 500℃ 以下时，奥氏体向珠光体的转变已经完成，工件可出炉空冷。

25.1.2　不完全退火

　　不完全退火是将钢加热至 A_{c1}～A_{cm}（或 A_{c1}～A_{c3}），保温后缓慢冷却的退火方法。或在进行不完全退火时，如钢被加热到 A_{c1}～A_{c3}，得到的组织是铁素体加奥氏体；钢被加热至 A_{c1}～A_{cm}，得到的组织是渗碳体加奥氏体。加热和冷却时，先共析铁素体和二次渗碳体都没有变化，只有珠光体向奥氏体或相反的转变。不完全退火工艺如图 8-12 所示。

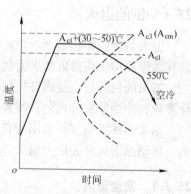

图 8-12　不完全退火工艺

　　不完全退火主要用于过共析钢。对亚共析钢，如果原始组织晶粒细小，只是为了消除内应力或降低硬度，也可用不完全退火代替完全退火以降低成本。

25.1.3　球化退火

　　球化退火是使共析钢和过共析钢的片状珠光体和渗碳体组织球化的一种热处理工艺。

　　球化退火的目的：一是降低硬度，改善加工性能。球化组织比片状珠光体的硬度低，因而更有利于采用高速切削，提高生产效率，节省刀具，改善切削加工表面质量。二是为淬火做好组织准备。与片状碳化物相比，球状碳化物在淬火加热时较难溶解，碳化物相可阻止奥氏体晶粒长大，使钢不易过热；同时，球化退火后的组织比较均匀，这些都可以减少工件的变形和开裂倾向。三是提高工件淬火回火后的耐磨性。以球状珠光体为原始组织的钢，加热时渗碳体不易溶解，淬火后可以得到在马氏体基体上均匀分布的细小坚硬的碳化物颗粒，这样就能充分地提高工件的耐磨性。

　　各种球化退火工艺曲线如图 8-13 所示。

　　（1）普通（缓冷）球化退火。它是将钢加热至 A_{c1}+（20～30）℃，保温后以 20～

50℃/h 的速度缓冷至 500℃ 以下出炉空冷（图 8-13 中的①）。这种方法只有在工件截面大或装炉量多的情况下采用，因为它需要的时间最长。

（2）等温球化退火。它是将钢加热至稍高于 A_{c1} 的温度，保温后冷却到 A_{r1} 以下 10 ~ 30℃ 等温一段时间，然后随炉冷至 500℃ 以下空冷（图 8-13 中的②）。这种方法可缩短退火周期，并得到比较均匀的组织，应用较广。

（3）周期球化退火。这种工艺的特点是加热至 A_{c1} ~ A_{r1} 上下周期摆动，每阶段保温 0.5 ~ 1h（图 8-13 中的③）。这样获得的球化效果比较好，但是该工艺在大件与大批量生产中难以实现，所以使用较少。

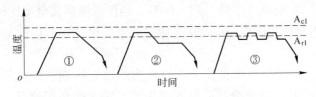

图 8-13　常用球化退火工艺曲线示意图

25.1.4　等温退火

等温退火就是将钢加热到 A_{c1} 或 A_{c3} 以上的温度，保温后将奥氏体迅速过冷到 A_1 以下某一温度等温，待其全部转变为珠光体后，出炉空冷。它主要用于过冷奥氏体在珠光体转变区内稳定性大的合金钢。

等温退火工艺曲线如图 8-14 所示。它有如下优点：与普通退火相比，等温退火可以缩短时间，提高生产率；可借助于对等温温度的选择来获得预期的组织和性能，并且因组织转变是在恒温下完成的，故退火组织和性能比较均匀一致；使合金钢工件退火后可以得到较低的硬度。

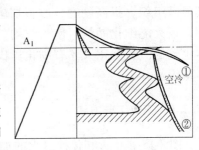

图 8-14　等温退火工艺

25.1.5　扩散退火

扩散退火是把钢加热到远高于 A_{c3} 或 A_{ccm} 的温度（通常为 1100 ~ 1200℃），经长时间保温（一般为 10 ~ 20h），然后随炉缓冷至 500 ~ 350℃ 出炉的热处理工艺。

扩散退火又称均匀化退火，它是利用高温下原子具有的大的活动能力进行充分扩散，消除钢锭或铸件中的枝晶偏析，以减轻钢在热加工时产生脆裂的倾向，并提高力学性能。

因为扩散退火是在高温下进行长时间的保温，所以容易引起奥氏体晶粒的显著粗化。对铸钢件来说，扩散退火后一般还应再进行一次完全退火或正火，以改善钢件的组织。对于钢锭，在扩散退火后进行热轧或热锻，通过塑性变形和再结晶使组织细化。

25.1.6　消除内应力退火

消除内应力退火是将钢加热到低于 A_{c1} 温度（一般为 500 ~ 600℃），保温适当时间后缓冷。

在消除内应力退火过程中，钢的组织不发生变化。它的目的在于消除铸件或某些焊接件的内应力，以减少和防止工件在使用或加工过程中产生变形或开裂。

操作中，温度的影响是主要的，加热温度越高，应力消除程度越好。通常加热到 600℃便可消除绝大部分残余应力。为了避免冷却时重新造成较大的热应力，保温后应缓冷。

25.2　钢的正火

正火是将钢加热到 A_{c3} 或 A_{ccm} 以上 40 ~ 60℃，经保温使钢完全奥氏体化，然后在流通的空气中冷却，以得到珠光体或细小的珠光体型的索氏体（亚共析钢是索氏体和铁素体）组织的工艺过程。

正火与退火相比，冷却速度稍快，所以正火的珠光体细，硬度和强度也略高。正火是将钢加热保温后工件出炉冷却，与退火相比，炉子的利用率高，生产周期短，成本稍低，工艺简单，应用广。正火后得到的珠光体组织弥散度与冷却速度密切相关。冷却速度越快，过冷度越大，转变温度越低，所获得的珠光体组织将越细致（组织弥散度大）。

低碳钢退火后硬度太低，切削加工性能不好，正火时用较快的冷却速度，能改变其显微组织，提高硬度，改善切削性能。对于含碳量 $w(C) = 0.25\% ~ 0.5\%$ 的中碳钢，正火能细化晶粒，使组织均匀，同时硬度也不高，切削性能良好，与退火相比成本也较低。另外正火还有细化奥氏体晶粒、消除魏氏组织的作用，也可消除网状渗碳体组织。

25.2.1　正火工艺方法

图 8-15 是正火和各种退火的加热温度范围，对于正火加热温度，一般推荐为 A_{c3} 或 A_{ccm} 以上 30 ~ 50℃，但实际都要高于这个温度范围。特别是对一些含有碳化物形成元素的钢，为了使碳化物能较快地溶入奥氏体中，常采用较高的温度。

正火的保温时间与完全退火大致相同，但当加热温度较高时，保温时间可缩短。

25.2.2　正火操作

正火操作中注意：

（1）正火件的装炉量一般比退火少些。

（2）为减小工件变形，轴类零件应吊装，板类工件应尽可能垫平。

（3）燃料炉的加热时间，一般应比箱式电炉加热时间短些。

（4）工件出炉后，应散放在干燥处冷却、不得堆积，不得放在潮湿处。

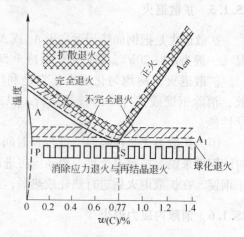

图 8-15　正火和各种退火的加热温度范围

25.2.3　正火和退火比较与选择

图 8-16 是正火和退火冷却速度的比较，正火冷却速度一般比退火的大，故能得到比较细小珠光体组织从而使得到的强度及硬度性能也要好于退火状态（见表 8-1），但塑性、韧性不如退火状态。

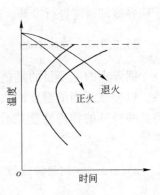

图 8-16　正火和退火
冷却速度的比较

一般在选用退火和正火工艺时，应考虑如下原则：

（1）对碳质量分数为 0.25% 以下的低碳钢或低碳合金钢作为最终热处理时，可选用正火来提高强度，渗碳件可用正火来消除锻造缺陷，改善切削性能。对形状复杂的大型铸件，则应选用高温扩散退火，来消除组织偏析及成分偏析，为下一步热处理做好组织准备，随后用完全退火来消除铸造应力及细化晶粒。

（2）对碳质量分数为 0.25% ~ 0.50% 的碳素钢或低合金钢，一般多采用正火作为预先热处理，改善切削加工性能，降低成本。但当合金元素含量较高时，则需选用完全退火。

（3）对碳质量分数为 0.50% ~ 0.75% 的碳素钢或低合金钢，一般多选用退火降低硬度，提高切削性能，这类钢若正火处理，将使硬度提高，不利于切削加工。这类钢又多是经淬火回火后使用，其预先热处理应选用退火，以做好组织准备。

（4）对碳质量分数为 0.75% ~ 1.0% 的碳素钢或低合金钢，如用以制造弹簧件时，可选用完全退火作为预先热处理；如用以制造刀具时，则选用球化退火；有网状碳化物时，则需先进行正火消除网状碳化物并细化珠光体后，再进行球化退火。

（5）对碳质量分数大于 1.0% 的碳素钢或低合金钢，因其多用于制造工具，应选用球化退火作为预先热处理，降低硬度，改善切削性能，并为最终热处理做好组织准备。

（6）对于中、高合金钢，因其合金元素提高，增加了奥氏体的稳定性，一般的正火退火工艺均不适宜作预先热处理，而应采用等温退火或高温回火。

表 8-1　正火和退火后组织性能比较

热处理	σ_b/MPa	σ_s/MPa	δ_5/%	ψ/%	HB
退火状态	≥550	≥320	≥13	≥40	≤207
正火状态	≥620	≥360	≥17	≥40	≤229

25.3　钢的淬火与回火

淬火与回火是生产上广泛应用的两种热处理工艺，通常都是连续进行的，就是淬火后紧接着回火。淬火与回火是强化钢材最重要的热处理方法。它可以改变钢的内部组织，使钢获得最高的强度，更好地发挥它的潜力。淬火后配以不同温度的回火，能调整钢的性能使其满足不同的性能要求。

25.3.1　淬火

25.3.1.1　淬火概念

将钢加热到 A_{c1} 或 A_{c3} 以上 30 ~ 50℃，经过保温，使之全部或部分奥氏体化，然后以大于临界冷却速度进行冷却，获得马氏体组织的热处理方法称为淬火。

25.3.1.2　淬火目的

钢淬火的主要目的是把奥氏体工件全部淬成马氏体，以提高钢的强度、硬度、耐磨性，以便在适当的温度回火之后，获得所需要的组织和性能。另外，淬火还能使工件获得某些特殊的物理性能或化学稳定性，如提高不锈钢的耐腐蚀性、增强电磁钢的永磁性等。

25.3.1.3　钢的淬透性

钢的淬透性是每种钢所固有的特性，它表示钢在一定的淬火条件下淬火时，获得淬硬层深度的能力。淬火的目的是获得马氏体，通常是以一定的条件下淬火后获得马氏体组织的深度来表示淬透性的大小。

钢的淬透性主要取决于化学成分。含碳量低于 0.8% 的碳钢，随含碳量的增加，淬透性略有增加。合金钢中的 Mn、Cr、Mo、Si、Ni 都能提高淬透性。除此之外，奥氏体化温度对淬透性也有一定的影响，奥氏体化温度越高，保温时间越长，则奥氏体的成分越均匀，残余渗碳体或碳化物的溶解也越彻底，使过冷奥氏体越稳定，C 曲线越右移，淬火临界冷却速度越小，故淬透性越好。在影响淬透性的因素中，起主要作用的是钢的化学成分，尤其是钢中的合金元素，这也是合金钢的淬透性一般都比碳素钢的淬透性好的原因。

淬透性与淬硬性的区别：所谓淬硬性是指钢淬火后马氏体所能达到的最高硬度，它主要取决于钢中的含碳量，而与合金元素的含量关系不大。含碳量越高，钢的淬硬性越好。但淬硬性高的钢，不一定淬透性就好，如高碳低合金钢。而淬硬性低的钢，也可能具有好的淬透性，如低碳高合金钢。

25.3.1.4　淬火工艺参数

A　淬火加热温度的选择

碳素钢的淬火加热温度范围如图 8-17 所示。

通常亚共析钢的淬火加热温度为 A_{c3} + (30 ~ 50)℃。这是因为对亚共析来讲，室温下的平衡组织是珠光体 + 铁素体，当加热到 A_{c3} 以上时，铁素体才能全部溶于奥氏体。只有这样，在加热时才能得到单一的奥氏体组织，而在随后的冷却中能得到马氏体组织。共析钢和过共析钢的淬火加热温度一般为 A_{c1} + (30 ~ 50)℃，这是因为在此温度加热，经淬火冷却后，得到马氏体和渗碳体组织（有少量残留奥氏体）。由于渗碳体的硬度比马氏体还高，它的存在会使钢的耐磨性大大增加，对于主要作为工具钢使用的过共析钢，这种组织和性能是很适合的。

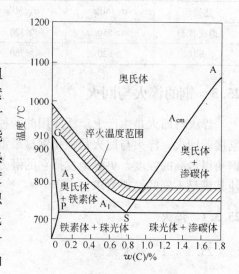

图 8-17　碳素钢的淬火加热温度范围

对于低合金钢，可根据其临界温度 A_{c1} 和 A_{ccm} 按上述原则来确定。若钢中含有强碳化物形成元素，如钒、铌及钛等，其奥氏体晶粒粗化温度高，淬火温度应偏高一些，以加速这类元素所形成的碳化物溶解，提高奥氏体中含碳量和合金元素含量，从而提高过冷奥氏体的稳定性。

除了化学成分外，淬火加热温度还与其他因素有关。首先是工件的尺寸和形状的影响，一般来说，大尺寸的工件宜用较高的淬火温度，小尺寸的则采用较低的淬火温度。这是因为大工件加热慢，温度低容易造成加热不足，使钢不易淬硬。从工件的形状来看，形状简单的，淬火温度过一些也无妨，而形状复杂的则应尽可能采用较高的淬火温度。

其次就是冷却介质的影响，对于冷却能力较强的冷却介质（如水及水基溶液），应采用较低的淬火温度；而采用冷却能力较小的油及熔盐作为冷却介质时，则宜采用较高的淬火温度。

原始组织对淬火加热温度也有影响。在一般情况下，原始组织弥散度较大（如片状珠光体、龟状珠光体等）时，淬火加热温度应低一些；若工件原始组织中有带状组织或断续网状碳化物者，则淬火加热温度宜稍高一些。另外对本质细晶粒钢，淬火温度可以适当提高；相反，对本质粗晶粒钢，淬火温度应低些。

B　加热速度与保温时间的确定

淬火时加热速度力求尽量快，快速加热可以提高热处理车间的生产效率和降低成本，并能减少和消除氧化和脱碳。但对于导热性差的合金或大型钢材，一定要经过预热，若加热太快，受热不均匀，会导致钢件变形或破裂。

保温时间是指工件装炉后，从炉温上升到淬火温度算起到工件出炉为止所需要的时间。它包括工件的透热时间和内部组织充分转变所需的时间。

工件的加热时间与钢的化学成分、工件形状、尺寸或重量、加热介质、炉温等许多因素有关。

目前，在生产中常根据工件的有效厚度，用式（8-1）来确定加热时间：

$$t = \alpha D \tag{8-1}$$

式中　t——加热时间；

　　　α——加热系数，加热系数 α 表示工件单位有效厚度所需的加热时间；

　　　D——工件有效厚度。

C　冷却介质的选择

钢在加热获得奥氏体后需要用一定冷却速度的介质冷却，以保证奥氏体过冷到 M_s 点以下转变为马氏体。如果介质的冷却能力太大，钢件虽易于淬硬，但容易变形和开裂；而冷却能力太小，钢件则淬不硬。常见的淬火介质有油、水、盐水、碱水等，其冷却能力依次增强。

由钢的过冷奥氏体等温转变曲线可知，钢在淬火冷却时，并不是在整个降温过程中（即由淬火温度至室温区间）都需要急速冷却，而只是在珠光体和贝氏体相变孕育期最短的"鼻子"温度处需要快冷，以免过冷奥氏体发生珠光体或贝氏体分解；在其余的温度区间，尤其在马氏体相变温度区间则希望慢冷却，以免钢件发生淬火变形与开裂。图 8-18 所示为淬火过程的理想淬火冷却曲线。

目前很难找到这样的理想淬火介质。不过若能对淬火介质合理选用，并配以适当的淬火方法，还是可以基本满足工件对冷却速度的不同要求的，在保证淬硬的情况下做到减少变形和防止开裂。

（1）水是应用最普遍的淬火介质。水淬时工件容易发生变形或裂纹，但由于水价格便宜，使用安全、洁净，故目前仍是碳钢最常用的淬火介质。

（2）不同浓度的食盐水溶液的冷却能力也不同。所以使用食盐水溶液时要注意调整其浓度。盐水被广泛用于碳素钢的淬火。

（3）在碱液中淬火，不仅易于得到高而均匀的硬度，而且工件的变形、开裂倾向也较小。但碱水溶液的缺点是价格昂贵，腐蚀性较强，溅在人的皮肤上对皮肤有刺激作用。故在生产上的应用却不如盐水溶液广泛。

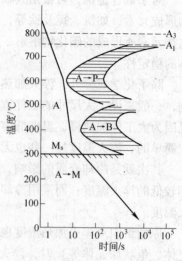

图 8-18　理想的淬火冷却曲线

（4）油是很常用的冷却介质之一，现在基本上已为矿物油所代替。

D　淬火方法

淬火方法有：

（1）单液淬火。单液淬火是将加热奥氏体化后的工件放入一种淬火介质中，一直冷却到转变结束为止的方法，如图 8-19 所示。一般来说，碳素钢多用水或水溶液淬火，而合金钢常用油淬。单液淬火操作简单，易于掌握，而且便于实现机械化，故对一些形状简单、尺寸不大、变形要求不严的工件常采用单液淬火。

（2）双液淬火。这种方法（见图 8-20）常用的是水-油双液淬火，开始时因为水冷速太快，工件能迅速躲过 C 曲线的鼻尖部分，当工件温度下降到稍高于 M_s 点的温度（300～400℃）时，再立即转入冷却能力较低的油中冷却，直至马氏体转变结束。这样能减少工件内部的温差，防止淬火过程中的变形和开裂。此法特别适合高碳工具钢。同理也可以采用油-空气淬火。

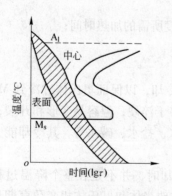

图 8-19　单液淬火法示意图

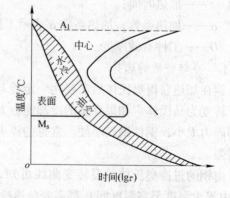

图 8-20　双液淬火法示意图

双液淬火的关键是要准确控制工件在第一种介质中停留的时间，或者说工件由第一种介质转入第二种介质时的温度。若在第一种介质中停留的时间过短，容易形成珠光体型组织，如在第一种介质中停留的时间过长，则变成单液淬火。

（3）分级淬火。把加热奥氏体化后的工件放入温度略高（也可略低）于 M_s 点的淬火介质中停留一段时间，使工件表面的温度与中心的温度基本均匀一致，在奥氏体开始分解之前，取出在空气（或油）中冷却，使奥氏体转变为马氏体，这种淬火方法称为分级淬火，其冷却曲线如图 8-21 所示。

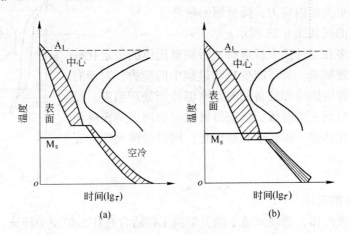

图 8-21　分级淬火

（a）高于 M_s 点分级淬火；（b）低于 M_s 点分级淬火

工件进行分级淬火有很多优点：首先，分级淬火缩小了工件与冷却介质之间的温差，因而明显减小了工件在冷却过程中产生的热应力；其次，通过分级保温，整个工件温度趋于均匀，工件在随后的冷却过程中表面和心部马氏体转变的不同时性明显减少；再次，由于恒温停留所引起的奥氏体稳定化作用，增加了残余奥氏体量，从而减少了在马氏体转变时所引起的体积膨胀。分级淬火的缺点是在 200℃ 左右的盐熔炉中冷速缓慢，对淬透性较低的钢，容易在分级过程中形成珠光体，故一般分级淬火只适用于截面尺寸不大、形状较复杂的碳素钢和合金钢工件。

（4）等温淬火。等温淬火是指把工件加热到奥氏体化后，冷却到 M_s 点以上某一温度等温一段时间，使奥氏体转变成下贝氏体的淬火方法。其冷却曲线如图 8-22 所示。

等温淬火产生的内应力很小，工件不易发生变形与开裂，而且下贝氏体组织具有较高的强度、硬度、耐磨性和韧性。在一般情况下，等温淬火后可不再进行回火处理。

由于盐浴或碱浴的冷却能力低，故等温淬火只适用于处理形状复杂或尺寸要求精确而较小的工件。对于一些硬度要求很高的工件，采用等温淬火往往达不到要求。

（5）冷处理。高碳钢及一些合金钢，由于 M_f 点位在零度以下，淬火后组织中有大量残留奥氏体。若将钢继续冷却至零度以下，会使残余奥氏体转变为马氏体，这种操作称为冷处理。

冷处理的目的是最大限度地减少残余奥氏体，从而进

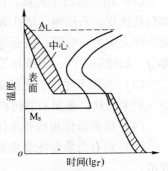

图 8-22　等温淬火冷却曲线

一步提高工件淬火后的硬度，防止工件在使用过程中因残余奥氏体的分解而引起的变形。可以把冷处理看做是淬火的继续。

冷处理温度的确定主要是根据钢的马氏体转变终了点 M_f，同时还需要考虑对工件的性能要求和设备条件等因素。通常冷处理温度选在 M_f 点附近。因为温度过低不但不会引起更多的残留奥氏体向马氏体转变，而且还可能引起更大的内应力，降低钢的韧性。

冷处理工艺曲线如图 8-23 所示。

冷处理一般多在工件淬火后进行，否则奥氏体的稳定化现象，将减弱冷处理效果。为了减少冷却过程中的应力，对于有些形状复杂的工件应随冷却设备同时从室温冷至处理温度。冷处理以后务必进行回火或时效，以获得更稳定的回火马氏体组织，并使残余奥氏体进一步转变和稳定化，同时使淬火应力充分消除。

图 8-23　冷处理工艺曲线

E　淬火操作

a　淬火设备的选用

为了掌握淬火操作，必须知道不同类型的工件适合在什么炉型中淬火。一般考虑以下几个方面：

（1）一般留有充分加工余量，而又不易变形的调质零件应在箱型炉内加热。

（2）加工余量较少，要求一般性防氧化措施的工件适合于盐炉加热。

（3）容易变形的、数量少的零件适合于盐炉加热。

（4）工件批量大又要求防氧化脱碳的零件宜在保护气氛炉中加热。

（5）大量成批生产的零件宜在连续加热炉中加热。

（6）精密零件、严格要求防氧化脱碳的零件可在真空炉中加热。

（7）轴类零件、特别是长轴类零件宜在井式炉中加热。

b　淬火前的准备和装炉方法

淬火前需要做的准备有：

（1）按工件委托单核对零件数量、材料、尺寸等，检查工件表面。不允许有碰伤、裂纹、锈蚀、刀痕、折叠和其他污物。根据图纸和工艺卡，明确淬火零件的具体要求，如硬度、尺寸、余量等。

（2）用合适的工夹具，进行适当的绑扎。对易产生裂纹的部位采取适当的防护措施，如包扎铁皮、石棉绳、堵孔等。如非工作孔，可用石棉绳、耐火泥堵塞，降低冷却速度，减少淬火应力与变形；截面急变处用铁丝或石棉绳绑扎；尖角处用铁皮套上，容易变形的部分，如槽形工件，用螺丝等加以机械固定。各种保护措施见图 8-24。

（3）表面不允许氧化脱碳的零件，可在保护气氛炉、盐炉或真空炉中加热。如在普通空气炉中加热，必须采取防护措施。

（4）盐炉操作规程要求使用校正剂，对盐炉进行定期校正。

（5）对有力学性能要求的工件，应检查有无试棒，还应注意试棒大小和数量是否符合规范。

装炉方法如下：

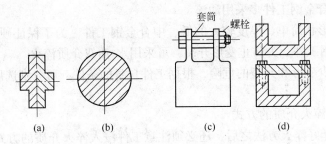

图 8-24　淬火前的保护措施

（a）点焊；（b）耐火泥堵塞；（c）机械加固；（d）设加强筋

（1）不同材料但具有相同加热温度和加热速度的零件，装入同一炉中加热。

（2）截面大小不同的零件装入同一炉时，大件应放在炉膛里面，以便小件先出炉。

（3）零件装炉时，应放在炉内均匀温区，多方面采取措施，力求提高均温程度。

（4）装炉时必须将零件放于装料架或炉底板上，用钩、钳堆放，不准将零件直接抛入炉内，以免碰伤零件或损坏零件。

（5）入炉零件均应干燥无油污。

（6）细长零件应尽量垂直吊挂，以免变形。

（7）对某些工件要合理绑扎，以免因自重而变形，如图 8-25 所示。

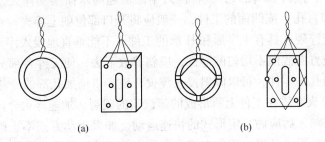

图 8-25　合理绑扎工件示例

（a）不正确扎法；（b）正确扎法

（8）关于盐炉的装炉量，零件放入盐浴后，盐浴液面应低于盐炉规定的液面线，还要使零件之间有大于或等于 10mm 的距离。

（9）零件入盐炉前要预热或烘干，对于薄而长的工件，应设法避免盐浴翻滚时工件互相撞击，还要防止工件碰撞电极，或离电极太近，造成烧伤或过热。

（10）关于箱式炉的装炉，一般为单层排列，零件间距 10 ~ 30mm。小件允许堆放，加热时间需酌量增加。每炉的零件数应基本一致。有力学性能要求的工件，试棒与工件同时出炉，试棒应放在有代表性的位置。

c　淬火冷却方法

淬火冷却方法主要根据淬火钢的化学成分、力学性能要求以及工件的形状尺寸等条件来选择。一般可以下列原则作依据：

（1）碳素结构钢、碳素工具钢多采用水淬。

（2）碳素钢的厚度在 5 ~ 6mm 以下、形状复杂的工件，可采用油淬。

（3）一般的合金钢工件多采用油淬。

（4）有时对形状简单、厚度较大的低、中合金钢工件，为了保证硬度，对形状复杂、厚度较大的碳素钢工件，为防止变形开裂，可采用水-油双介质淬火。

（5）为了减少变形和开裂的危险，根据工件自身的条件，可分别选用延时淬火、分级淬火和等温淬火。

d　工件浸入淬火介质的方式

在正确地选择好淬火方法之后，还必须注意工件浸入淬火介质的方式，如果浸入的方式不正确，则因零件各部分的冷却速度不一致，会产生变形和局部淬不硬的缺点。工件浸入淬火介质时，必须遵守以下基本操作方法：

（1）工件从炉中取出时，必须保持平稳，防止摇晃或互相碰撞。除细小的工件外，一般不必急于投入淬火介质中，可在冷却池上静置几秒钟，既可达到保持垂直淬火的目的，又起到延时冷却的效果。

（2）工件浸入淬火介质时，应保证得到均匀的冷却，使蒸汽膜能尽快破坏，气泡最易先逸出，具体方法为：轴类零件、圆柱形、长方形和扁平的工件应垂直淬入，薄片件应垂直淬入；大型薄片件更应快速垂直淬入，速度越快，变形越小；圆盘铣刀不能平着放入，而必须立着投入淬火介质；套筒类工件，应从轴线方向垂直淬入；一端大一端小的零件，应该大端先淬入；横向厚薄不均的零件，应尽可能从厚的一面向下淬入。例如半圆锉刀，可采取半圆面向下，倾斜45°淬入，或将锉刀半圆面迎向水面摆动淬火，都能有效地减少变形；有死孔（即盲孔）或凹面的工件，一般应将开口部位朝上淬火，否则将在凹处形成蒸汽膜，阻碍该处淬硬；具有十字形和 H 形的工件，不能垂直地浸入淬火介质，应当斜着浸入为好；沿轴线方向截面不均匀的零件，应斜着放下去，使工件各部分的冷却速度趋于一致；长方形有通孔的零件，可以倾斜浸入淬火介质，以增加孔部的冷却。

（3）为加速淬火介质在工件上所形成的蒸汽膜的破裂，加速淬火介质的对流，以提高其冷却速度，工件淬入后应做一定形式的快速运动，如果运动方式不正确，会使工件单方向冷却较快，引起变形或开裂。工件在淬火介质中的正确运动方向有：

1）零件浸入淬火介质后，仅作直线上下运动，如图 8-26（a）所示，适用于大型工件快速吊挂淬火；

2）零件上下运动并略向一个方向移动，或左右前后移动，以增强冷速，仍应注意开始淬入时直线上下运动数次，然后再边移动边上下运动，如图 8-26（b）所示；

3）倾斜淬入倾斜运动，如图 8-26(c)所示方法，滚入淬火剂后，表面冷却均匀，变形小。

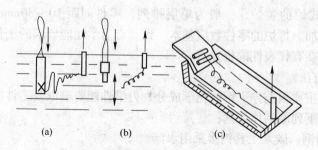

　　　　(a)　　　　　　　(b)　　　　　　　(c)

图 8-26　零件入淬火剂后的几种情况

25.3.2　钢的回火

回火是把淬火的工件加热到 A_1 以下的某一温度，保温一定的时间，然后以一定方式冷却（通常是空冷）的热处理工艺。

由于淬火工件的组织极不稳定，内应力和脆性都很大，为消除淬火工件的内应力，调整硬度，改善韧性以达到所要求的综合性能，必须对淬火工件进行回火。

25.3.2.1　回火的目的

（1）降低零件脆性，消除或降低内应力。钢件淬火后存在很大的内应力和脆性，如不及时回火往往会产生变形甚至开裂。

（2）调整工件的力学性能。因为钢件淬火后大多数硬度高、脆性大，不能满足对工件的性能要求。通过回火，可以使钢的强度、硬度、塑性与韧性适当配合，得到需要的性能。

（3）稳定工件的组织和尺寸。淬火后组织一般为马氏体加少量残留奥氏体，两者都是不稳定的组织，并能自发地逐渐发生转变，从而引起工件的形状、尺寸以及性能发生变化。通过回火能够稳定工件的组织与尺寸，这样可以保证在以后的使用中不再发生变形。

25.3.2.2　淬火钢在回火时的组织转变

淬火钢的组织在回火升温过程中，在不同温度范围内将发生一系列变化（以共析碳钢为例）：

（1）马氏体的分解。马氏体是碳在 $\alpha\text{-Fe}$ 中的过饱和固溶体，从室温到 200℃ 附近发生马氏体分解。在马氏体内部，一部分过饱和的碳，以碳化物的形状析出，并分布在马氏体基体上，这种与马氏体晶体保持共格的碳化物称为 ε 碳化物。由于此阶段温度较低，马氏体中的过饱和的碳也不可能全部析出。但部分析出的碳，仍能减小晶格畸变，使内应力得到部分消除。马氏体和极细的 ε 碳化物所组成的混合组织称为回火马氏体。

（2）残余奥氏体分解，在 200～300℃，在马氏体继续分解的同时，残余奥氏体也发生分解。转变产物与过冷奥氏体的转变产物相同，可能是下贝氏体，也可能是马氏体，转变成的马氏体在此温度会立即被回火，故产物仍是回火马氏体。

（3）碳化物的转变。当温度继续升高，在 300～400℃ 回火，随着过饱和碳从 α 固溶体内继续析出，晶格畸变逐渐消失，内应力大大减小。α 固溶体恢复为铁素体，同时在较低温度下析出的碳化物转变为细粒状的渗碳体，此时马氏体便完全分解为铁素体与细粒状渗碳体的机械混合物，一般称为回火托氏体。

（4）碳化物的聚集球化和 $\alpha\text{-Fe}$ 的再结晶。当回火温度超过 400℃ 时，α 固溶体的含碳量已降至平衡浓度。此时，α 固溶体已由体心正方晶格变为体心立方晶格，内部亚结构发生回复与再结晶，淬火所产生的强化作用已完全消失，碳化物发生明显的聚集球化过程。温度越高，碳化物集聚得越大。

必须指出，上述几个过程并不是截然分开的，尽管它们在一定的温度范围内进行，显示出一定的阶段性，但这些过程进行的温度又是互相交叉重叠的。

25.3.2.3　回火时力学性能的变化

由于淬火钢在不同温度回火时组织发生变化不同，因此其力学性能也不同。图 8-27 为不同含碳量的碳钢其硬度与回火温度的关系，由图可见：在 200℃ 以下回火时，回火马氏体中亚稳定碳化物极为细小，弥散度极高，而且固溶体仍是过饱和固溶体，因此硬度变化不大；在 200 ~ 300℃ 回火时，硬度较低的残余奥氏体转变为硬度较高的下贝氏体组织，故硬度降低较慢；在 300℃ 以上回火时，随着亚稳定碳化物变为渗碳体，α 固溶体过饱和程度的消失以及渗碳体的聚集长大等，硬度呈直线下降。

回火温度对钢的塑性和韧性影响为：在 300℃ 以下回火时，α 固溶体过饱和程度降低，使内应力下降，因而屈服点有所提高；随着回火温度的升高，强度、硬度降低，塑性、韧性提高，在 600 ~ 650℃ 回火时，塑性可达最高值，并能保持较高的强度。

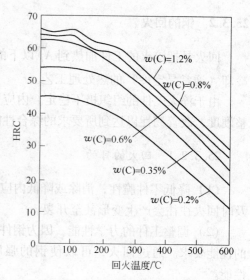

图 8-27　不同含碳量的碳素钢硬度与
回火温度的关系

25.3.2.4　回火脆性

在实际生产中常见的回火脆性有以下两种：

（1）第一类回火脆性，也称为低温回火脆性。它出现在 250 ~ 400℃ 回火温度范围内，几乎所有淬火形成马氏体的钢，在 300℃ 左右回火时都无一例外地出现第一类回火脆性，这类回火脆性一旦出现便无法挽回，故也称为不可逆回火脆性。

（2）第二类回火脆性，又称高温回火脆性，其温度范围为 450 ~ 650℃ 或更高的温度，实验表明，高温回火脆性与低温回火脆性不同，如果已经产生了高温回火脆性，重新加热至 600℃ 以上然后快速冷却，则可以消除此类脆性。但若将已经消除了第二类回火脆性的工件再重新加热到第二类回火脆性的温度，则脆性又将出现，故第二类回火脆性又称可逆回火脆性。

25.3.2.5　回火种类及应用

在生产中，常根据对工件性能的不同要求，按加热温度的不同，把回火分为低温回火、中温回火和高温回火三种。

（1）低温回火（150 ~ 250℃）。低温回火后获得回火马氏体组织（还有残留奥氏体和下贝氏体），其目的是保持高硬度和高耐磨性，降低淬火内应力和脆性。它主要用于中、高碳钢制造的各类工模具、滚动轴承、渗碳零件，回火后硬度可达 HRC 58 ~ 64。

（2）中温回火（350 ~ 500℃）。中温回火后得到回火托氏体组织，其目的是获得高屈服强度、弹性极限和较高的韧性。主要用于各种弹簧和模具的处理。为避免发生第一类回火脆性，一般中温回火温度不宜低于 350℃，回火后硬度可达 HRC 35 ~ 50。

（3）高温回火（500～650℃）。高温回火后得到回火索氏体组织，它的主要目的是获得既有一定的硬度、强度，又有良好冲击韧性的综合力学性能。习惯上将淬火加高温回火称为调质处理，其主要用于飞机、汽车、拖拉机、机床等重要的结构零件，如连杆、齿轮、螺栓和各种轴类。

调质处理后，在硬度相同的条件下屈服强度、塑性、韧性比正火的都有明显提高，因此高温回火主要用于中碳调质钢制造的各种机械结构零部件。

必须指出：一些高碳高合金钢（如高速钢、高铬钢）的回火处理温度一般高达550～600℃，此温度范围内回火，将促使残余奥氏体转变，并使马氏体回火，这样就可以在硬度不下降或反而稍有上升的情况下，得到回火马氏体，改善力学性能。这与结构钢的调质处理在本质上是不同的，不能称为调质处理。

综上所述，钢回火后的性能主要取决于回火温度。除了回火温度外，回火时间对钢组织和性能也有一定的影响。回火时间应保证工件表里全部热透，这样内部组织转变才能充分进行，应力才能彻底消除，性能才能符合要求。通常回火时间不少于45～60min，若是大件，回火时间还需要适当地延长。

回火时组织和性能的变化主要由回火加热温度及保温时间决定，冷却速度对其影响不大。回火一般采用空冷。但对某些零件，为避免重新产生内应力，最好缓慢冷却；而对某些高温回火则需要快冷（水冷或油冷），这样可以消除或减少回火脆性的产生。在快冷过程中所产生的内应力，必要时可再进行一次低温回火加以消除。

25.3.2.6　回火操作

回火前需要做的准备如下：

（1）在可能的情况下，零件表面应尽量清理干净，并检查零件是否有碰伤、裂纹等缺陷。

（2）抽检淬火零件的硬度，硬度必须符合要求。

（3）按图纸和工艺要求，明确零件回火的具体要求，如硬度、冲击韧性等。

（4）根据零件的技术要求和尺寸大小，选用合适的装料筐、装料盘、工夹具或者进行适当的绑扎等。

（5）对于表面不允许脱碳的零件，可选用保护气氛炉、盐炉或真空炉回火，也可选用适当的涂料进行表面保护。

（6）对有力学性能要求的零件，检查试样是否符合工艺要求。

（7）检查设备仪表运转是否正常，按工艺和淬火硬度的高低调好仪表温度，如果淬火硬度偏高，回火温度取上限，反之取下限。

回火的装炉方法基本上与淬火装炉方法相仿。

回火操作注意事项如下：

（1）装炉时应尽量将截面相近的零件装在一筐，便于计算加热时间。

（2）回火设备尽量选用浴炉和有气体循环的电炉，一般性的零件也可在箱式炉中回火。

（3）工件装筐（盘）、出筐（盘）时必须轻拿轻放，尤其对高硬度带尖角零件更应注意，避免碰伤。

（4）零件入炉时，炉温不得高于回火温度，回火过程中经常校对炉温。对于淬火后刚冷到回火温度的炉子，注意按工艺下限温度回火。

（5）易变形的细长轴、板状件、弹簧件等，回火时要吊挂或放平，谨防变形。

（6）淬火后及时回火，如条件不允许，可将工件置于低温炉中待回（低于回火温度）。

（7）回火时的加热速度，一般可按设备功率选用，但对于高合金钢零件和一些大截面工件应适当限制加热速度，不超过工件淬火或正火时的加热速度，以免过大的内应力导致工件开裂。

（8）除了工艺规定的带温回火的工件外，一般淬火工件回火前需清理干净，否则在回火温度下，易引起表面腐蚀，盐炉淬火的工件尤应如此。

（9）对于回火后应快冷的工件，要真正做到快冷。因为操作者明知道回火要快冷，但出炉装冷却筐、行车起吊不及时等原因，往往造成回火后冷却不够快，所以对于回火后需要快冷的零件，在回火前就要充分做好操作上的准备，最好有回火加热和回火后冷却的通用工装。

（10）对于需要装筐回火的小零件，一筐不能装得太多、太挤，以保证回火后在冷却液中有足够的冷却速度。

25.4　钢的表面热处理

在动力载荷及摩擦条件下工作的齿轮、曲轴、活塞销、凸轮等，其表面层承受着比心部高的应力，在有摩擦的情况下还要受磨损。因此必须提高这些零件表面层的强度、硬度、耐磨性和疲劳强度，而心部仍保持足够的塑性和韧性，使其能承受冲击载荷。在这种情况下，若采用前述的热处理方法，就很难满足要求，这就需要进行表面热处理。表面热处理主要分为表面淬火和表面化学热处理两大类。

25.4.1　表面淬火

表面淬火是将工件的表面层淬硬到一定深度，而心部仍保持未淬火状态的一种局部淬火法。

（1）火焰表面淬火。火焰表面淬火法是用乙炔-氧或煤气-氧的混合气体燃烧的火焰，喷射在零件表面上，快速加热，当达到淬火温度后，立即喷水或用乳化液进行冷却的一种方法。

火焰表面淬火适用于含碳量 $w(C) = 0.3\% \sim 0.7\%$ 的钢，常用的有 35 号、45 号钢以及合金结构钢，如 40Cr、65Mn 等。如果含碳量太低，淬火后硬度低，而碳和合金元素含量过高，则容易淬裂。火焰表面淬火的淬透层深度一般为 $2 \sim 6 mm$。火焰淬火的设备简单，淬硬速度快，变形小，适用于局部磨损的工件，如轴、齿轮、轨道、行车走轮等，用于特大件更为经济有利。但火焰表面淬火容易过热，淬火效果不稳定，因而在使用上有一定的局限性。

（2）感应加热表面淬火。把零件放在纯铜管做成的感应器内（铜管中通水冷却），使感应器通过一定频率的交流电以产生交变磁场，结果在零件内产生频率相同、方向相反的感应电流，称为"涡流"。涡流能使电能变成热能，使工件加热。涡流主要集中在工件的表面,频率越高,电流集中的表面层越薄,这种现象称为"集肤效应"。利用这个原理,把工件放入感应器中,引入感应电流,使工件表面层快速加热到淬火温度后立即喷水冷却,从而获得细针状马氏体组织,这种方法称为感应加热表面淬火法。

按电流频率的不同,感应加热表面淬火可分为高频感应加热(频率为 100 ~ 500kHz)、中频感应加热(频率为 500 ~ 1000Hz)和工频感应加热(频率为 50Hz)。一般来说,高频淬火得到 1 ~ 2mm 深的淬硬层,中频淬火则得到 3 ~ 5mm 深的淬硬层,工频淬火能达到不小于 10 ~ 15mm 深的淬硬层。

25.4.2 钢的化学热处理

钢的化学热处理是将工件置于某种化学介质中,通过加热、保温、冷却的方法,使化学介质中的某些元素渗入钢件表面层,从而改变钢件表面层的化学成分和组织,进而改变表层性能的热处理工艺。

钢的化学热处理工艺种类较多,根据渗入钢件表面元素的不同和钢件表面性能的不同,可分为渗碳、渗氮、碳氮共渗。

(1)渗碳。渗碳是向钢件表面层渗入碳原子的过程,目的是使表面层的碳浓度升高,提高表面硬度和耐磨性,而心部仍保持一定强度及较高的塑性、韧性。根据渗碳介质的状态不同,渗碳可分为固体渗碳、液体渗碳和气体渗碳,而以气体渗碳应用最为广泛。渗碳通常采用碳含量 $w(C)$ 在 0.15% ~ 0.20% 的低碳钢或合金渗碳钢,主要用于表面要求高硬度、耐磨,心部具有足够强度和韧性,具有高的疲劳强度的工件,如齿轮、活塞销、轴类零件等。

渗碳层的表面碳浓度在 0.8% ~ 1.05%。渗碳层深度可以根据不同工件需要进行调整。渗碳后再进行淬火加低温回火,即可获得所需要的性能。

(2)渗氮。渗氮是向钢的表面渗氮以提高表面层氮浓度的热处理过程。常用的氮化方法是把氮气通入一定温度(一般温度为 500 ~ 560℃)密封炉中,氮气分解产生活性氮原子渗入工件表面。氮化以后工件硬度高(可达 HV 1000 ~ 1200),耐磨性高,氧化变形小,并能耐热、耐腐蚀、耐疲劳等。

38CrMoAl 是常用的氮化钢。氮化后不需要进行淬火处理。氮化的最大缺点是工艺时间较长。

(3)碳氮共渗。碳氮共渗(又称氰化)是将零件在炉温 850℃ 的环境下,通入含有碳和氮的气体,被零件表面吸收,并扩散成氰化层。零件通过碳氮共渗后表面有很高的硬度、抗疲劳性和耐磨性能,且零件变形量很小。缺点是准确控制工艺较难。

25.5 热处理新工艺简介

25.5.1 氮基可控气氛热处理

氮基气氛是 20 世纪 70 年代应付国际能源危机发展起来的新型热处理炉气氛。氮基气氛的含义很广,这里仅指以氮为主体,添加很少有机物或氧化介质组合而成的热处理炉气氛。氮基气氛在热处理生产中应用发展很快。

(1)用于光亮淬火。使用碳分子筛制取的氮经净化获得 99.999% 高纯氮气氛,用于高碳钢、合金钢等光亮淬火。T10 钢卷笔刀片光亮淬火所使用的氮基气氛是用氮气加乙醇制备的；35CrMo 钢标准件光亮淬火用氮气添加 2% 丙烷来制备氮基气氛。

（2）用于渗碳。氮基渗碳气氛目前已进入商品化阶段，有许多应用实例都说明氮基气氛代替 Rx 气氛进行低碳钢渗碳，不但在技术上可行，而且在经济上合理。

（3）用于碳氮共渗。在煤油与甲醇滴注入炉的同时，通入氨气，实现纺织机零件氮基气氛碳氮共渗的批量生产。该工艺具有产品质量好、操作简单、节能、环境污染少、经济效益显著等优点。

（4）用于光亮退火。采用碳分子筛，并经净化制取高纯氮气氛对不锈钢和硅钢作光亮退火，可降低成本。

25.5.2　真空热处理

真空热处理特别是真空淬火是随着航天技术的发展而迅速发展起来的新技术，它具有无氧化脱碳、质量高、节约能源、无污染等一系列优点。

工具行业正在开发研制加压气淬的真空热处理炉，以适应大截面高速钢工具的真空淬火，由于负压气淬的冷却速度对大截面的工具不足以抑制碳化物析出，而炉气（高纯氮）增压至 0.2MPa 以上时，可使淬火回火后心部与表面硬度达到 HRC64。对更大截面（≤150mm）的工具，则期望气压高达 0.5 ~ 0.6MPa。

25.5.3　离子轰击热处理

经过深入了解离子轰击的特点，适当改进离子渗氮设备，应用于离子渗碳、离子碳氮共渗、离子氮碳共渗、离子多元共渗和双层辉光渗金属等多种工艺。

（1）离子渗碳。利用离子渗氮炉进行无外加热源的离子渗碳，取得优质、高效、节能的效果，在 20CrMnTi 和 20Cr 钢伞齿轮、直齿轮和离合器片上得到应用。

（2）离子渗硫。离子渗硫时，硫化氢的输入量为 3% 左右，560℃、2h 处理后获得较厚渗层，该渗层具有良好的自润滑性，即使厚达 50μm 也不发生剥落。进行离子渗硫要充分考虑防爆、防毒，但只要工艺合理，对环境就不产生污染。

（3）离子氧氮硫三元共渗。在离子渗氮炉中可实现离子 O-N-S 三元共渗，操作简单，工艺稳定。用氮氢混合气加 SO₂ 气体作渗剂，容易调节氮氢比例，可得到适合的氮势。与常规处理及离子渗氮比，离子三元共渗刀具具有较好的耐磨性和抗咬合性，对高速钢机用锥铰刀的使用寿命可得到成倍提高，经济效益显著。

25.5.4　激光热处理

用高能激光束扫射金属零件表面时，被扫射的表面以极快的速度加热，使温度上升到相变点以上，随着激光束离开工件表面，表面的热量迅速向工件本体传递，使表面以极快的速度冷却，从而实现表面淬火。

25.5.5　电子束热处理

电子束加热是将从灯丝发出的电子流，经加速及聚焦后射向零件，使零件表面加热。电子束加热的作用和处理方式与激光加热基本相同，但零件表面不需要黑化处理，电光转换效率高达 90% 以上，因而这两点优于激光加热。由于电子束加热必须在真空设备中进行，零件表面质量也比激光加热好。

电子束热处理已在军用飞机涡轮主轴承环的滚道接触面及汽车零件上得到广泛应用。

25.5.6　太阳能热处理

利用高密度太阳能进行零件局部表面淬火的试验由我国首创。试验成果已应用到用 30CrNi3 钢制造的机枪枪机体的局部淬火的批量生产中。机枪枪机体需硬化的部位称为弹底窝，是凹曲面，火焰加热和感应加热均有困难，唯利用太阳能才满足了热处理技术要求。

25.5.7　镀层刀具

用物理气相沉积法（英文词首缩写为 PVD）在高速钢刀具表面镀覆一层厚度只有 1.5 ~ 5μm 耐磨损的金色硬顶氮化钛层，是 20 世纪 80 年代发展最快的高速钢刀具表面强化方法之一。镀层硬度可达 HV3000，摩擦系数小，不但可提高刀具使用寿命 3 ~ 10 倍，而且还可以精切 HRC 40 ~ 50 中硬齿面齿轮，可以切削耐磨合金和纤维塑料等难加工材料，减少调换刀具所引起的停工时间和减少废品。

目前涂层已不仅仅局限于氮化钛，还有 DLC 类金刚石涂层、TiCN 碳氮化钛涂层、TiAlN 氮铝化钛涂层、CrN 氮化铬涂层等。这些涂层涂覆在高速钢、硬质合金钢等基体上，以此提高刀具的性能，提高刀具使用寿命，改善切削质量，可实现高速高精密加工。

25.5.8　稀土元素催渗化学热处理

在渗碳、渗氮、碳氮共渗、氮碳共渗、渗硼、渗金属及多元共渗等化学热处理工艺中，我国率先研究将稀土元素作为催渗剂来应用，并研究稀土元素的渗入机制和催渗机理，引起国际有关学者瞩目。如 CNRE 型滴注式稀土碳氮共渗剂，对 20CrMnTi 钢齿轮碳氮共渗处理（860℃，8 ~ 8.5h），渗后深度达到 0.95 ~ 1.08mm，若不添加稀土催渗剂，要达到同样深的渗层，需要 10 ~ 11h。由此可知，稀土元素能加速化学热处理过程，使上述齿轮的处理周期缩短 25%。

稀土元素在碳氮共渗过程中，不仅具有催渗效能和强烈的微合金化作用，还由于稀土元素与氧有极强亲和力，使碳氮共渗工件不发生氧化，渗层中不出现黑色组织。

25.5.9　亚温淬火

亚温淬火是结构钢强韧化的有效途径。中碳结构钢略低于 A_{c3} 淬火，保留少量铁素体，可在不降低强度的条件下，显著提高室温和低温冲击韧性，降低冷脆转变温度和抑制可逆回火脆性。

25.5.10　强韧化热处理

凡是可同时改善钢件强度和韧性的热处理，总称为强韧化热处理，主要有以下三种：

（1）获得板条马氏体的热处理。除选用含碳量低的钢种外，还可以通过以下方法获得板条马氏体：

1）提高中碳钢的淬火加热温度，即把淬火加热温度提高到 $A_{c3} + (30 \sim 50)℃$ 以上，使奥氏体成分均匀，达到钢的平均含碳量而不出现高碳区，从而避免针状马氏体的形成。

2）对于高碳钢采用快速低温短时加热淬火，目的是减少碳化物在奥氏体中的溶解，尽量使高碳钢中的奥氏体获得亚共析成分，有利于得到板条马氏体；同时因为温度降低，奥氏体晶粒细化，对钢的韧性也有利。

（2）超细化处理。这种热处理使钢在一定温度下，通过数次快速加热和冷却等方法来获得细密组织。每次加热、冷却都有细化组织作用。碳化物越细小，裂纹源越少；另外，基体组织越细，裂纹扩展时通过晶界阻碍越大，所以能够起强韧化作用。

（3）获得符合组织的热处理。通过调整热处理工艺，使淬火马氏体组织中同时存在一定量的铁素体或下贝氏体或残余奥氏体。这种符合组织往往不明显降低强度而能大大提高韧性。

25.5.11　超塑形变热处理

超塑性成形与热处理相结合，构成节能、省料、高效、优质的超塑形变热处理工艺。某些金属在一定的组织条件并在特定的变形条件下具有超乎寻常的高塑性。

3Cr2W8V 钢超细化处理工艺如图 8-28 所示。首先在 $1150 \sim 1170℃$ 进行固溶处理及 $750℃$ 高温回火细化其碳化物，然后在 $950℃$ 进行快速加热循环淬火 $2 \sim 3$ 次，以细化基体晶粒，最后在 $750℃$ 回火 1 次以消除内应力。这样得到的基体

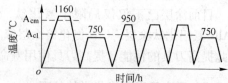

图 8-28　3Cr2W8V 超细化工艺曲线

晶粒为 $2 \sim 3\mu m$，碳化物尺寸为 $0.2 \sim 0.5\mu m$。3Cr2W8V 钢热锻模经超细化处理后，在 $800℃$ 温度下，涂以玻璃保护润滑剂，以 $0.1 \sim 0.5mm/min$ 的压下速度超塑成形获得型腔后，去掉载荷及压头，继续升温至淬火温度保温，顶出后进行淬火并回火。这样处理的热锻模，加工成本节约 31%，模具型腔具有足够的尺寸精度和表面粗糙度，使用寿命提高 3 倍以上。

25.5.12　流动化热处理

流动化热处理在国外又称蓝热，其原理如图 8-29 所示。隔板只能通过气体，不能通过粉末。在隔板上撒一层 Al_2O_3 或 Zr 砂粉，并从底部送气，粉末就像气体一样流动。这种热处理使用范围大，能送入各种气氛，可进行渗碳、渗氮等，逐渐代替熔融盐、水、油、空气冷却，可用于分级淬火和高速钢的淬火。

25.5.13　循环热处理

循环热处理与一般热处理的区别是在恒温的温度下没有保温时间，在循环加热和以适当速度冷却时多次发生相变，如图 8-30 所示。每一牌号的钢加热循环数由试验方法确定。这种热处理可大大提高钢和铸铁的性能。

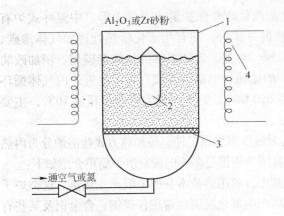

图 8-29 流动化加热示意图
1—容器；2—零件；3—隔板；4—电阻丝

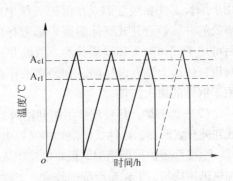

图 8-30 中温循环热处理工艺曲线

单元 26 热处理设备及操作技术

热处理设备是完成热处理操作的工艺装备。对热处理设备的要求，不仅要保证工艺参数的实现，还要求生产效率高、成本低、节能、环保和减轻体力劳动等。这些都是选择和使用热处理设备时必须考虑的。

26.1 热处理设备及结构

26.1.1 加热设备结构与操作

加热设备指各种热处理炉。热处理炉可按以下几种方法分类：

（1）按热能来源可分为电阻炉、燃料炉。

（2）按工作温度可分为高温炉（>1000℃）、中温炉（700～1000℃）、低温炉（<600℃）。

（3）按工作介质可分为空气炉、盐浴炉、保护气氛炉、流动离子炉、真空炉。

（4）按工艺用途可分为退火炉、正火炉、淬火炉（淬火预热炉、淬火加热炉、淬火冷却炉、等温淬火炉）、回火炉、化学热处理炉。

（5）按外形和炉膛形状可分为箱式炉、井式炉、台车式炉、推杆式炉、转底式炉、底式炉。

（6）按作业方式和机械化程度可分为周期作业炉、半连续作业炉、连续作业炉。

各种热处理炉的结构分述如下：

（1）电阻炉。电阻炉是用电阻发热体（如电阻丝、盐浴电阻）供热的一种炉子，结构简单，操作方便，成本低，主要分为箱式及井式两种。

1）箱式电阻炉按使用温度不同分为高温和中温箱式炉，适用于单件、小批量工件的热处理。高温箱式炉温度可达 1300℃，用于高合金钢的淬火加热。中温箱式炉主要供普通钢件在空气或保护气氛中进行热处理，其最高工作温度为 950℃。

2）井式电阻炉按使用温度有渗碳炉、中温和低温井式电阻炉之分。井式气体渗碳炉最高使用温度950℃，主要用于渗碳、氮化蒸汽处理、保护退火及淬火等。中温井式炉有用于细长工件在空气中或在保护气氛中加热的井式炉，还有用于化学热处理如气体渗碳、渗氮的井式炉。井式气体渗碳炉都带有马弗罐，专供工具和工件的气体渗碳用。稍加改装后可用于气体渗碳和碳氮共渗。低温井式炉的结构与中温炉类似，为了促进炉内气体循环对流，炉盖上装有电风扇。在最高工作温度650℃时，炉膛内最大温差不超过10℃，主要用于钢件的回火加热。

（2）盐浴炉。热处理盐浴炉利用熔盐的对流作用加热工件。按加热方式盐浴炉分为内热式和外热式两类。内热式盐浴炉中又以电极盐浴炉用得最多。电极盐浴炉简单介绍如下：

电极盐浴炉采用钢制电极将电流引入熔盐中，利用熔盐本身的电阻产生热量。这类炉子加热迅速均匀，工作温度范围较宽，工件不易产生氧化脱碳，常用作碳钢、合金钢及某些有色金属的热处理。电极盐浴炉分插入式电极盐浴炉和埋入式电极盐浴炉两种。插入式电极盐浴电极由盐炉上方插入熔浴中，更换比较方便，常用低碳钢加工而成。其坩埚用耐火砖或耐火混凝土砌筑。炉膛截面有长方形、方形、圆形及多边形等形状。插入式电极盐浴炉的结构如图8-31所示。为节约电能和提高工作室利用面积，埋入式电极盐浴炉的电极在筑炉时预先埋装在炉衬中。专业厂生产的埋入式电极盐浴炉有单相和三相两种。

（3）燃料炉。燃料炉按燃料种类不同分为固体燃料炉、液体燃料炉和气体燃料炉三类。固体燃料炉用煤作燃料，液体燃料炉用油作燃料，气体燃料炉用煤气或天然气作燃料。煤气炉按炉膛和外形结构不同分为箱式和井式煤炉两种。煤炉按炉子燃烧室的布置方式有底燃式和侧燃式煤炉之分，用于铸件退火、正火及淬火和固体渗碳。油炉的最高工作温度为1200℃，可供中、小型工件的正火、淬火和回火用。

（4）可控气氛炉。常用可控气氛热处理炉有井式炉、周期式多用炉、震底式炉和推杆式炉几种类型。这里简要介绍周期式炉，主要进行光亮淬火、正火、退火、渗碳、碳氮共渗等多种热处理工艺。

（5）真空炉。真空炉是依靠辐射作用加热工件的一种热处理设备。真空炉有外热式和内热式两种，大量使用的是内热式真空炉。内热式真空炉按其结构又分为单室、双室、三室及连续作业型几种。图8-32为淬火及渗碳两用双室卧式真空电炉的结构图，其辅助设

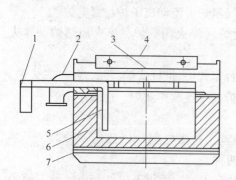

图8-31　插入式电极盐浴炉的结构

1—接变压器的铜排；2—风管；3—电极上
连接启动电阻处；4—炉盖；5—电极；
6—炉衬；7—炉壳

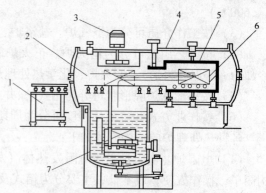

图8-32　淬火及渗碳两用双室卧式
真空电炉的结构图

1—手推车；2—气冷室；3—电风扇；4—炉壳；
5—加热室；6—推车；7—淬火油罐

备如真空泵、变压器和电控箱等未列入图中。炉壳的内、外壁用低碳钢板焊接而成，两壁夹缝中可通入冷却水。加热室与冷却室之间用石墨毡隔开，电热元件为石墨管。工件冷却可以采用气冷，也可以采用油冷。

真空气体渗碳最主要的优点是所得到的渗碳层具有特别好的重现性和均匀性，加工后的工件像加工前一样清洁光亮。主要用于各种活泼金属、难熔炼金属和某些合金钢的光亮淬火、真空退火、真空钎焊、烧结和真空化学热处理等。

（6）淬火机。

1）普通淬火机。普通淬火机是通过机械化或自动化操作实现工件淬火的机床。图8-33为轴承套圈淬火机，淬火机用支架横梁悬吊在淬火槽中，利用吊车将工件送到淬火机的两个辊子上，由电动机经链轮和惰轮带动转动。冷却结束后停止转动，将工件吊出。隔架可防止工件转动时倾斜。

2）加压淬火机。在普通淬火机上淬火冷却时，工件处于自由状态，加压淬火机则

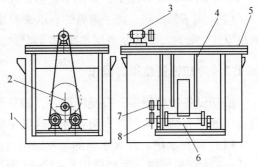

图 8-33　轴承套圈淬火机
1—淬火槽；2—工件；3—电动机；4—隔架；
5—支架；6—辊子；7—惰轮；8—链轮

使工件处于压力下淬火，故能有效防止工件变形。这种机床常用于齿轮、锯片、离合器片等环形或薄片形工件的淬火。图 8-34 为锯片加压淬火机，油缸所产生的压力将工件压紧在上、下压平板间，在两个加压平板上沿同心圆分布着许多喷油支承钉，它们以点接触形式压紧锯片并从孔中喷油冷却，冷却油槽收集冷却油并使其循环使用。

3）淬火压力机。淬火压力机常用于细长轴、棒料和各种型材的加压淬火。图 8-35 所示为淬火压力机整个安装在淬火槽上，工件被夹持在压辊之间，各辊由电动机通过传动机构带动旋转，使工件在受压状态和转动状态下淬火。辊可借助油缸作用处于压紧或松开位置。锭杆加热后自动送到压辊之间，立即启动油缸将其夹紧，并在转动过程中供油冷却。

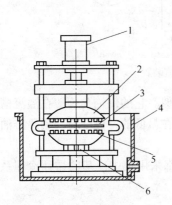

图 8-34　锯片加压淬火机
1—油罐；2—上压平板；3—工件；4—油槽；
5—下压平板；6—喷油支承钉

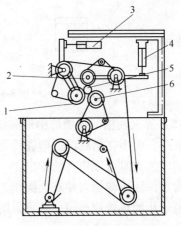

图 8-35　锭杆淬火压力机
1，2—动压辊；3，4—油缸；
5—工件；6—定压辊

淬火后，松开压辊，锭杆自动落入油槽。

4）淬火压力校正机。这种淬火机用于形状规则的小件，工件先进行热校正，然后加压淬火。如曲轴淬火压力校正机，是将加热后的工件先放在上、下压滚轮间热校正，然后浸入油中淬火。

5）成形淬火机。成形淬火机是使工件同时成形和淬火的设备，可在淬火的同时实现弯曲、挤压等热成形加工，常用于板簧、拉杆等零件的成形淬火。

（7）离子渗氮炉。离子渗氮炉有罩式和井式两类。井式炉主要用于长杆零件，一般零件采用罩式炉处理。炉体是双层水冷的圆筒形结构，工件放置在阴极托盘（固定在炉底）上。

26.1.2　冷却设备结构与操作

冷却设备种类很多，有缓冷设备，如分级冷却用的浴炉和冷却坑、冷却室等；有急冷设备，如淬火槽、喷射淬火设备等。这里主要介绍急冷设备。

（1）淬火水槽。淬火水槽的基本结构可制成长方形、正方形、圆形等形状。水槽可由 3～5mm 的钢板焊成，大型槽用 8～12mm 钢板制造，有时还需要角钢加筋。淬火水槽均有循环功能，以保证冷却介质温度不超出规定并节约资源。为了使冷却介质不溢出槽外，在槽上部设置溢流槽或溢流管，在槽下部有一淬火液进入孔。溢流装置如图 8-36 所示。

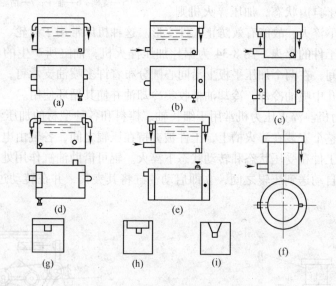

图 8-36　常见淬火槽的溢流装置

（2）淬火油槽。油槽的槽形和结构基本和水槽相似。它的供油孔一般在溢流槽相对的槽壁下部，而不在槽底部。槽底约有 3°的倾斜度，并在最低的一侧壁有一紧急排油孔，以便在油槽失火时可很快将油排出。

为了保证冷却能力和安全操作，一般热处理车间都采用集中冷却的循环冷却系统。生产规模较小的热处理车间一般可采用自然冷却。

26.1.3　辅助设备结构与操作

热处理车间的辅助设备主要有清洗、清理和校正设备等。

（1）清洗设备。清洗设备的主要作用是去除工件表面的油污、残盐和其他污物。常用的清洗设备有清洗槽和清洗机。清洗槽为用蒸汽直接加热或用蛇形管加热的水槽，淬火后的工件浸入槽中进行煮洗直至清洁。清洗机适用于规模较大的生产。

（2）清理设备。清理设备主要作用是消除工件表面的氧化皮和锈迹等污物，使工件表面清洁光亮。常用的清理设备有酸洗槽、喷砂机和抛丸机等。吸力式喷砂机应用最广。

生产中使用的喷丸机有转台式和传送带式两种。Q3525A 型转台式喷丸机其转台直径为 2500mm，可清理工件的最大尺寸为 1000mm × 700mm × 400mm，一次最大装载量为 2000kg。

（3）校正设备。校正设备主要用于校正已变形的工件，热处理车间常用的校正机有手动压力机、液压校正机和回火压床等。

手动压力机常用于校正直径 10 ~ 30mm 的工件；回火压床可校正和处理直径为 250mm、厚度为 3mm 左右的工件。

26.1.4　常用热处理工夹具

在热处理中，一般都要采用各种各样的工夹具。其主要用途是夹持工件，以便于加热、冷却，减小或限制工件在加热或冷却时的变形，对已变形的工件予以校正等。

常用的热处理工夹具有淬火架、淬火挂（吊）具、渗碳挂具、淬火篮筐等。

（1）淬火架：主要用于轴形工件垂直装夹和环状工件的平装。

（2）淬火挂（吊）具：用于盐浴炉中加热时绑扎工件的多件吊淬和轮辐较宽的齿轮或环状工件的立淬。

（3）渗碳挂具：用于渗碳件的装夹。根据炉型和工件形状不同分为整体式和组合式两种。整体式只能用于固定一种或几种工件；组合式则适应性较大，常用于多品种生产的连续作业炉或周期炉等。

（4）淬火篮筐：用于盛装短小的圆柱状、球状及其他小型工件，以便加热淬火。

（5）塞子、心轴、套圈等：适用于具有花键孔及凸出端的齿轮淬火（塞入孔中或套在凸端上），以降低工件的花键孔、凸端等部位的冷却速度，从而减小变形。

（6）压力淬火、压力回火模具：适用于薄形齿轮、齿圈和片状工件在加压下淬火或回火，以限制其变形。

26.2　热处理设备操作与维护技术

26.2.1　箱式电炉操作与维护技术

（1）开炉前准备：

1）检查电器控制箱内是否有工具或其他导电物质，炉内若有遗忘工件存在应及时清除。

2）合闸后检查电器开关接触是否正常。

3）检查温度控制仪表工作是否正常，并打开其开关，使其处于工作状态。

（2）开炉生产：

1）将温度自动控制仪表按工艺要求定好温度。

2）将控制"手把"放在自动控制的位置升温。

3）冷炉升温，到温后保温 2h 即可装入工件，连续生产，允许连续装炉。

4）零件在炉内应置放均匀、平稳，不允许零件和电热丝接触。

5）严格按工艺规程进行操作。

（3）停炉，关上仪表开关，并拉开电源刀闸。

（4）操作注意事项：

1）炉温高于 400℃时不允许大开炉门剧烈冷却。

2）最高使用温度不超过 950℃。

3）装炉量不可过大，引起温度降低不应大于 50℃。

4）装炉时不要用力过猛，以免损坏炉底。

5）经常注意仪表和电器控制箱的电器工作是否正常。

6）新安装或大修的炉子，装修好后在室温放置 2~3 昼夜，经电工用 500V 兆欧表检查三相电热元件对地（炉外壳）的电阻大于 0.5MΩ 时方可送电，并按以下工艺通电烘烤：

100~200℃	15~20h	炉门打开
300~400℃	8~10h	炉门打开
550~600℃	8h	炉门关闭
750~800℃	8h	炉门关闭

烘炉过程中将炉壳盖板取下，使砌体内的水蒸气易于散出。

7）新大修或新安装的炉子使用一个月后，应检查炉顶处的硅藻土的状态，如陷下去应再填满。

（5）电炉维护：

1）经常注意炉衬、电阻丝托板砖，发现损坏及时修理。

2）经常检查电热丝的情况，如发现两根间有接触情况应及时分开。

3）每月检查电阻丝引出杆的夹头紧固情况，清除氧化皮并及时拧紧夹头。

4）每星期打扫炉内，清除氧化物及丢在炉内的零件。

5）经常检查炉门起重钢丝绳的使用情况，发现损坏要及时更换。

26.2.2　井式回火电炉操作与维护技术

（1）开炉前准备：

1）检查电器控制箱和炉内是否有能引起电源漏电的危险东西，并予以取出。

2）开闸后检查控制箱内的电器和仪表工作是否正常，并打开仪表开关，使其处于工作状态。

（2）开炉生产：

1）将温度自动控制仪表按工艺要求定好温度。

2）将控制柜"手把"放在自动控制的位置，启动风扇，供电升温。

3）冷炉升温，到温后保温 2h 即可装入工件（连续生产，允许连续装炉）。

4）零件出炉应拉闸断电，在风扇停止转动后，使用手压泵或开启泵液压管路的阀门和开头或扳动气动开头提升炉盖。

5）用吊车小心地将零件装入装料筐或其他夹具，使其高于炉的中心线，并注意装入的零件不与风扇相碰。

6）关上炉盖，使炉盖边重合在石墨盘条的槽内，保持炉盖的水平。

7）按工艺规定进行操作。

（3）使用注意事项及维护：

1）炉温最高不超过650℃。

2）装入零件勿高于装料筐上端。

3）严禁潮湿零件和带油污的零件放入炉内。

4）不允许风扇停止转动或出现异常时继续通电加热。

5）每月打扫一次炉膛，清除氧化皮及其他污物。

6）不允许在炉温高于400℃时打开炉盖剧烈冷却。

7）每月检查接触线夹上的螺栓紧固情况，并及时清除氧化皮以免接触不良。

8）每月对控温表和热电偶进行检查、标定。

9）每月对炉盖升降机构、风扇轴承等进行加油润滑。

26.2.3　电极盐浴炉操作技术

（1）操作与维护：

1）在使用新炉前，必须将炉体烘干，方法是在炉胆中燃烧木炭或木柴，或者用电阻发热体通电烘干。

2）为防止盐蒸气的有害作用，炉子应设有抽风装置，操作人员须注意个人防护。

3）炉壳和变压器必须接地。

4）干活前做好准备工作，检查仪表、热电偶、电极及辐射镜的冷却系统等是否正常，然后升温加盐，准备脱氧剂。

5）对添加的新盐及校正剂，入炉前须事先将其烘干，并以少量分批加入；工件和工卡具也应在干燥状态下入炉，以避免熔盐遇水飞溅。

6）盐浴面应经常保持一定的高度，盐面至炉膛口边缘的距离一般为50～150mm。

7）废弃不用的溶剂，由盐浴中捞出炉渣，报废的工卡具和坩埚等妥善处理。

8）定期校正温度，检测盐浴内氧化物含量。

（2）使用注意事项及维护：

1）炉内及温度控制屏应经常保持清洁，每班后打扫卫生。

2）操作时经常注意控制屏上的红绿灯是否正常。

3）变压器及炉子外壳应可靠接地，电流引入处用罩子盖好。

4）在调节变压器电压时，必须先拉闸断电。

5）中断停止工作时应将变压器调至低温保温。

6）在长时间使用时，炉子使用温度不得超过如下规定：

碱浴炉	300℃
硝浴炉	580℃
高速钢分级炉	800℃
中温盐炉	950℃
高温盐炉	1350℃

7）工件、夹具、钩子、掏盐勺等在入盐炉前须烘干，除去水分。

8）工件、夹具与电极距离应大于 30mm。在一般情况下工件不得与炉底接触。

9）夏季开炉前应检查电器部分有无漏电。

10）工作时应开抽风机。

11）操作时戴好手套、眼镜及其他劳保用品，以免烧伤。

12）操作高温盐炉时，应戴有色防护眼镜。

13）新炉使用前，须用启动电阻进行烘干，时间不少于 32h。

14）向盐浴补充新盐时，应徐徐加入，不应一次倒入（盐浴凝固时除外）。

15）硝盐着火后，禁止使用泡沫灭火器来灭火，以免发生爆炸，应用干砂灭火。

16）为防止损坏变压器，长时间使用时电流不得超过额定值。

17）中、高温盐浴炉每天停炉前捞渣。

18）高温盐浴工作时电极通冷却水。

26. 2. 4　燃烧炉操作与维护技术

（1）煤炉的操作与维护：为保持燃烧正常，煤粒大小要均匀，一般为 50～60mm 以下。使用前数小时应根据煤质的不同加水润湿，以利于燃烧时减少煤粉的飞散损失，加水量应控制在 10% 以内。为减少煤耗和减小炉温波动，应根据燃烧室结构及煤质好坏，制定出合理的添煤、透矸、出渣和供风方法。

（2）油炉的操作与维护：

1）点火前排除贮油槽和输油管中的水分，清除过滤器中的杂质。

2）用蒸汽或压缩空气清除油嘴上的脏物。

3）向贮油槽及蒸汽管中通入蒸汽将燃油加热到规定温度。点火时打开炉门及烟道闸门，启动风机，调整好风压，然后关闭前风阀或停止风机。将火把放入点火孔或油嘴前端加热少许时间，然后稍稍打开风阀，供给少量空气，再慢慢打开油阀放油点火。点燃后再加大油量和风量。为避免事故，禁止向炉膛内投掷火把点火。

4）熄火时逐个关闭油嘴的油阀，然后关闭风阀并停止风机运转。

（3）煤气炉的操作：与油炉相似。

26. 2. 5　离子渗氮装置操作技术

离子渗氮装置是利用低真空辉光放电，氮、氢离子轰击工件，使之升温，同时渗氮的化学热处理设备。当通入其他气体时，则可进行氮碳共渗、硫氮共渗、渗碳或其他化学热处理。

操作本装置的人员，应经过培训，掌握化学热处理辉光放电的基本知识，会操作装置的真空、供气、供电系统，熟知有关的安全技术。

（1）启动前的准备工作：

1）检查设备供电、保护接地是否正常，检查调整各种仪器、仪表至正常工作状态。

2）炉罩内充气气压与大气压相等时，才允许起吊炉罩或炉盖。

3）检查真空机械、供气系统和冷却系统是否正常，真空泵应注真空泵油至油标，各种管道、阀门不允许有渗漏。

4）清洗、干燥待渗工件。

5）清洗炉罐内部，擦净全部瓷瓶。

（2）装炉：

1）操作人员应戴上清洁手套，按工艺规程规定将工件装炉，工件不得沾染油污。

2）同炉处理的工件，有效截面厚度及渗层要求应尽可能相同。

3）根据试验或工艺规定的位置，放置试样，布置好阳极和辅助阴极，在规定部位布置测温装置。

4）装炉就绪，复查无误后，平稳落下炉罩或炉盖，接好真空计，连好供气、冷却水及真空管道，以真空封泥密封与真空有关联的管路接头等处，保证设备密封良好、漏气率至最小。

（3）启动设备：

1）开始抽真空时，应缓缓打开控制蝶阀，避免真空泵大量排气时，发生喷油现象。

2）按工艺规程调整设备的供气、供电、真空度等参数，按规定由多至少逐渐减少限流电阻，保证设备自动可靠地灭弧，发生不能正常灭弧或过流现象时，应立即检查处理，必要时应停电、放气、起吊炉罩或炉盖检查处理，消除打弧或过流故障后，再重新启动设备。

3）工件升温200℃后，通冷却水、出水温度应控制在40～60℃，以节约用电和有效地冷却保护橡胶密封件。

4）随时调整设备的各种参数，保持在规定范围内，并按规定做好设备运行记录。

（4）停炉：

1）保温完毕，即可停炉冷却。停炉时，先停止供气：关闭气瓶、液罐后关闭管道阀门，然后关闭流量阀。随后停止送电，切断高压电源，将有关操作旋钮、手柄、开头回复至起始位置。

2）在排空炉罩内残余气氛后，停真空泵，关闭抽气蝶阀。无电磁放气阀的设备，在关闭抽气阀后，应打开手动放气阀，使真空泵抽气端连通大气，避免泵油倒流。

3）工件温度降至200℃以下时，停冷却水。工件温度降至150℃以下，可以向炉内放气，气压与大气相等后，即可起吊出炉。

4）要求缓缓降温的零件，应带辉光冷却，此时应以小电流维持微弱辉光，缓缓增大冷却流量，使工件降温，当工件温度降至200℃以下时，再按前条规定停炉。

5）开启炉罩或炉盖后，先检查试样，合格后再将工件出炉，并按质量检验规程验收工件。操作人员应将检验结果记录在设备运行记录上。

（5）使用安全事项：

1）设备的电气保护接地装置应完善可靠。各控制仪表不得失灵，否则应及时修换，禁止设备带病工作。

2）开启炉罩或炉盖时，应断开设备总电源，绝对不许在开启炉罩或炉盖时，向炉内送电。电气设备周围应设防护栅栏，并有醒目警告标志。发生电击伤事故时，应按触电抢救规定积极抢救，不得延误。

3）对气瓶等压力容器，应按高压容器的安全规程，定期检查修理，不准带病工作，液氨瓶接头及管道发生泄漏时，应关闭阀门处理，泄漏严重时，操作人员应戴上浸透水的多层口罩和防护风镜，将气瓶中的氨通入水中，以减少污染和伤害。

4）可燃气气瓶周围，严禁烟火靠近，设备附近应配置足够的二氧化碳或四氯化碳灭火器材。

5）对起吊设备要确保其安全可靠，不准冒险操作，不准在吊起的炉罩或炉盖下站人或操作。

6）设备的维修应设专人，分别按电器、通用机械和压力容器维修规程进行大、中修，日常的维修保养工作由设备操作人员负责，并接受设备部门的检查指导。

26.2.6　淬火槽的操作与维护技术

（1）淬火槽距离工作炉一般在 1 ~ 1.5m 之间，淬火时注意防止冷却介质溅入盐浴炉中，以免引起盐浴爆炸伤人。

（2）淬火槽要保持一定的液面，经常检查冷却液温度，盐水冷却时检查介质浓度。

（3）淬火油槽设置罩盖、事故放油孔和灭火装置，注意安全操作。

（4）定期将水、油槽放空，清除槽内的氧化皮、油泥等污物。

26.2.7　喷砂机操作与维护技术

（1）喷砂机由专人负责维护保养。

（2）保持设备清洁。

（3）喷砂时空气压力不超过 0.5MPa，喷砂时先放净管内水分再喷砂。

（4）喷砂完毕注意关闭电动机，关压缩空气，关灯。

（5）经常加进新砂，新砂加入前一定晾干。

（6）超过 10kg 的零件，不能装入喷砂机内（过重、过长的零件不能喷）。

（7）每季度彻底清理一次砂坑和储砂室。

（8）喷砂时一定开抽风机，开喷雾水。

（9）机械部分出故障，应停止使用，待维修人员修好后再继续使用。

26.3　热处理操作应用

实例：本节以某厂连续淬火操作模式为例介绍热处理的操作应用。

（1）热处理工艺流程，见图 8-37。

（2）操作模式。

1）连续淬火操作模式。在连续淬火操作模式中，钢板将以恒定速度从淬火炉通过淬火机到输出辊道。钢板输送速度取决于钢板厚度。恒定速度通过调节淬火炉输出辊道电机、淬火机传动电机和输出辊道电机同步性获得。钢板通过淬火机时将通过淬火水所有区域。

淬火水第一区域为高压区，包括两排水帘：一排水帘快速激冷钢板上表面，一排水帘冷却钢板下表面。通过该区后到达其他高压段，该区分为两段以便允许有较大的板形控制。高压段的目的是以大流量紊流水冷却钢板表面以便在高压区获得均匀的淬火效果。

在高压区之后是三段低压区，低压区操作数量取决于钢板的厚度和同时淬火钢板的产量。低压区的目的是进一步带走从钢板中心传导到表面的热量以防止余热回火。

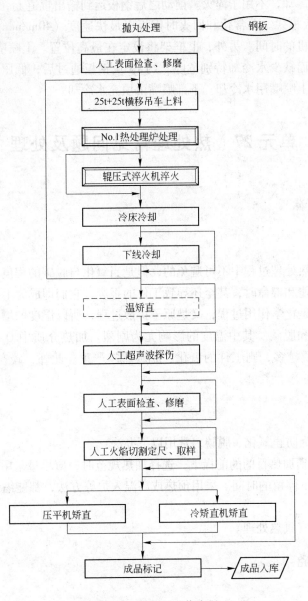

图 8-37　热处理工艺流程

　　在连续淬火过程中，淬火机上辊道降低使钢板和上辊道接触，这样可保持钢板平直度。

　　2）连续加摆动操作模式。连续加摆动淬火是连续淬火的延伸，随着钢板厚度的增加钢板通过淬火机的速度将降低，淬火速度减少到最小约 0.5m/min。然而，如果钢板厚度约 50mm 将要以 3m/min 处理，钢板在输出辊道将由于钢板中心热量传导到表面而出现余热回火。为克服上述淬火影响，淬火机将自动在限定的低压区摆动钢板，摆动时间由优化计算机设定。

　　3）摆动操作模式。该种模式只在低压区冷却钢板。框架必须在高位。钢板以最大速度从淬火炉输送到低压区。如果到达低压区末端，钢板开始在低压区摆动，喷水系统投入。该模式仅用于冷却，不用于淬火。摆动之后钢板运到输出辊道上。

4）常化和回火模式。在常化和回火时钢板以最快速度（40m/min）通过淬火机以缩小钢板热辐射淬火机的时间。另外，上框架将设定在最高位置。上喷嘴不同于下部喷嘴，由于水系统阀关闭而缺少水冷却特别危险。约 15 块钢板通过后，低压区到高压区的 7 个保护旁通阀打开，上喷嘴用水冷却。下部喷嘴由填充水冷却。

单元 27 热处理常见问题及处理

27.1 氧化和脱碳

27.1.1 特征

氧化和脱碳是热处理过程中不可避免的，但是当氧化与脱碳的程度达到严重损害工件热处理后的使用性能和寿命时，甚至还导致工件的报废，它们即成为不可允许的缺陷了。

氧化和脱碳既是化学作用过程，又是原子扩散过程，所以温度的增加和时间的延长都将加剧工件的氧化和脱碳。其中温度的影响尤为剧烈。加热介质中 O_2、CO_2、H_2O、SO_2 及 CO 等氧化性物质越多，则工件的氧化、脱碳就越严重。此外，碳素钢的含碳量越高，其脱碳倾向性越强。

27.1.2 控制

目前在生产中为防止氧化、脱碳，常用以下办法：

（1）在保证达到加热目的的前提下，选择加热规范时，应尽量采用较低的温度，尽可能缩短工件在高温下停留的时间。采用预热或高温入炉等方法，都能缩短加热时间，减少氧化、脱碳。

（2）采用可控气氛热处理。

27.2 过热和过烧

27.2.1 特征

在钢的热处理时，加热温度过高或高温停留时间过长，造成奥氏体晶粒显著粗化的现象，称为过热。过热的钢不仅在淬火时容易引起变形和开裂，更重要的是明显地降低了其力学性能，而且塑性、韧性的降低尤为明显。

钢的加热温度实在太高，晶界被严重氧化甚至熔化的现象，称为过烧。钢一旦过烧，根本无法挽救，只能报废。

27.2.2 控制

预防过热和过烧的方法是：

（1）严格控制加热温度和保温时间。

（2）经常检查仪表的准确程度，防止因仪表失灵而超温。

（3）经常观察炉膛火色，看其是否与所需的加热温度相符。

对过热的工件，应进行 1～2 次正火或退火处理，使钢的晶粒变细后，再按正确工艺淬火。但这样并不是在任何情况下都是可行的，仅仅是多次高温加热所引起的氧化、脱碳以及变形，对大多数工件来说，都是不能允许的，所以最重要的还是在加热过程中，恰当地选择加热规范，则过热完全是可以防止的。

27.3　淬火变形和开裂

27.3.1　特征

淬火马氏体的体积较其他组织都大，淬火后的工件均发生体积膨胀，由于体积变化和在工件各部分加热冷却的不均匀，形成的淬火应力将导致工件发生不均匀的塑性变形，从而使工件发生畸变或弯曲。当淬火应力在工件内超过材料的强度极限时，在应力集中处将导致开裂，可见淬火内应力的存在是造成工件变形与开裂的根本原因。

27.3.2　影响淬火变形的因素

影响淬火变形的因素有：

（1）钢的化学成分。钢的成分主要通过对淬透性及 M_s 点的影响而影响工件的变形。钢的淬透性高时，临界冷却速度较小，如淬火时可采用较缓慢的冷却介质，因而其热应力就相对小一些；淬透性低时，淬火时要采用较为剧烈的冷却介质，因而在工件截面造成的温度差也增大，变形加剧。

（2）原始组织。淬火工件的原始组织中，带状碳化物、碳化物偏析、粗大的珠光体以及过大的冷加工应力，都使变形增加。在某些工模具钢中，为了增加耐磨性，常使钢中含有较多的碳化物，在锻轧过程中，这些碳化物的分布往往具有方向性，形成所谓"带状碳化物"。由于带状碳化物的存在，淬火变形也产生了方向性，即沿带状方向伸长较多，沿垂直带状方向伸长较少。碳化物的偏析越严重，变形的不均匀性也越显著。此外，球化组织比片状珠光体的淬火变形小，调质得到的索氏体组织也可以减少淬火后的变形。

（3）淬火温度。随着淬火温度的提高，热应力将增大，在实际生产中，为了减少热应力经常用预冷的办法。对于碳素钢与低合金钢来说，提高淬火温度淬透性也增加，从而使大截面的工件淬硬层的深度增加，同时，组织应力也增加。对于中、高合金钢，提高淬火温度，使 M_s 点较明显地下降，故淬火后残留奥氏体量增加，组织应力减少。

（4）工件大小及形状。工件的壁厚越大，则在一定的条件下其淬透层越薄，因而热应力的作用就越大，反之，则以组织应力引起变形为多。一般来说，当工件截面对称、厚薄相差不大时，变形比较规则；而截面不对称、厚薄相差悬殊时，工件各个部分的冷却很不均匀，则将引起很大的热应力和组织应力，从而造成工件的不规则变形，工件的形状千变万化，难以得出确切的变形规律。通常棱角和薄边部分冷却较快，凹角和较窄的沟槽冷却较慢。

（5）淬火冷却介质及淬火方法。在获得相同硬度及相同组织的情况下，比较缓和冷却介质所引起的淬火变形总是要小一些（包括热应力和组织应力引起的变形）。因此在尽可能的情况下，应该取冷却速度较小的淬火介质　在淬火方法中，分级淬火、等温淬火以及预冷淬火等都能有效地减少淬火变形。

27.3.3　淬火变形、开裂防止措施

为了减少及防止淬火变形和开裂，首先要提出合理的要求，设计工件时要注意结构形状的对称性，并要制定出合理的热处理工艺；其次要严格执行热处理工艺规范，并在容易变形的工艺环节采取必要的预防措施。因此在热处理方面必须注意下述问题：

（1）控制加热速度。尽可能做到加热均匀，减少加热时的热应力，如果加热速度过快，必然造成较大的热应力，以致造成变形甚至开裂。对于大截面、高合金钢、形状复杂、变形要求高的工件，一般都应对其进行预热或限制加热速度。

（2）合理选择加热温度。在保证淬硬的前提下，一般应尽量选择低一些的淬火温度，以减少冷却时的热应力。但是也存在适当提高淬火温度有助于防止变形开裂的情况，特别是对于高碳合金钢（如 CrWMn、Cr12Mo 等）工件，可以通过对加热温度的调整来改变钢的 M_s 点，以控制奥氏体的数量，从而达到使工件变形最小的目的。

（3）正确选择淬火介质和淬火方法。在可能的情况下，应尽量选用冷却能力较小的淬火介质，并采用分级淬火、等温淬火、预冷淬火和双液淬火等淬火方法。

27.4　淬火软点

27.4.1　特征

工件淬火后表面硬度不均，个别地方低于技术要求的硬度值，称为淬火软点。这种缺陷可能是原始组织过于粗大及不均匀（例如有严重的组织偏析，存在大块碳化物或大块自由铁素体），淬火介质被污染（如水中有油珠悬浮），工件表面有氧化皮或工件在淬火液中未能适当运动，致使局部地区形成蒸汽膜，阻碍了冷却等因素造成。

27.4.2　产生原因

产生淬火软点的原因有：

（1）局部冷却速度太低。工件表面附有气泡、渣子或工件之间互相接触，使工件在淬火冷却时局部区域未达到临界冷却速度，造成过冷奥氏体向珠光体型组织转变。

（2）局部脱碳或氧化。工件局部脱碳或氧化后，使该部位含碳量易降低。淬火后得到硬度不高的低碳马氏体或非马氏体组织。

（3）淬火加热工艺不当。如果淬火加热工艺不当，同样也会出现软点，如亚共析碳钢加热温度偏低，保温时间过短，则势必造成先共析铁素体溶解不充分或奥氏体成分没有均匀化，这样就使淬火组织不可能得到均匀一致的马氏体，容易出现软点。

27.4.3　控制

要防止淬火软点的出现，必须针对产生原因采取相应措施。如加大冷却速度，将工件表面清洗干净，防止工件氧化和脱碳，严格执行淬火加热、保温和冷却等工艺规范，彻底消除组织与成分的不均匀性。

对已产生软点的工件，在一般情况下，除因局部脱碳形成外，一般均可返修。方法是

通过正火及重新加热淬火，采用的淬火加热温度要比正常淬火加热温度高些，并要加大淬火剂的冷却能力。

27.5　淬火裂纹

27.5.1　特征

淬火裂纹是淬火内应力在工件表面的拉应力超过冷却时钢的断裂强度而引起的。这种裂纹是工件在进入冷却介质不久之后，温度降至 M_s 点（大约为 250℃）以下时产生的。这是因为工件从奥氏体化温度急冷至 M_s 点以下的过程中，马氏体转变使塑性急剧降低，而组织应力急剧增大，所以容易形成裂纹。

最常见的淬火裂纹如图 8-38 所示，有纵向裂纹、横向裂纹、网状裂纹和应力集中裂纹几种。对于淬火后未出现而在磨削后才出现的裂纹，要区别它究竟是淬火裂纹还是磨削裂纹。磨削裂纹的方向总是垂直于磨削方向并呈平行线形样式，淬火裂纹则与磨削方向无关并呈刀割状开裂。

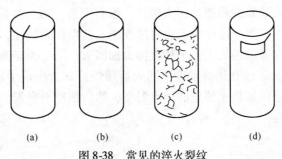

(a)　　　　(b)　　　　(c)　　　　(d)

图 8-38　常见的淬火裂纹
（a）纵向裂纹；（b）横向裂纹；（c）网状裂纹；（d）应力集中裂纹

27.5.2　产生原因

导致淬火裂纹的原因很多，大体可归纳为三个方面：

（1）热处理工艺，如过热、脱碳、冷速过快、冷却操作不当、淬火后未及时回火等。

（2）原材料原因，如有大块或连续分布的非金属夹杂、碳化物偏析、白点、气孔、锻造折叠等。

（3）工件结构设计或选材不当，如工件壁厚相差悬殊，有形成应力集中的尖角、凹角等。在选材方面对形状复杂的零件选用淬透性较低的钢种，造成在激烈的冷却过程中开裂。

27.5.3　淬火裂纹的控制

淬火裂纹一旦产生便无法挽救，因此必须设法防止其产生。

（1）应改善零件结构设计的工艺性，并正确选用钢材。

（2）在淬火技术方面，应特别注意在 M_s 点以上快冷、在 M_s 点以下慢冷，即遵守"先快后慢"的原则，如双介质淬火和分级淬火能有效防止淬火裂纹。

（3）工件淬火后要注意立即回火，因为淬火工件中或多或少地存在一定量的残余奥氏体，这些奥氏体在室温下的放置过程中会转变成马氏体，从而会发生体积膨胀而导致开裂。同时，淬火残余应力的存在会助长裂纹产生。这种裂纹是延迟发生的淬火裂纹，其形状与淬火裂纹相同。

27.6　回火缺陷

27.6.1　特征及产生原因

回火缺陷主要指回火裂纹和回火硬度不合格。

（1）所谓回火裂纹，是指淬火状态钢进行回火时，因急热、急冷或组织变化而形成的裂纹。有回火硬化（二次硬化）现象的高合金钢，比较容易产生回火裂纹。

（2）硬度过高一般是回火温度不够造成的，补救办法是按正常回火规范重新回火。回火后硬度不足主要是回火温度过高，补救办法是退火后重新淬火回火。出现硬度不合格时，首先查找原因，检查是否发生混料，因为这也是引起淬火后硬度不合格的主要原因。

27.6.2　回火脆性

回火脆性是钢的一种热处理特性，而不是热处理缺陷。但如果不注意这种特性，有时这种特性就会成为回火缺陷的根源。回火脆性一般有两类，第一类是低温回火脆性，钢在250～400℃范围内产生，生产过程中无法通过改变工艺操作来消除，只能尽量避免在此温度范围内回火，或改用等温淬火工艺来代替淬火加回火；第二类是高温回火脆性，某些合金钢在450～575℃回火，或在稍高温度下回火后缓慢冷却，出现了冲击韧度下降的现象，这类已脆化的钢再次重新加热至预定的回火温度，然后快冷至室温，脆性消失，所以这种脆性也称可逆回火脆性。

27.6.3　控制

回火裂纹的防止方法是在回火时缓慢加热，并从回火温度缓慢冷却。

硬度过高的补救办法是按正常回火规范重新回火；硬度过低的补救办法是退火后重新淬火回火。

$$\boxed{\text{思考与练习}}$$

8-1　何谓热处理，热处理工艺的目的是什么？

8-2　简述钢的热处理原理和过程。

8-3　何谓钢的退火，退火的目的及常用方法是什么？

8-4　何谓钢的正火，正火与退火有何区别？

8-5　何谓钢的淬火，淬火的工艺方法有哪些？

8-6　淬透性与淬硬性有什么区别？

8-7　何谓钢的回火，回火目的和种类有哪些？

8-8　钢的表面热处理方法有哪些？

8-9　热处理车间常用的辅助设备有哪些？

8-10　简述箱式电炉操作要点。

8-11　热处理操作中常见问题有哪些？

情景 9　钢材包装及操作

学习目标：

1. 知识目标
   (1) 掌握钢材堆放的基本规则和方法；
   (2) 了解钢材包装的基本内容和各品种钢材包装的要求；
   (3) 了解各品种钢材标志的基本方法；
   (4) 掌握各品种钢材涂色和打钢印操作要求和方法；
   (5) 了解垛钢机、打捆机设备和操作方法。
2. 能力目标
   (1) 掌握钢材堆放、标志、打捆、堆垛和包装操作技术；
   (2) 掌握常用钢材标志符识读能力；
   (3) 熟悉棒材打捆机常见问题与处理方法。

单元 28　钢材堆放与交货

28.1　钢材堆放

堆放钢材的仓库，可分为在制品仓库与成品仓库。在制品包括待精整的钢材、精整中的钢材、精整后待理化检验的钢材和未按订货合同生产的计划外钢材。

28.1.1　成品入库、堆放基本要求

成品入库、堆放基本要求如下：

(1) 成品钢材经检验合格、过磅后方可入库堆放。

(2) 钢材必须按品种、规格、钢种、批号、定尺、非定尺等进行堆放，避免混钢种、混规格、混批号现象发生。

(3) 定尺钢材堆垛要两头齐，非定尺钢材堆垛要一头齐。钢材堆垛要使相邻层钢材在长度方向上互相垂直或交叉摆放，垛高一般不得超过 2.5m。堆垛时应有领行工指挥、帮助转向，不得吊钢撞垛转向，避免撞弯钢材头部、损伤钢材表面质量。

(4) 待处理钢材不得过磅入库，冶废材应过磅后单独堆放。

28.1.2　钢材堆放规则

钢材堆放规则如下：

（1）堆放钢材时，必须使钢材的标志端朝向一侧，以便找出所需的钢材。

（2）堆放高度应合乎安全技术规程规定的要求，堆放位置应距离铁道或公路 2m 以上，各堆之间必须留出不小于 1m 的通道。

（3）堆放钢材必须有垫铁或料架，以防钢材堆下沉和歪斜。

（4）各种钢材的堆垛形式一般应如图 9-1 所示。

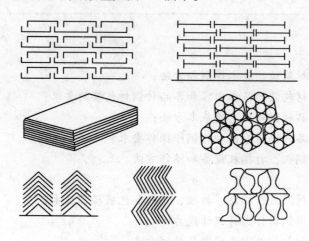

图 9-1　各种钢材堆放形式

28.1.3　钢材的堆放方法

在制品钢材的堆放方法为：

（1）同一个炉号（普碳钢可用批号）的钢材应堆放在一起，以便整炉钢材或整批钢材能同时精整，而不打乱钢材的加工工艺过程，此外还可以防止混号和丢失。

（2）同一订货合同的钢材应放在一起，以便按合同组织生产。

成品钢材的堆放方法为：

（1）不分钢种，按钢材断面分别堆放。

（2）不分钢材断面，按钢种堆放。

（3）按订货合同堆放。

（4）按炉号（批号）堆放。

上述堆放方法，往往不是单独使用，而是根据生产的具体情况，相互配合使用的。

28.1.4　钢材堆放操作

中板堆放：

（1）应按批号、钢种、规格、种类和产检判定分别收集，避免错号与混号。

（2）废次板应按要求分别吊至废板、次板的指定堆放位置。

（3）收集时注意边部是否推齐，没推齐时应发信号或手势让其推齐以免钢板由于宽度参差不齐产生吊伤。

（4）钢板每一吊收集完成后，应将钢板轻靠收集辊道南/北缓冲器，保证钢板头部对齐。

（5）每吊钢板重量不能超过 15t。

（6）10m 以上钢板必须用扁担吊，厚 12mm 以下的钢板必须用扁担吊（短尺除外）。

（7）挂吊工挂吊时，必须面对行车工，哨音或手势清楚明确，正确使用指挥信号。

（8）需要人工扶吊具时，应在辊道停稳后，发出信号与行车联系好，站在吊具侧面扶，以免吊具碰到自身。

（9）吊运钢板时应让吊具放在钢板中心，以免吊斜。吊具吊起钢板时，应看清四个吊爪是否抓牢，以免飞吊。

（10）每吊钢板重量不得大于行车起重公称重量。

（11）根据钢板的厚度、长度选择好吊具：厚度不大于 10mm 或长度不小于 10.5m 的钢板用大吊具。

（12）同一批号的钢板应堆在同垛位，每吊钢板应用垫块隔开，不得混号。

（13）钢板必须按钢号和规格分类在指定的地方堆放，堆放要平整、整齐，垫块要放正确，上、下对正，保证不压伤、压弯钢板。

28.2　钢材交货要求

每批交货的钢板或钢带必须附有证明该批钢板或钢带符合标准规定及订货合同的质量证明书。质量证明书应注明：

（1）供方名称或厂标。

（2）需方名称。

（3）发货日期。

（4）合同号。

（5）标准号及水平等级。

（6）牌号。

（7）炉罐（批）号、交货状态、加工用途、重量、支数或件数。

（8）品种名称、规格尺寸（型号）和级别。

（9）标准（技术条件）中或合同中所规定的各项检验结果（必要时，包括参考性能指标）。

（10）技术监督部门的印记。

（11）简包装用户处储存期最多为 4 周，精包装用户处储存期最多为 3 个月。

单元 29　钢材包装与标志

29.1　钢材包装

29.1.1　钢材包装内容

钢材是根据国家标准规定及订货合同要求进行包装的，在一般情况下包装内容有：

（1）直径小于 30mm 的型钢及厚度小于 4mm 的薄板，应成捆交货。每捆应是同一批号的，每捆至少要挂两个标牌，标牌应注明制造厂名称、钢号、炉（罐）号、规格等。

（2）直径或厚度等于、大于 30mm 的钢材可以成捆交货，也可以不成捆交货。成捆的钢材，每捆至少挂两个标牌，钢材上可不打钢印。不挂标牌的成捆钢材应在每捆最上面的一支钢材或一张钢板上打钢印或写明标志。不成捆供货的钢材必须在每支钢材或每张钢板上打钢印标记。

（3）钢材包装后（或不成捆供货的）都要按有关标准规定进行涂色。

（4）成捆交货的钢材，每捆应以铁丝在不少于两处的地方捆扎结实。

（5）每捆重量，用人工装卸时不得超过 80kg，用机械装卸时不得超过 5t，经需方同意后，用人工装卸的可以每捆不超过 130kg，用机械装卸的可以每捆不超过 10t。

对包装的基本要求如下：

（1）成品包装质量应符合 GB/T 2101—2008 的有关规定。

（2）定尺钢材垛包两头齐，非定尺保证一头齐。严禁交叉收集。

（3）每捆钢材必须为同一批号，不得混号。

（4）每捆钢材捆扎钢带或铁丝不得少于 4 道，两边铁丝与钢材端部间距 1~1.5m，中间铁丝与两边铁丝间距大于 1m，捆扎牢固不散包。

（5）每包钢材所贴标牌不得少于 2 个，且应标清品种、规格、钢种、批号等内容。

29.1.2　型钢包装

型钢包装要求如下：

（1）尺寸小于或等于 30mm 的圆钢、方钢、钢筋、六角钢、八角钢和其他小型型钢，边宽小于 50mm 的等边角钢，边宽小于 63mm×40mm 的不等边角钢，宽度小于 60mm 的扁钢，每米重量不大于 8kg 的其他型钢，必须成捆交货。每捆型钢必须用钢带、盘条或铁丝均匀捆扎结实，并一端平齐。根据需方要求并在合同中注明，也可先将型钢捆扎成小捆，然后将数小捆再捆成大捆。

（2）成捆交货型钢的包装应符合表 9-1 的规定。1 类、2 类包装需经供需双方协议并在合同中注明。

表 9-1　成捆交货型钢的包装规定

包装类别	每捆重量/kg 不大于	捆扎道次		同捆长度差/m 不大于
		长度≤6m	长度>6m	
		不少于		
1	2000	4	5	定尺长度允许偏差
2	4000	3	4	2
3	5000	3	4	—

1）倍尺交货的型钢、同捆长度差不受表 9-1 的规定限制。

2）同一批中的短尺应集中捆扎，少量短尺集中捆扎后可并入大捆中，与该大捆的长度差不受表 9-1 的规定限制。

3）长度小于或等于 2m 的锻制钢材，捆扎道次应不少于 2 道。

4）采用人工进行装卸的型钢，需在合同中注明。每捆重量不得大于 80kg，长度等于或大于 6m，均匀捆扎不少于 3 道；长度小于 6m，捆扎不少于 2 道。

（3）成捆交货的工字钢、角钢、槽钢、方钢、扁钢等应采用咬合法或堆垛法包装，见图 9-2 或图 9-3。

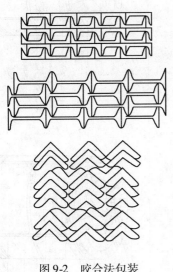
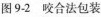
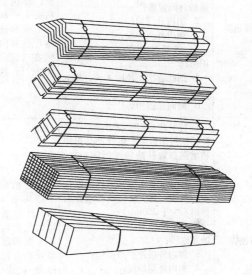

图 9-2　咬合法包装　　　　　　　　　图 9-3　堆垛包装

（4）特殊中型型钢应成捆交货，普通中型型钢也可成捆交货。

（5）冷拉钢应成捆或成盘交货，包装除符合表 9-1 的规定外，还必须涂防锈油或其他防锈涂剂，用中性防潮纸和包装材料依次包裹，铁丝捆牢。捆重不得大于 2t。

（6）热轧盘条应成盘或成捆（由数盘组成）交货。盘和捆均用铁丝、盘条或钢带捆扎牢固，不少于 2 道，成捆交货时捆重不大于 2t。

（7）同一车厢内装有数批不打捆型钢时，应将不同批的型钢分隔开。

29.1.3　冷轧及镀锌板带产品包装

冷轧及镀锌板带产品包装要求如下：

（1）冷轧及镀锌板包装类型及方式应符合表 9-2 的要求；如需方未选定包装方式，则默认为 L1 包装方式。

（2）钢带的包装类型及方式应符合表 9-2 要求。

1）钢带包装方式由需方选择，如需方未选定包装方式，则由供方确定合适的包装方式（L4、L5）。

2）硬卷和热轧酸洗卷包装方式由需方选择，需方也可要求热轧酸洗卷进行涂油，但要在合同中注明。如需方未选定包装方式，则由供方确定合适的包装方式。轧硬卷的默认包装为 L4；热轧酸洗卷的默认包装一般为 L6，若长途运输则包装方式为 L4。

表 9-2　典型包装类型及方式

适用产品	包装方式	标　志	捆重	包装代码	冷轧板包装图例
普通包装	1. 冷轧产品用织物增强型冷轧防锈纸封闭包裹，镀锌产品用织物增强型镀锌防锈纸封闭包裹，电工钢产品用织物增强型硅钢防锈纸封闭包裹； 2. 加内外缓冲护角； 3. 加内外周护板； 4. 端部加圆护板及内外钢护角； 5. 捆扎道次：径向 4 道、周向各不少于 3 道； 6. 周向加锁扣垫片	裸卷粘贴生产标签 1 张；外包装粘贴生产标签 1 张和落地开卷方向标签 1 张；发货标签 3 张	<25t	L4	
精包装	1. 冷轧产品用织物增强型冷轧防锈纸封闭包裹，镀锌产品用织物增强型镀锌防锈纸封闭包裹，电工钢产品用织物增强型硅钢防锈纸封闭包裹（防锈纸在外圈包裹一圈后，上下层防锈纸重叠后伸出不少于 200mm）； 2. 用塑料膜封闭包裹，外周面加发泡膜； 3. 加内外缓冲护角； 4. 加内外周护板； 5. 端部加缓冲圆护板； 6. 端部加圆护板及内外钢护角； 7. 捆扎道次：径向 4 道、周向各不少于 3 道； 8. 周向加锁扣垫片	裸卷粘贴生产标签 1 张；外包装粘贴生产标签 1 张和落地开卷方向标签 1 张；发货标签 3 张	<25t	L5	

注：图中1—钢带；2—捆带；3—防锈纸；4—内钢护角及内缓冲护角；5—锁扣及锁扣垫片；6—外钢护角及外缓冲护角；7—外周护板；8—内周护板；9—圆护板；10—圆护板及缓冲圆护板；11—塑料膜；12—发泡膜。

表 9-3 给出了对包装材料的规定。

表 9-3　包装材料的规定

品　种		包装材料的规定
钢板	冷轧、镀锌及硅钢	1. 捆带：(0.8~0.9)mm×32mm 发兰或涂漆冷轧捆带。 2. 织物增强型冷轧防锈纸（冷轧产品用），织物增强型镀锌防锈纸（镀锌产品用），织物增强型硅钢防锈纸（电工钢产品用）。 3. 护角：3~5mm 厚纸护角，1.0~2.0mm 塑料护角，1.0~2.0mm 厚钢护角。 4. 木托架：横木　落叶松 80mm×80mm，纵木　落叶松 80mm×120mm。 5. 钢托架：横木　方管 80mm×80mm×2.5mm，纵木　方管 80mm×80mm×3.5mm。 6. 上下盖板：0.6~1.7mm 厚冷轧板、涂镀板，1.5~2.0mm 厚高分子复合板，2.5~3.0mm 厚防水型纤维复合板。 7. 侧护板：0.6~1.0mm 厚冷轧板（表面喷漆）或涂镀板。 8. 盒帽：0.6~0.8mm 厚冷轧板（表面喷漆）或涂镀板。 9. 锁扣：(0.9~1.0)mm×32mm×(45~57)mm。 10. 塑料薄膜：厚度 0.1mm。 11. 胶带纸：宽度 60mm 及以上。 12. 三层瓦楞纸：厚度不小于 3mm。 13. 发泡膜厚度不小于 2mm

品　种	包装材料的规定
钢带 冷轧、硅钢、镀锌及热轧	1. 捆带：(0.8~0.9)mm×32mm 发兰或涂漆冷轧捆带。 2. 织物增强型冷轧防锈纸（冷轧产品用），织物增强型镀锌防锈纸（镀锌产品用），织物增强型硅钢防锈纸（电工钢产品用）。 3. 内外缓冲护角：3~5mm 厚纸护角或 1~2mm 厚塑料护角。 4. 内外周护板：0.4~1.0mm 厚的冷轧板或涂镀板，1.5~2.0mm 厚的高分子复合板，2.5~3.0mm 厚防水型纤维复合板。 5. 缓冲圆护板，三层瓦楞纸圆护板。 6. 圆护板：0.6~1.0mm 厚的冷轧板（喷漆）或涂镀板，1.5~2.0mm 厚的高分子复合板，2.5~3.0mm 厚防水型纤维复合板。 7. 内钢护角：1.5~2.0mm 厚的冷轧板，表面涂漆。 8. 外钢护角：1.0~2.0mm 厚的冷轧板，表面涂漆，有漏水孔。 9. 三层瓦楞纸：厚度不小于 3mm。 10. 发泡膜：厚度不小于 2mm。 11. 塑料薄膜：厚度 0.1mm。 12. 胶带纸：宽度 60mm，80mm，100mm。 13. 锁扣：(0.9~1.0)mm×32mm×(45~57)mm。 14. 锁扣垫片：10mm×100mm×100mm。 15. 橡胶垫：厚度 15mm×宽度 100mm

29.1.4　热轧中板、开平板

钢板以裸露不捆扎形式运输，即散装。散装定尺板应堆垛整齐，非定尺板要求一端靠齐或中部堆齐。

29.1.5　热轧钢带包装

热轧钢带包装要求如下：

（1）热轧钢带应包装整齐、捆扎结实，标志应牢固（醒目），字迹应清晰。包装应能保证产品在运输和储存期间不致松散、变形和损坏。热轧钢带应包装捆扎在距钢带端面边缘 100~150mm 处。

（2）热轧钢带的包装应符合表 9-4 的规定，包装类型及方式示于表中图例。

（3）对于厚度不小于 4mm 的热轧钢带，在捆扎处径向可不加护角。

（4）其他要求。如需方未选定包装类型，则默认包装为 H2；生产厂也可根据本身实际，同销售协商后选择其他包装类型。

表 9-4　热轧钢带包装

包装代码	适用范围	包装方式	图　例
H1	内部转储	(1) 裸露包装； (2) 捆扎道次： 　钢带宽度不大于1800mm，捆扎2周； 　钢带宽度大于1800mm，捆扎至少周2	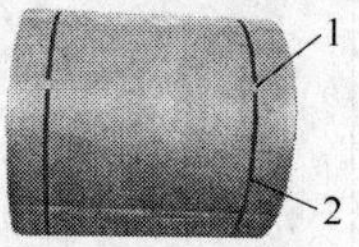
H2	1. 用户未指定情况下的默认； 2. 国内用直发卷和经平整或重卷钢带，及发钢厂周边50km范围外加工中心钢带	(1) 裸露包装； (2) 捆扎道次：捆扎周3	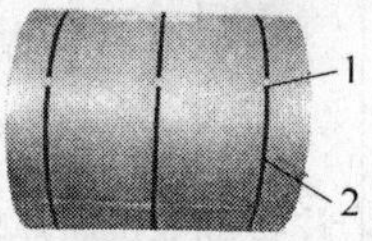
H2A	特殊要求的国内用直发卷和经平整或重卷钢带	(1) 裸露包装； (2) 捆扎道次：捆扎周3，径4	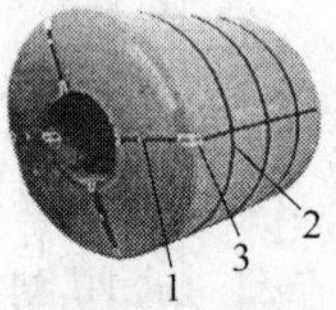
H2B	普通钢出口亚洲日、韩热轧钢带	(1) 裸露包装； (2) 捆扎道次：捆扎周3，径5	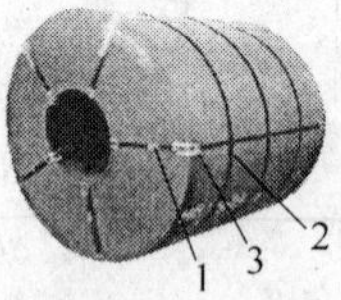
H3A	1. 国内用专用钢直发钢带（除管线钢外）； 2. 钢带宽度不小于1500mm	(1) 裸露包装； (2) 捆扎道次：至少周2； (3) 离端部100~150mm处加50mm喉箍1道	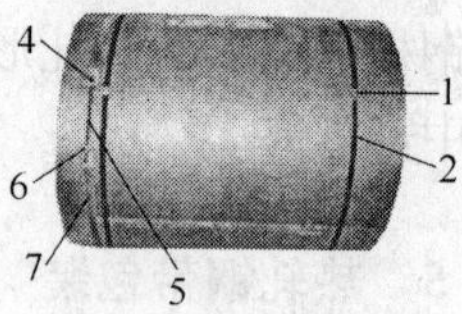
H6A	出口管线钢或屈服强度不小于420热轧钢带（X52~X65、Q450NQR1、M550L、M590L、M610L、MH540FB、Q460C和Q460D）	(1) 裸露包装； (2) 离钢带两端部100~150mm处各加50mm喉箍1道	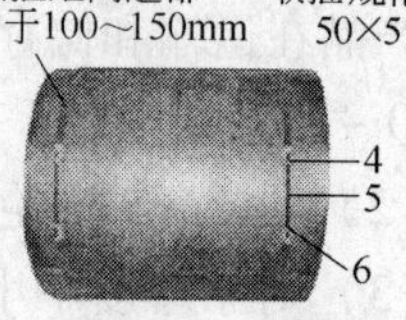 喉箍距离边部 喉箍规格： 不少于100~150mm 50×5

注：图中1—锁扣；2—捆带；3—S护角；4—螺母；5—螺杆；6—垫片；7—喉箍（规格：50×5）。

29.1.6 热轧钢板的包装

热轧钢板的包装要求如下：

（1）热轧钢板应包装整齐、捆扎结实，标志应牢固（醒目），字迹应清晰。包装应能保证产品在运输和储存期间不致松散、受潮、变形和损坏。

（2）热轧钢板的包装类型及方式示于表 9-5。

（3）热轧钢板的包装类型由需方选择。如需方未选定包装类型，则按 H22 包装类型进行包装；H21 包装仅限于附近地区直接用户。如需方对捆（包）重量包装有特殊要求，可经供需双方协商确定并在合同中注明。

表 9-5 热轧钢板包装

包装代码	适用产品	包装类型	包装方式	捆重/t	图 例
H21	热轧厚钢板大于 16mm	不包装	—	—	
H22（默认包装）	热轧横切钢板	普通包装①②	（1）裸露包装；（2）捆扎道次：横向不少于 4 道；（3）捆扎处加护角	≤10.0	
H23		特殊包装（盒式包装）	（1）用防锈纸包裹；（2）用上盖板和侧护板包裹；（3）捆扎道次：纵向不少于 2 道，横向不少于 3 道；（4）用钢木托架	≤10.0	
H25		精包装	（1）裸露包装；（2）捆扎道次：横向不少于 4 道；（3）捆扎处加护角；（4）用钢木托架	≤10.0	
H24	—	虚拟包装	具体内容根据客户特殊需求确定	—	

注：图中1—护角；2—锁扣；3—钢板；4—护角；5—托架；6—捆带；7—上盖板；8—侧护板；9—防锈纸。
①如是船板产品，每张船板还必须有供方商标，船级社标志、尺寸、钢带号等标志。
②根据用户要求，经供需双方协商，可进行单张包装，此时横向捆扎 1 道以便于悬挂成品标志，捆扎处加护角。

29.2 标志操作

29.2.1 钢材一般标志与操作

为了便于区分和使用，各种钢材应有标志，即打钢印和涂色。

（1）打钢印。钢印应打在钢材的端面或距钢材端部 100mm 的钢材表面上。内容包括钢种、炉号、罐号、锭号、段号等。对直径或边长大于 40mm 的钢材，钢印可打在端面上，对直径或边长小于 40mm 的钢材，钢印可打在端面上或打在铁牌上，把铁牌捆挂在钢材上。

（2）涂色。钢材的涂色是用有色铅油涂在一端端面或端部表面上，对成捆交货的钢材应把色油涂在该捆同一端面上，对盘条应把色油涂在盘卷的外侧。钢材的涂色标准如表 9-6 所示。

表 9-6　钢材的涂色标记

类　别	牌号或组别	涂 色 标 记
优质碳素结构钢	05 ~ 15	白　色
	20 ~ 25	棕色 + 绿色
	30 ~ 40	白色 + 蓝色
	45 ~ 85	白色 + 棕色
	15Mn ~ 40Mn	白色 2 条
	45Mn ~ 70Mn	绿色 3 条
合金结构钢	锰钢	黄色 + 蓝色
	硅锰钢	红色 + 黑色
	锰钒钢	蓝色 + 绿色
	铬　钢	绿色 + 黄色
	铬硅钢	蓝色 + 红色
	铬锰钢	蓝色 + 黑色
	铬锰硅钢	红色 + 紫色
	铬钒钢	绿色 + 黑色
	铬锰钛钢	黄色 + 黑色
	铬钨钒钢	棕色 + 黑色
	钼　钢	紫　色
	铬钼钢	绿色 + 紫色
	铬锰钼钢	绿色 + 白色
	铬钼钒钢	紫色 + 棕色
	铬硅钼钒钢	紫色 + 棕色
	铬铝钢	铝白色
	铬钼铝钢	黄色 + 紫色
	铬钨钒铝钢	黄色 + 红色
	硼　钢	紫色 + 蓝色
	铬钼钨钒钢	紫色 + 黑色
高速工具钢	W12Cr4V4Mo	棕色 1 条 + 黄色 1 条
	W18Cr4V	棕色 1 条 + 蓝色 1 条
	W9Cr4V2	棕色 2 条
	W9Cr4V	棕色 1 条

续表9-6

类　别	牌号或组别	涂色标记
铬轴承钢	GCr6	绿色1条 + 白色1条
	GCr9	白色1条 + 黄色1条
	GCr9SiMn	绿色2条
	GCr15	蓝色1条
	GCr15SiMn	绿色1条 + 蓝色1条
不锈耐酸钢	铬　钢	铝色 + 黑色
	铬钛钢	铝色 + 黄色
	铬锰钢	铝色 + 绿色
	铬钼钢	铝色 + 白色
	铬镍钢	铝色 + 红色
	铬锰镍钢	铝色 + 棕色
	铬镍钛钢	铝色 + 蓝色
	铬镍铌钢	铝色 + 蓝色
	铬钼钛钢	铝色 + 白色 + 黄色
	铬钼钒钢	铝色 + 红色 + 黄色
	铬镍钼钛钢	铝色 + 紫色
	铬钼钒钴钢	铝色 + 紫色
	铬镍铜钛钢	铝色 + 蓝色 + 白色
	铬镍钼铜钛钢	铝色 + 黄色 + 绿色
	铬镍钼铜铌钢	铝色 + 黄色 + 绿色
	（铝色为宽条，其余为窄色条）	
耐热钢	铬硅钢	红色 + 白色
	铬钼钢	红色 + 绿色
	铬硅钼钢	红色 + 蓝色
	铬　钢	铝色 + 黑色
	铬钼钒钢	铝色 + 紫色
	铬镍钛钢	铝色 + 蓝色
	铬铝硅钢	红色 + 黑色
	铬硅钛钢	红色 + 黄色
	铬硅钼钛钢	红色 + 紫色
	铬硅钼钒钢	红色 + 紫色
	铬铝钢	红色 + 铝色
	铬镍钨钼钛钢	红色 + 棕色
	铬镍钨钼钢	红色 + 棕色
	铬镍钨钛钢	铝色 + 白色 + 红色
	（前为宽色条，后为窄色条）	

29.2.2　线棒材标志操作

29.2.2.1　线材标志操作

高线标牌打印机：

形式	台式
标牌尺寸	100mm×60mm×0.75mm
打印速度	0.3~0.7s/字
打印周期	≤35s
字符损耗量	≥600 万次

高线打印及标牌要求如下：

（1）打印机最多可同时清晰打印叠放的两块标牌，不允许超过两片打印。

（2）发现字码不清楚时，首先检查标牌不得超过两块；如果仍不清楚，就要检查钢字码，发现严重磨损要立即更换。

（3）标牌的两侧各有一个小孔，是用来穿卡子、挂标牌用的。

（4）标牌必须挂在盘卷内侧，距离端部大约 10cm 处，要求每卷两块标牌分挂在盘卷端部两端，不得集中挂在一边，每卷盘圆挂两块标牌。

29.2.2.2　棒材标志操作

（1）棒材标牌打印机操作规程如下：

1）操作时应先打开打印机电源，后开电脑电源。

2）电源接通后无须动任何键可直接进入打印画面。

3）打印内容如需更改(例如换批号等)，可直接将光标移至需更改的字母或数字键即可。

4）如发现错误的字符需删除时，只需将光标移至错误的字符下方按"DEL"键即可。

（2）棒材打印及标牌要求如下：

1）标牌由带不干胶的标签纸和底板组成。经打印机打印出的标签字迹要求清晰，若发现不清楚时要及时更换炭带。标签纸贴在底板上要求整齐规范。

2）标牌必须挂在成品棒材两端，距离端部大约 20cm 处，要求每捆挂两块标牌。

3）棒材标牌上应打印或用记号笔书写牌号、规格、定尺、捆重、批号、生产日期（年、月、日）、根数（按理论重量交货时）。

29.2.3　型材标志操作

型材标志操作要求如下：

（1）型钢的标志可采用打钢印、喷印、盖印、挂标牌、粘贴标签和放置卡片等方式。标志应字迹清楚，牢固可靠。

（2）逐根交货的型钢（冷拉钢除外），应在端面或靠端部逐根做上牌号、炉罐（批）号等印记。

（3）成捆交货的钢材，可不逐根标记。每捆两端外表面各贴至少 1 个标签。标签上应有供方名称（或厂标）、交货标准、牌号或钢号、轧钢批号、规格、捆号等印记。

（4）型钢涂色应符合有关标准的规定。

29.2.4　热轧中板、开平板标志操作

（1）钢板标志方式：采用喷字及打钢印。

（2）钢板喷字色：白色。

（3）钢板标志内容：

1）中板标志内容有企业商标、批号、牌号、规格、日期。专用板喷漆应增加生产许可证号和执行标准号。喷字字体大小以方便现场操作和辨认为准。

2）开平板标志内容有企业商标、批号（开平板为钢卷号）、牌号。船板在钢印内容中应增加船标，喷字字体大小以方便现场操作和辨认为准。

（4）钢板喷字部位：

1）对中板，采用喷字模板喷印时，应将喷字模板放在钢板的左下角、距钢板纵边横边的距离为 50～150mm。采用自动喷印机喷印时，字符距横边的距离约 100～200mm。

2）对开平板，钢板喷字采用自动喷印机一次完成。在钢板的中部位置、距钢板纵边 200～500mm、距钢板端部 800～1500mm 处。

（5）钢印部位：

1）对中板，钢印打在钢板的右下角、距钢板纵边 150～550mm、距钢板端部 50～200mm 处。

2）对开平板，钢印采用自动打印机完成，钢印打在钢板的中部适当位置，距钢板纵边 200～550mm、距钢板端部 2000～3000mm 处。

（6）钢板标志字样规定：

1）企业商标图可按比例进行缩放。

2）字体字样：

喷字采用宋体 $(25～50)mm×(15～40)mm$ （字符高×宽）。

钢印采用宋体 $(10～15)mm×(5～8)mm$ （高×宽）。

29.2.5　冷轧、镀锌板带标志操作

标志应醒目、牢固，字迹应清晰、规范、不褪色。

产品发货标签（见表 9-7）应包括如下内容：注册商标、供方名称、品名、生产日期、牌号、质量、执行标准、卷号、规格、合同号、重量、计重方式、收货单位、到站/港/库、库位号、警示标志、生产厂、检验员、产品识别代码等。标志采用打印、粘贴、挂吊牌等方法。

表 9-7　冷轧板带标签示例

品名 Product Name			生产日期 Date	
执行标准 Standard	表面质量 Surface Ouality		质量等级 Ouality	
牌号 Steel Grade	涂油类型 Oiling type		表面处理 Surface Treatment	
合同号 Contract No.	镀层种类 Coating Type		镀层量 Coating Mass	g/m²
规格 Size		mm	净重 Net Weight	Ton
卷/包号 Product ID			毛重 Gross Weight	Ton
收货单位 Consignee			库位号 Yard No.	
到站/港/库 Destination	提单号 B/L No.		计重方式 Scale Type	
生产单位 Producer			检验员 Inspector	

　　裸卷的内卷端部或钢板角部应粘贴生产标签。在外包装的一个端面醒目位置粘贴一个开卷方向指示标。每个钢卷三个发货标签分别粘贴在钢卷的两个端面和内圈。纵切钢带标志内容和数量可以酌减，但应保证产品质量的可追溯性。

29.2.6　热轧钢板、钢带标志操作

　　标志应醒目、牢固，字迹应清晰、规范、不褪色。

　　产品发货标签（见表9-8）应包括如下内容：注册商标、供方名称、品名、生产日期、牌号、质量、执行标准、卷号、规格、合同号、重量、计重方式、收货单位、到站/港/库、库位号、警示标志、生产厂、检验员、产品识别代码等。标志采用打印、粘贴、挂吊牌等方法。

表 9-8　热轧卷标签示例图

品名 Product Name	热轧卷 Hot Rolled Coil		生产日期 Date	
牌号 Steel Grade	质量 Quality		执行标准 Standard	
卷号 Coil ID			规格 Size	（厚度×宽度×虚拟字母） mm ×　　 mm ×
合同号 Contract No.	提单号 B/L No.		重量 Weight	吨（Ton）
收货单位 Consignee			计重方式 Weight Marker	
到站/港/库 Destintion			库位号 Yard No.	
生产厂 Producer	第×钢轧总厂 The No. n Steel Making & Rolling Plant		检验员 Inspector	

　　对于管线钢、焊瓶钢、压力容器用钢板（卷），每块钢板除上述标志外，还应有规定的"TS"认可标志。并在该标志下喷（打）生产许可证编号。

29.2.7　钢板标志操作实例

29.2.7.1　设备组成

　　标记装置布置在定尺剪后。支承钢结构横跨在输送辊道上。横梁为单箱梁，上有轨道和横向电动小车。其中一个横梁支承喷印头，一个横梁支承两个冲打印头和两个边部标记头。每个标记头运动相互不影响。

　　喷印头有一个头部旋转机构，可以根据横向、纵向喷印来调整。安装在喷印头上的双轮连杆机构确保喷印头定位，并确保喷印过程中正确的喷印距离。冲印头包括冲枪、支承结构以及冲枪定位驱动装置。冲枪采用电磁驱动，能够提供高冲击力，同时在高冲印速度下能保持高冲印频率。带冲枪的冲印头在喷印过程中将保持与钢板表面接触。冲印头装有步进马达可以使冲枪在 x-y 轴坐标系中移动，在冲印模式下形成字符。安装在冲印头上的钢板接触传感器确保头部在冲印过程中能够安全地在钢板上方。侧喷头包括用于喷墨定位的 xyz 轴定位装置、带状底漆用喷枪、喷墨位置移动及底漆喷枪移动装置，通过交流马达调整与板边缘的距离并且在喷印过程中可以移动侧喷头。其中，底漆喷枪用于在喷墨之前在钢板侧边喷上带状白漆。带状底漆加热器为小的电加热器，保证在最冷的条件下表面能

够快速干燥。喷印数据可以下载到喷印机控制系统用于全自动喷印，或者通过操作终端输入或修改喷印数据。终端上修改的数据将被上传到主机。每块钢板的喷印数据将包括喷印数据以及喷印版面数据。

机旁操作维护面板将安装在机上。传动面板将安装在机上，控制面板将安装在一定距离外的控制室。操作终端将设置在喷印位置旁的操作室。

为了便于维护和维修，标记头可停在线外位置。

29.2.7.2 工艺描述

钢板横向静态喷印或纵向动态喷印，喷印信息最多为8行，每行为30个字符，特殊标记包含在前两行内（长度仍为30个字符）。

喷印分为横向和纵向布置，标记版面信息为主机下传数据的一部分。

对于横向标记剖分钢板，左右两块钢板都要标记，一块钢板标记完后可以重复标记下一块钢板。冲印为4行，每行30个字符，对剖分板的冲印将同时进行钢板横向冲印，位置为钢板的头部或尾部。两个冲印头都可以对剖分钢板的左侧和右侧钢板进行冲印。边部标记为30个字符加条形码，字符高12mm。边部标记靠近钢板头部。边部标记时钢板和护板的最小距离为50mm。对于剖分钢板的边部标记位置为左右钢板的外侧。左边的侧边标记头用来标记单块钢板。钢板停止及整个钢板标记周期最长为15s，剖分钢板相同。本设备为以后增加一个喷印头留有接口。当板宽小于1.5m时，喷印字符距边部距离为100mm；若板宽大于1500mm，则喷印字符距边部距离为300mm。本距离可以通过主机或操作终端设定。

29.2.7.3 标记字符

A 喷印标记

字符类型：字母和数字，点阵型。

字符尺寸见表9-9。

表9-9 字符尺寸

字符尺寸	高/mm	宽/mm	点直径/mm	速度/m·s^{-1}
50mm 窄型	50	28	7	0~0.9
50mm 标准型	50	36	7	0~1.2
50mm 宽型	50	46	7	0~1.7
50mm 宽型	50	56	7	0~2.0

字符点阵矩阵模式：9×7（字符高为7点）。

行数/每行字符数：8行/每行最多30个字符。

每行字符长度：标准宽度字符约1416mm。

30个字符长度：窄型字符约1020mm。

50mm高字符：宽型字符约1880mm。

特殊符号：如公司标记为9~18点高。

注：若字符长度超出板宽，HMI上将显示报警信息。

B　冲打标记

字符类型：字母和数字，点阵型。

字符尺寸：高度约 10.5mm（7 点高）；宽度约 7.5mm。

字符点阵类型：9×7 点阵（7 点高）。

字符行数：4 行。

每行字符数：30 个字符。

一行 30 个字符长度：约 270mm。

在硬度为 HB500 的钢板上最小字符深度为 0.25mm，在硬度为 HB200 的钢板上最小深度为 0.40mm。

字符深度为三段可调。标记信息包括钢板的抗拉强度、冲印深度，可自动或由操作工人工确定。

冲印应离钢板头部最少 30mm，但具体位置由钢板停止位置决定。

特殊字符高度为两行字符高度，公司等级标准和公司标记为 9 点高，字符宽度由字符本身决定，公司标记最大高度可达 18 点高。

C　边部标记

喷墨标记装置由两个基本部分组成：控制单元和喷墨单元，通过管路连接。喷墨打印采用非接触连续喷墨技术。

喷墨口安装在边部标记头上。头部的直线导向装置保证了喷墨头与钢板边部水平方向的距离并能使喷墨头在长度方向上移动。

与钢板上部接触的辊轮保证侧边标记头的垂直方向位置：保证喷墨头与钢板边部在同一水平面上，并在两块钢板间喷墨头抬离钢板水平面。

边部标记头安装在电动小车上，从而在钢板到达标记位置时调整标记头横向移动，该定位装置可以快速调整喷墨头和钢板边部的位置。

字符高度可以调整，钢板边部喷墨标记装置可以适用于不同的板厚规格。

喷墨标记装置带有自动清洗功能，从而能够使用最少的维护时间保证标记装置时刻处于可使用状态。

在边部标记头上还安装了油漆喷枪，以便在喷墨标记之前在钢板边部先喷上一条白色底漆。

标记装置的标记数据通过数据线从标记装置 PLC 下载。

字符类型：字母和数字及条形码，点阵型，白色条形底漆上喷黑色墨水字符。

点距大小：2.8mm，5.6mm，8.9mm（点到点距离）。

点阵大小：5×7，10×16，16×24。

字符高度：3.3mm，6.2mm，9.5mm（字符最大高度可调整到 12mm）。

5×7 点阵字符：4 个字符/cm。

10×16 点阵字符：2 个字符/cm。

16×24 点阵字符：1.5 个字符/cm。

每行长度：400mm。

标记形式：1 行 30 个字符和条形码；若只标记字母和数字，可为 2 行，每行 15 个字符；5×7 点阵字符可标记 160 字符；10×16 点阵字符可标记 80 字符；16×24 点阵字符可标记 50 字符；白色底漆喷枪：单嘴喷枪，底漆由标记装置系统供给。白色底漆为 400mm 长，最宽为 15mm。

29.2.7.4　标记过程

（1）接收到有效的标记数据，标记头将置于横向位置，同时喷印装置将旋转至指定方向（若仅有一块钢板，则仅有一个冲印头和一个边部标记头会移动到指定位置）。

（2）在钢板到达标记位置前的较短时间里，喷枪及喷墨装置的自动清洗程序将会启动，混合的清洗液和空气将会清洗喷嘴数次，同时喷枪将会运动数次。

（3）当接收到开始标记的信号后，标记头将开始与钢板接触并开始标记。冲打和边部标记同时进行，若需要钢板横向标记，则横向标记也同时进行。纵向动态标记将在以上标记完成后自动开始进行。

对于剖分钢板，左右两块钢板的冲打和边部标记将同时完成，纵向标记在单块钢板上进行。

（4）标记完成后标记头将收回，钢板将重新开始运输，标记完成信号将发送到上位主机，并开始准备下一块钢板的标记。

1）若需要钢板尾部重复标记，标记过程则包括钢板停止和钢板尾部的喷印及冲打。

2）钢板尾部长度方向的喷印标记在钢板运动中自动完成。

3）在标记头收回的同时，喷枪和喷墨头开始用混合清洗液及空气进行清洗。

4）若两次标记间隔时间超过 30min，自动启动喷嘴和喷墨头的清洗程序，如以上第（2）点所述，并在 30min 内清洗数次，以保证系统清洁，便于随时使用。

单元 30　堆垛机及其操作

30.1　堆垛机结构

30.1.1　预堆垛机输入辊道及预堆垛机内辊道

预堆垛机输入辊道及预堆垛机内辊道用于运输钢板。辊道为空心辊，辊子两端由轴承支承，由齿轮马达通过联轴器连接驱动。辊道输送可逆。在堆垛机内辊道之间设有两个升降挡板，用于预堆垛机中钢板的对齐，升降挡板由液压缸驱动。

30.1.2　预堆垛机

预堆垛机可将定尺长度相同的钢板在进入成品库前进行预堆垛，由带电磁吸盘的横移吊车完成堆垛操作。预堆垛机由两组组成，根据钢板的长度，可同步或单独运行。由电动机带动曲柄连杆来实行堆垛机的升降，通过电动机来横移。

主要技术参数如下：

形式	电磁吸盘式
堆垛钢板宽度	900 ~ 4900mm
堆垛钢板厚度	5 ~ 30mm
堆垛钢板长度	双排 3000 ~ 8000mm；单排 8000 ~ 16000mm
堆垛块数	最多 3 块

30.1.3　型材垛包机

型材垛包机主要工艺参数如表 9-10 所示。

表 9-10　垛包机主要工艺参数

序　号	定尺范围 /mm	承载能力 /t	工作压力 /MPa	进退速度 /m·s⁻¹	升降速度 /m·s⁻¹	进退缸型号	升降缸型号
1 号、3 号垛包机	6 ~ 9	6	≤7	0.116 ~ 0.170	0.095 ~ 0.138	S2 160 × 1250	B1 125 × 630
2 号垛包机	9 ~ 12		5 ~ 7			S1 160 × 1250	

30.2　堆垛机操作

型材垛钢机根据不同品种规格与定尺长度，操作按以下要求进行：

（1）角钢采用特制的垛钢槽垛包，采用咬合方式包装，见图 9-4。其余品种则使用平底垛钢槽。

图 9-4　角钢包装方式

（2）矿工钢、U 型钢等品种堆垛时顺序布钢，槽钢则应隔排正反扣堆垛。

（3）定尺钢材堆垛要两头齐，非定尺钢材堆垛要一头齐。

（4）钢材堆垛要使相邻层钢材在长度方向上互相垂直或交叉摆放，垛高一般不得超过 2.5m。堆垛时应有领行工指挥、帮助转向，不得吊钢撞垛转向，避免撞弯钢材头部、损伤钢材表面质量。

（5）不能足捆垛包的钢材，要注明层数、根数。

单元 31　打捆机及其操作

31.1　打捆机结构

下面按不同打捆机分别介绍其结构。

（1）高线打捆机。以某厂高线打捆机为例。

形式：卧式。

两台打捆线材范围：φ5.5 ~ 16mm；打捆道次：4 道（互为 90°）；线卷温度：不大

于 400℃。

1）1 号打捆机。压紧力：100～300kN；最小打捆高度：500mm；压紧和打捆周期：40s；打捆线：规格 $\phi6.5\pm0.4mm$；钢种：优质普碳钢线材；抗拉强度：不大于 390MPa。

2）2 号打捆机。压紧力：75～400kN；最小打捆高度：600mm；压紧和打捆周期：34s；打捆线：规格 $\phi7+0.3/-0.7mm$；钢种：优质普碳钢线材；抗拉强度：380～440MPa。

（2）棒材打捆机。

位置：布置在打捆站；

用途：将成束棒材勒紧成圆形，进行打捆包装；

型式：气动勒紧；

成捆棒材捆直径：不大于 350mm；

成捆棒材长度：6～12m；

成捆棒材重量：约 4000kg。

（3）型材打包机。

型材打包机主要工艺参数见表 9-11。

表 9-11 打包机主要工艺参数

型　号	捆带运行速度/m·min^{-1}	动作完成时间/s·次$^{-1}$	钢带尺寸（宽度×厚度）/mm×mm
HZK-40/1.2A	≥5.3	≤15	40（32）×1.2

31.2 打捆机操作

31.2.1 棒材打捆机操作

棒材打捆机操作工艺要点及要求如下：

（1）气动钢带打包机使用气源压力为 0.4～0.6MPa。

（2）打捆道次：6m 棒材捆 4 道；7～9m 棒材捆 5～6 道；10～12m 棒材捆 7～8 道；出口材在头尾两端用 $\phi5mm$ 退火打包丝人工补打一道进行加固。

（3）打捆间距：6m 棒材头尾两道各距端部 500mm 左右，中间均布；9m 棒材头尾两道各距端部 500mm 左右，中间均布；12m 棒材头尾距端部 500mm 左右各打两道，中间均布。

棒材打捆绳节间距分布要求：

（1）第一道和最后一道的打捆线位置距相应的端部距离应控制在 150～550mm 范围内。

（2）中间打捆线位置应按 1.8m 的打捆机位置打捆并尽可能均匀分布。

31.2.2 高线打捆机操作

某厂高线打捆机操作规程如下：

（1）提前 5min 上岗听取交班人员介绍上班生产情况。

（2）检查打捆机操作面板上操作按钮、指示灯选择开关是否完好。

（3）检查打捆线使用情况是否足够本班使用，如不够，做好提前更换的准备工作。

（4）检查压紧车运行平稳性、极限开关位置及导槽对中情况、横移桥与单轨轨道对中情况、C 形钩与芯棒对中情况等。

（5）上游载有松散盘卷的 C 形钩小车在横移桥上自动定位，注意观察 C 形钩定位情况和盘卷有无散乱变形情况，杜绝不规整的盘卷进入打捆机。

（6）横移桥将 C 形钩小车送入打捆机，注意观察横移桥的运行速度变化和其与单轨及打捆机芯棒的对中情况。

（7）打捆机 1 号压紧车首先运行，当两台压紧车与盘卷距离相等时，2 号压紧车以同样速度向盘卷运行，从盘卷两侧均匀地压紧盘卷。

（8）当 1 号压紧车行至光栅限位处时，升降台板上升托起盘卷，同时 2 号压紧车上导线车前进，直到两台压紧车的导槽相互闭合后，驱线轮开始进线，在穿线过程中要随时注意观察室内外操作面板上的各指示灯的变化及观察打捆线是否穿线顺畅，不得打结或卡堵等。

（9）打捆线通过感应开关和计数轮使其在打捆头内准确到位，然后夹持器夹紧捆扎线。

（10）导线车后退导槽张开，四个打捆头朝盘卷径向靠近，同时驱线轮反转第一次收紧捆扎线，然后哈夫轮张开，捆扎线第二次收紧，在收线过程中，要注意观察液压马达回线装置回线是否良好，防止回线不好拉坏坦克链或因捆扎线头夹持不牢而被收掉。

（11）扭结齿轮旋转扭结，剪切机构切断捆扎线，四个打捆头径向后退，同时推出扭结头，注意及时对扭结器、夹持器、剪切机构、导槽等进行吹扫，减少故障发生。

（12）1 号、2 号压紧车开始退回到原始位置，复位过程中要注意观察线卷不被设备零部件拖拉划伤，在 1 号压紧车后退的同时，供线装置的液压马达反转将捆扎线退回到芯棒内盘卷上。

（13）升降台板下降，捆扎好的盘卷又落到 C 形钩上。

（14）横移桥横移，使 C 形钩载有打好捆的盘卷返回到原单轨线上，下一个待打捆的盘卷进入打捆机。

31.2.3　型材打捆操作

型材打捆操作要求如下：

（1）每捆钢材必须为同一批号，不得混号。

（2）每捆钢材捆扎钢带或铁丝不得少于 4 道，两边铁丝与钢材端部间距 1 ~ 1.5m，中间铁丝与两边铁丝间距大于 1m，捆扎牢固不散包。

31.2.4　冷轧带钢打捆机操作

冷轧带钢自动钢卷打捆机的典型打捆周期如表 9-12 所示。

表 9-12　典型打捆周期

道　次	典型打捆周期/s	
	ϕ950mm 钢卷外径	ϕ1900mm 钢卷外径
1 道	35	30
2 道	80	70
3 道	120	105

31.3 打捆机常见问题与处理

在棒材生产打捆遇到故障时，做以下处理：

（1）进入打捆区处理故障时，操作工应将设备脱离联动状态。

（2）处理打捆机故障时，应首先将该打捆机脱离生产线。

（3）打捆机连续工作2h，应停机用压缩空气吹扫打捆机穿线导槽通道一次。并记录吹扫时间。

（4）如发现散捆漏打个别道次离开打捆区，现场操作人员应赶紧用行车将未打捆棒材吊离生产线人工打捆。

（5）打捆机出现故障时，现场操作人员应及时通知操作台解除联动，然后在现场解除报警，将现场开关打到"机旁"方可进行处理。

（6）打捆机出现任何穿线故障时，操作工应首先启动剪子剪断打捆线，打开所有盖板，钳夹、转辙器、扭结器复位，打开穿线槽即可取出乱线；乱线取出后将所有设备复位，按"穿线"键，穿线到位后方可通知操作台恢复该区域设备联动。

> **思考与练习**

9-1 成品钢材堆放的基本要求和基本方法是什么？

9-2 成品钢材包装基本要求有哪些？

9-3 各类成品钢材涂色的方法有哪些？

9-4 棒材打印标牌基本要求有哪些？

9-5 中板喷字打印所包含的基本内容是什么？

9-6 钢板标记字符是如何规定的？

9-7 型材垛钢机操作基本要求有哪些？

9-8 棒材打捆机工艺要点及基本要求是什么？

参 考 文 献

[1] 杨宗毅. 轧钢操作技术解疑[M]. 石家庄：河北科学技术出版社，1998.

[2] 任蜀焱，齐淑娥，阳辉. 轧钢工理论培训教程[M]. 北京：冶金工业出版社，2010.

[3] 邹家祥. 轧钢机械[M]. 3 版. 北京：冶金工业出版社，2000.

[4] 崔甫. 矫直原理和矫直机械[M]. 北京：冶金工业出版社，2005.

[5] 李泉华. 热处理实用技术[M]. 北京：机械工业出版社，2003.

[6] 刘天佑. 钢材质量检验[M]. 北京：冶金工业出版社，2002.

[7] 袁建路，张晓力. 黑色金属压力加工实训[M]. 北京：冶金工业出版社，2004.

冶金工业出版社部分图书推荐

书　名	作　者	定价(元)
炉外底喷粉脱硫工艺研究	周建安　著	20.00
钢铁生产概览	中国金属学会　译	80.00
金属塑性加工生产技术	胡　新　主编	32.00
热能与动力工程基础(本科国规教材)	王承阳　编著	29.00
冶金原理(本科教材)	韩明荣　主编	40.00
钢铁冶金原理习题解答(本科教材)	黄希祜　编	30.00
冶金热工基础(本科教材)	朱光俊　主编	36.00
冶金过程数值模拟基础(本科教材)	陈建斌　编著	28.00
炼焦学(第3版)(本科教材)	姚昭章　主编	39.00
钢铁冶金学教程(本科教材)	包燕平　等编	49.00
连续铸钢(本科教材)	贺道中　主编	30.00
炉外处理(本科教材)	陈建斌　主编	39.00
炼铁学(本科教材)	梁中渝　主编	45.00
炼钢工艺学(本科教材)	高泽平　编	39.00
炼铁厂设计原理(本科教材)	万　新　主编	38.00
炼钢厂设计原理(本科教材)	王令福　主编	29.00
冶金炉料处理工艺(本科教材)	杨双平　编	23.00
冶金课程工艺设计计算(炼铁部分)(本科教材)	杨双平　主编	20.00
冶金设备(本科教材)	朱　云　主编	49.80
冶金过程数学模型与人工智能应用(本科教材)	龙红明　编	28.00
特种冶炼与金属功能材料(本科教材)	崔雅茹　王　超　编	20.00
冶金企业环境保护(本科教材)	马红周　张朝晖　主编	23.00
现代钢铁生产概论(高职高专教材)	黄聪玲　等编	45.00
冶金专业英语(高职高专国规教材)	侯向东　主编	28.00
冶金原理(高职高专教材)	卢宇飞　主编	36.00
铁合金生产工艺与设备(高职高专教材)	刘　卫　主编	39.00
高炉炼铁设备(高职高专教材)	王宏启　主编	36.00
冶金技术概论(高职高专教材)	王庆义　主编	26.00
炼钢工艺及设备(高职高专教材)	郑金星　等编	49.00
炼铁工艺及设备(高职高专教材)	郑金星　等编	49.00
炼铁原理与工艺(职业技术学院教材)	王明海　主编	38.00
炼钢原理及工艺(职业技术学院教材)	刘根来　主编	40.00
炼钢厂生产安全知识(技能培训教材)	邵明天　等编著	29.00
邵象华院士文集——庆祝邵象华院士九十六华诞	本书编委会　编	95.00
有色金属真空冶金(第2版)(本科国规教材)	戴永年　主编	36.00
金属铝熔盐电解(高职高专教材)	陈利生　等主编	18.00
镍铁冶金技术及设备	栾心汉　等主编	27.00
连续铸钢操作与控制(高职高专教材)	冯　捷　主编	39.00
冶金设备及自动化(本科教材)	王立萍　等编	29.00
湿法冶金——电解技术(高职高专教材)	陈利生　等编	22.00
重金属冶金学(本科教材)	翟秀静　主编	49.00